Rで学ぶ
マルチレベルモデル
実践編

Mplusによる発展的分析

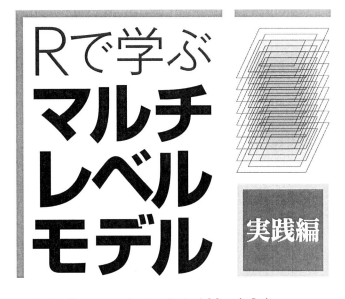

尾崎幸謙・川端一光・山田剛史 〔編著〕

朝倉書店

■ **編著者**
尾崎幸謙　　　筑波大学ビジネスサイエンス系准教授
　　　　　　　　（第2章, 第3章, 第4章, 第5章）
川端一光　　　明治学院大学心理学部准教授
　　　　　　　　（第1章, 第6章）
山田剛史　　　岡山大学大学院教育学研究科教授

■ **著　者** (五十音順)
赤枝尚樹　　　関西大学社会学部准教授
　　　　　　　　（第9章）
浅野良輔　　　久留米大学文学部准教授
　　　　　　　　（第11章）
鈴木宏哉　　　順天堂大学スポーツ健康科学部先任准教授
　　　　　　　　（第8章）
前田忠彦　　　情報・システム研究機構統計数理研究所准教授
　　　　　　　　（第10章）
松岡亮二　　　早稲田大学留学センター准教授
　　　　　　　　（第10章）
山森光陽　　　国立教育政策研究所初等中等教育研究部総括研究官
　　　　　　　　（第7章）

まえがき

■ ■ ■

　本書は階層性をもつデータの分析手法であるマルチレベルモデルに関する実践的話題を扱ったものであり，姉妹書『R で学ぶマルチレベルモデル [入門編]―基本モデルの考え方と分析―』の続編です．『入門編』と同じように，内容を理論編と事例編に分け，マルチレベルモデルの具体的な使い方についても説明しています．

　『入門編』では，階層性をもつデータの特徴や基本的なモデルについて R による分析例を交えながら説明しました．『実践編』では，『入門編』では取り上げなかったけれども実際のデータ分析での利用頻度が高い手法を取り上げています．『実践編』は手法・モデルを説明することが目的ですので，全般的に数学的レベルは『入門編』よりも易しくなっています．

　第 1 章では，2 値データやカウントデータが目的変数になっている階層データを分析するためのマルチレベルロジスティック回帰モデルとマルチレベルポアソン回帰モデルについて説明します．章タイトルのマルチレベル一般化線形モデルは，これらのモデルの総称です．理論的な説明だけでなく，統計ソフトウェア R の関数 glmer による実践も取り入れています．2 値データやカウントデータは連続変数に比べれば登場頻度は低いものの，実際のデータ解析では重要なテーマです．

　第 2 章と第 3 章では，縦断データ分析を使います．マルチレベルモデルは，学校–生徒のような階層性のあるデータだけでなく，縦断データの分析にも有効です．第 2 章ではそのための基本的なモデルについて説明し，第 3 章では非線形の発展的なモデルについて扱っています．2 つの章ともに，統計ソフトウェア R の関数 lmer による実践方法が解説されています．

　第 4 章はマルチレベルモデルを構造方程式モデリングで表現する方法について説明します．構造方程式モデリングによる表現については，共分散行列を集団内の共分散行列と集団間の共分散行列に分解して分析する方法が他書で説明されていますが，本書ではこれとは異なる発展的かつ分析上有効な方法について説明します．構造方程式モデリングで表現するにあたって，第 4 章は統計ソフトウェア R のパッケージ lavaan を使います．

　第 5 章では第 4 章と同じように，マルチレベルモデルを構造方程式モデリングで表現する方法について説明します．第 4 章ではパッケージ lavaan を使いまし

たが，分析データの扱い方が非常に困難です．そこで，第 5 章では統計ソフトウェア Mplus を使った分析の手順について説明します．そして，マルチレベル因子分析やマルチレベル多母集団分析など，発展的なモデルが Mplus を使えば簡単に分析できることを示します．事例編に登場するすべての分析で構造方程式モデリングが使われていることから分かるように，第 4 章や第 5 章で扱う構造方程式モデリングによる方法もまた重要な話題です．

第 6 章はマルチレベルモデルのパラメータ推定に関する理論を説明しています．EM アルゴリズムのプロセスを R で記述することで，アルゴリズムについて具体的に理解することができるようになっています．EM アルゴリズム以外にも，マルコフ連鎖モンテカルロ法による推定についても R のパッケージ rstan を使って説明しています．

第 7 章から第 10 章までの事例パートは，『入門編』および『実践編』の理論編で勉強する内容を使ったデータ分析事例の紹介になっています．データ分析事例として挙げているのは，教育学・スポーツ科学・社会学 (2 件)・心理学のデータです．分野は様々ですが，比較的大規模なデータが多いという特徴があります．これは，大規模なデータであるほど，様々な属性をもつ集団がデータに含まれるため，データが階層性を持つ傾向があるからと考えられます．

本書は大学院生以上の研究者や，企業等のデータサイエンティストを想定して書かれています．統計学の知識としては，検定や回帰分析など基本的な分析方法について習熟したのち，マルチレベルモデルについて基本的な概念を理解していることを前提としています．本書にはマルチレベルモデルについての基本的な説明はありませんので，必要があれば『入門編』をご覧ください．また，第 4 章と第 5 章については構造方程式モデリングに関して基本的な理解があることを前提としています．

本書のうち，理論パートの内容については，朝倉書店 Web サイト (http://www.asakura.co.jp) の本書サポートページから入手できる分析データおよび R と Mplus のコードによって再現できます．追計算しながら読み進めると効果的です．

本書が，マルチレベルモデルについて理解を深めたいと願う読者のためになれば幸いです．

2019 年 3 月

尾崎幸謙
川端一光
山田剛史

目 次

第 I 部　理論編　　1

1. マルチレベル一般化線形モデル ……………………… [川端一光]　2
 1.1　分析データ ……………………………………………………… 3
 1.2　ベルヌーイ分布とポアソン分布 ………………………………… 4
  1.2.1　ベルヌーイ分布 …………………………………………… 4
  1.2.2　ポアソン分布 ……………………………………………… 5
 1.3　マルチレベルロジスティック回帰モデル ……………………… 5
  1.3.1　ロジスティック回帰モデル ……………………………… 6
  1.3.2　ロジットと係数の解釈 …………………………………… 7
  1.3.3　適　用　例 ………………………………………………… 8
  1.3.4　マルチレベルロジスティック回帰モデル ……………… 10
  1.3.5　級内相関係数 ……………………………………………… 11
  1.3.6　適　用　例 ………………………………………………… 12
 1.4　マルチレベルポアソン回帰モデル ……………………………… 15
  1.4.1　ポアソン回帰モデル ……………………………………… 15
  1.4.2　係数の解釈 ………………………………………………… 16
  1.4.3　適　用　例 ………………………………………………… 16
  1.4.4　マルチレベルポアソン回帰モデル ……………………… 17
  1.4.5　級内相関係数 ……………………………………………… 18
  1.4.6　適　用　例 ………………………………………………… 18
 1.5　本章のまとめ …………………………………………………… 21

2. 縦断データ分析のための基本的なモデル ……………… [尾崎幸謙]　23
 2.1　縦断データとは ………………………………………………… 24
  2.1.1　従業員の愛着の変化 ……………………………………… 24
  2.1.2　個人内変化と変化の個人差 ……………………………… 25

	2.1.3 横断データに対する縦断データの利点	28
	2.1.4 集団–個人と個人–時点の読み替え	29
	2.1.5 個人レベルデータ	30
	2.1.6 縦断データに対する基本的なモデリングのための事前分析	31
2.2	無条件平均モデル	32
2.3	無条件成長モデル	35
2.4	時不変の説明変数を含むモデル	38
2.5	本章のまとめ	42

3. 縦断データ分析のための非線形モデル ......[尾崎幸謙] 44

3.1	測定時点に関する二乗の項を含むモデル	45
3.2	切片の即時変化を含むモデル	47
3.3	傾きの即時変化を含むモデル	50
3.4	切片と傾きの即時変化を含むモデル	53
3.5	モデル比較	56
3.6	本章のまとめ	58
付録 1	誤差間共分散の設定	58
付録 2	縦断データ分析における欠測データへの対処	64

4. 構造方程式モデリングによるマルチレベルデータの分析 ....[尾崎幸謙] 68

4.1	SEM によるランダム効果の分散分析モデル	69
	4.1.1 lmerTest によるランダム効果の分散分析モデル	72
	4.1.2 lavaan によるランダム効果の分散分析モデル	73
4.2	SEM によるランダム効果の分散分析モデル (アンバランスな場合)	77
	4.2.1 lmerTest によるランダム効果の分散分析モデル (アンバランスな場合)	77
	4.2.2 lavaan によるランダム効果の分散分析モデル (アンバランスな場合)	78
4.3	SEM によるランダム切片・傾きモデル	80
	4.3.1 lmerTest によるランダム切片・傾きモデル	82
	4.3.2 lavaan によるランダム切片・傾きモデル	84
	4.3.3 レベル 1 の説明変数が複数の場合	88
	4.3.4 x_{ij} が連続変数の場合	89

4.3.5　アンバランスデータの扱い・・・・・・・・・・・・・・・・・・・・・・・・・・・・91
　4.4　SEMによる切片・傾きに対する回帰モデル・・・・・・・・・・・・・・・・・・91
　　4.4.1　lmerTestによる切片・傾きに関する回帰モデル・・・・・・・・・・・93
　　4.4.2　lavaanによる切片・傾きに関する回帰モデル・・・・・・・・・・・・・94
　4.5　マルチレベルモデルによる縦断データの分析と潜在曲線モデル・・・・97
　4.6　中心化について・・・・・・・・・・・・・・・・・・・・・・・・・・・・・・・・・・・・・・101
　4.7　本章のまとめ・・101
　付録1　マルチレベルモデルとSEMとの同一性・・・・・・・・・・・・・・・・・・102

5. Mplusによるマルチレベルデータの分析・・・・・・・・・・・・・[尾崎幸謙]106
　5.1　Mplusによるランダム効果の分散分析モデル・・・・・・・・・・・・・・・・107
　5.2　Mplusによるランダム効果の分散分析モデル(アンバランスな場合)109
　5.3　Mplusによるランダム切片・傾きモデル・・・・・・・・・・・・・・・・・・・・110
　5.4　Mplusによる切片・傾きに関する回帰モデル・・・・・・・・・・・・・・・・114
　5.5　Mplusによる潜在曲線モデル・・・・・・・・・・・・・・・・・・・・・・・・・・・・116
　5.6　レベル1の説明変数の中心化・・・・・・・・・・・・・・・・・・・・・・・・・・・・118
　5.7　マルチレベル探索的因子分析・・・・・・・・・・・・・・・・・・・・・・・・・・・・119
　5.8　マルチレベル確認的因子分析・・・・・・・・・・・・・・・・・・・・・・・・・・・・124
　　5.8.1　マルチレベル確認的因子分析・・・・・・・・・・・・・・・・・・・・・・・・124
　　5.8.2　マルチレベル確認的因子分析による因子の級内相関係数の推定・126
　5.9　マルチレベルSEM・・・・・・・・・・・・・・・・・・・・・・・・・・・・・・・・・・・・128
　5.10　SEMのランダム傾きモデル・・・・・・・・・・・・・・・・・・・・・・・・・・・・130
　5.11　マルチレベル多母集団分析・・・・・・・・・・・・・・・・・・・・・・・・・・・・・132
　5.12　文脈効果のバイアス修正モデル・・・・・・・・・・・・・・・・・・・・・・・・・136
　　5.12.1　4つの方法・・・・・・・・・・・・・・・・・・・・・・・・・・・・・・・・・・・・・137
　　5.12.2　組織コミットメントと業績評価との関係の分析への適用・・・・138
　5.13　その他のモデル・・・・・・・・・・・・・・・・・・・・・・・・・・・・・・・・・・・・・142
　　5.13.1　目的変数が2値カテゴリカル変数,順序カテゴリカル変数,名
　　　　　義変数の場合の扱い・・・・・・・・・・・・・・・・・・・・・・・・・・・・・・・・142
　　5.13.2　潜在構造分析・・・・・・・・・・・・・・・・・・・・・・・・・・・・・・・・・・・142
　　5.13.3　クロス分類データの分析・・・・・・・・・・・・・・・・・・・・・・・・・・143
　5.14　ま　と　め・・・143

6. パラメータ推定 .... [川端一光] 145
　6.1 ランダムパラメータが既知の場合の最尤推定法 145
　　6.1.1 モデルの記法 146
　　6.1.2 パラメータ推定量と標準誤差 147
　　6.1.3 信頼区間・検定統計量 148
　　6.1.4 数　値　例 149
　6.2 ランダム効果の推定 153
　　6.2.1 経験ベイズ推定量によるランダム効果 u_j の推定 153
　　6.2.2 数　値　例 154
　6.3 ランダムパラメータが未知の場合の最尤推定法 156
　　6.3.1 モデルの記法と分布 157
　　6.3.2 E-step 158
　　6.3.3 M-step 158
　　6.3.4 アルゴリズムと収束判定 159
　　6.3.5 ランダムパラメータの信頼区間 160
　　6.3.6 数　値　例 160
　6.4 MCMC法によるパラメータ推定 167
　6.5 データ形式とモデルの指定 167
　　6.5.1 `data` の記述例 168
　　6.5.2 `parameters` の記述例 169
　　6.5.3 `transformed parameters` の記述例 169
　　6.5.4 `model` の記述例 170
　　6.5.5 推定の実行と収束判定 171
　6.6 他の推定法について 176
　6.7 本章のまとめ 177

第 II 部　事例編　　179

7. 学級規模の大小と学力の推移 .... [山森光陽] 180
　7.1 研究の背景 180
　7.2 扱うデータについて 182
　　7.2.1 調　査　対　象 182

7.2.2 学力検査・調査内容	182
7.3 マルチレベルモデルを使用する意義	183
7.4 使用したモデル	184
7.5 結果と解釈	186

8. 体力発達の個人差を説明する生活習慣要因 ……………[鈴木宏哉] 191

8.1 研究の背景	191
8.2 扱うデータについて	192
8.2.1 調査対象者	192
8.2.2 調査項目とデータの構造	192
8.3 マルチレベルモデルを使用する意義	193
8.4 使用したモデル	194
8.5 結果と解釈	195
8.5.1 無条件成長モデル	195
8.5.2 時不変の説明変数を含むモデル	196
8.5.3 2変量潜在曲線モデル	197

9. 日本におけるコミュニティ問題の検討 ……………[赤枝尚樹] 199

9.1 研究の背景	199
9.1.1 都市/農村と人々のつながり	199
9.1.2 コミュニティ問題に対する3つの回答と日本における先行研究	200
9.2 扱うデータについて	203
9.2.1 データ	203
9.2.2 使用する変数	204
9.3 マルチレベルモデルを使用する意義	206
9.4 使用したモデル	207
9.5 結果と解釈	208
9.5.1 個人属性のみを投入した分析結果	208
9.5.2 DID人口比率を投入した分析結果	209
9.5.3 結果の解釈	210

10. 近隣・個人の特性と調査回答行動 …………[松岡亮二・前田忠彦] 214

10.1 はじめに―なぜこのような研究が必要か―	214

- 10.2 扱うデータ 216
  - 10.2.1 個人レベルのデータと地点レベルのデータ 216
  - 10.2.2 目的変数 217
  - 10.2.3 個人レベルの説明変数 (SES の代理指標) 218
  - 10.2.4 近隣レベルの説明変数 218
- 10.3 マルチレベルモデルを適用する意義 219
- 10.4 分析モデル 220
  - 10.4.1 モデル設定の方針 220
  - 10.4.2 個人水準 (レベル 1) モデル 220
  - 10.4.3 近隣レベル (レベル 2) モデル 221
  - 10.4.4 Mplus のスクリプト 222
- 10.5 結果と解釈 224
  - 10.5.1 記述統計量と級内相関の検討 224
  - 10.5.2 「接触不能」の結果 225
  - 10.5.3 「本人拒否」の結果 228
  - 10.5.4 「他者拒否」の結果 229
  - 10.5.5 結果の総括 229

11. 恋愛関係における期待と幸福感の関連 .... [浅野良輔] 231
- 11.1 研究の背景 231
  - 11.1.1 本章の概要 232
- 11.2 扱うデータについて 232
  - 11.2.1 参加者 232
  - 11.2.2 測定内容 233
  - 11.2.3 得られたデータ 233
- 11.3 マルチレベルモデルを使用する意義 240
- 11.4 使用したモデル 240
- 11.5 結果と解釈 242

索　引 248

I
理論編

1

マルチレベル一般化線形モデル

　学力テストのようなケースでは，説明変数 (学校や児童) に対応する目的変数 (学力テストの結果) は連続変数でした．本書の姉妹編である『R で学ぶマルチレベルモデル［入門編］』(以下『入門編』) では「学校データ.csv」を使って，その母集団分布として正規分布を仮定した上で，様々なマルチレベルモデルとそれに関連する統計理論について詳細に解説してきました．しかし実際の研究場面では目的変数が常に連続型であるわけではありませんし，確率分布が正規分布に限定されるわけでもありません．たとえば，

- 与信審査の結果 (「可」「不可」) のような 2 値カテゴリカル変数
- 大学の成績評価 (「不可」「可」「良」「優」) のような多値カテゴリカル変数
- 授業期間中の欠席回数 (「0 回」「1 回」「2 回」) のような出現頻度が低い現象を表現する多値カテゴリカル変数

といった離散変数を目的変数として扱う場合には，『入門編』で解説した正規分布を仮定するマルチレベルモデルを適用できません．

　離散型の目的変数に対する説明変数の影響を考察したいときには，一般化線形モデル (generalized linear model，GLM) と呼ばれる統計モデルを利用します．本手法で表現できる典型的な分析手法には，2 値・多値ロジスティック回帰モデル，ポアソン回帰モデル，対数線形モデルなどがあります．

　通常，一般化線形モデルはデータに階層性がないことを前提としていますが，この前提が満たされない場合に階層性を無視して分析すると，各種パラメータの推定に影響することが予想されます (『入門編』第 2 章および 3 章を参照)．階層性のあるデータに対しては，本章で解説するマルチレベル一般化線形モデル (multi-level generalized linear model) を適用する必要があります．

　最初に，通常の一般化線形モデルに含まれる 2 値ロジスティック回帰モデルとポアソン回帰モデルの 2 手法について，モデル構成とパラメータ解釈に焦点を当て解説を行います．次に，それぞれのモデルについて 2 段抽出で収集された階層

性のあるデータへの拡張を行います．具体的にはマルチレベルロジスティック回帰モデルとマルチレベルポアソン回帰モデルについてそれぞれ解説します．

1.1　分析データ

　ある県の教育委員会では県内の高校に通っている生徒の欠席状況 (欠席有無と欠席回数) について，性差と学校単位で任意で実施されているワクチンの予防接種の効果を検討することにしました．そこで 50 校の学校から 100 名ずつ生徒を無作為抽出し，全 5000 人分のデータを収集しました．そのデータが「欠席調査.csv」です．表 1.1 にその一部を掲載します．

　「欠席調査.csv」には，「生徒 ID」，「学校 ID」，「授業日数」(所属する学校の授業日数)，「性別」(男性 = 1，女性 = 0)，「予防接種」(学校単位での予防接種の実施有無，有 = 1，無 = 0)，「欠席回数」(授業期間中の欠席の総数)，「欠席有無」(授業期間中の欠席の有無，有 = 1，無 = 0) の 7 変数が含まれています．

　欠席状況に関する 2 変数の分布が図 1.1 です．図からも明らかなように，「欠席有無」の分布は 2 値カテゴリの分布であり，母集団分布として正規分布を仮定できません．また，「欠席回数」の分布は下限である 0 付近に値が集中していることや，そもそも，多値カテゴリの分布であることから，正規分布を仮定することは難しい状況です．

表 1.1　「欠席調査.csv」の一部

生徒 ID	学校 ID	授業日数	性別	予防接種	欠席回数	欠席有無
1	1	193	1	0	0	0
2	1	193	1	0	3	1
3	1	193	0	0	3	1
4	1	193	1	0	0	0
5	1	193	1	0	0	0
6	1	193	1	0	0	0
⋮	⋮	⋮	⋮	⋮	⋮	⋮
4995	50	193	0	0	3	1
4996	50	193	1	0	2	1
4997	50	193	0	0	4	1
4998	50	193	1	0	2	1
4999	50	193	0	0	2	1
5000	50	193	0	0	0	0

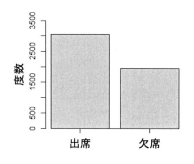
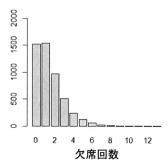

図 1.1 欠席状況の分布 (左:「欠席有無」，右:「欠席回数」)

1.2 ベルヌーイ分布とポアソン分布

そこで，それぞれの変数の母集団分布として，より適した確率分布を仮定する必要が出てきます．「欠席有無」のような2値カテゴリカル変数の確率分布にはベルヌーイ分布 (Bernoulli distribution) が利用できます．また，「欠席回数」のような一定期間内の希少な現象の生起回数に関する確率分布としてはポアソン分布 (Poisson distribution) が利用できます．

1.2.1 ベルヌーイ分布

ベルヌーイ分布は，ある現象の生起 (起こった or 起こらなかった) についての確率分布です．正規分布のパラメータが平均 μ と分散 σ^2 の2つであったのに対し，ベルヌーイ分布のパラメータは母比率 π のみです．π は比率を表現するパラメータなので $0 \leq \pi \leq 1$ となります．

生徒 i の授業期間中の欠席の有無を y_i とし，y_i が母比率 π のベルヌーイ分布に従う状況を，

$$y_i \sim Bernoulli(\pi) \tag{1.1}$$

と表現します．ベルヌーイ分布に従う確率変数の期待値 $E[y_i]$ と分散 $V[y_i]$ は

$$E[y_i] = \pi \tag{1.2}$$
$$V[y_i] = \pi(1-\pi) \tag{1.3}$$

です．ベルヌーイ分布には，その分散 $\pi(1-\pi)$ が期待値 π の関数になるという特徴があります．

1.2.2 ポアソン分布

先述したように，ポアソン分布は，一定期間内での希少な現象の生起回数 (度数) に関する確率分布です．多くの観測値が 0 であるような変数に仮定する分布として適当です．また頻度に関する分布なので非負の整数値にのみ対応しています．この分布の唯一のパラメータは λ であり，分布の位置と形状を決定します．

生徒 i の授業期間中の欠席回数を y_i とし，y_i が λ のポアソン分布に従う状況を，

$$y_i \sim Poisson(\lambda) \tag{1.4}$$

と表現します．ポアソン分布に従う確率変数の期待値と分散は

$$E[y_i] = V[y_i] = \lambda \tag{1.5}$$

のように一致するという性質があります．λ はさらに，

$$\lambda = t \times \theta \tag{1.6}$$

と分解されます．t は観測を行った期間を表現する非負の整数値です．たとえば授業期間中の欠席回数をポアソン分布で表現するならば，授業日数が t となります．より専門的には t は曝露量 (exposure) とも呼ばれます．一方，θ は率 (rate) と呼ばれる統計量で，観測期間内での現象の生起する率 (生起率) を表現しています．生起率ですから $0 \leq \theta \leq 1$ となります．ポアソン分布では希少な現象を扱うので，その生起回数の生起率は 0 に近い値をとることが多くなります．

観測期間に対して現象の生起率を乗ずることで生起回数が分かります．λ とは観測期間内での現象の生起回数の期待値を表現しています．

以上が「欠席有無」と「欠席回数」の従う確率分布に関する理論的基礎です．この知識を前提に，それぞれの目的変数を説明する統計モデルについて解説していきます．

1.3 マルチレベルロジスティック回帰モデル

「欠席有無」はベルヌーイ分布に従う目的変数ですが，これを他の変数で説明したい場合にはロジスティック回帰モデルを用います．ここでは「欠席有無」を「性別」と「予防接種」によって説明するモデルを考えます．また，「欠席調査.csv」に含まれるデータには階層性がありますから (学校に生徒がネストしている)，それを考慮したモデリングも必要となります．これを実現するのがマルチレベルロジスティック回帰モデルです．

1.3.1 ロジスティック回帰モデル

最初にデータの階層性に配慮しないロジスティック回帰モデルについて解説します。生徒 i の欠席有無 y_i が母比率 π_i のベルヌーイ分布に従うものとします。すなわち

$$y_i \sim Bernoulli(\pi_i) \tag{1.7}$$

です。ロジスティック回帰モデルではこの π_i を，次に示すロジスティック関数によって表現します。

$$\pi_i = \frac{1}{1+\exp(-\eta_i)} \tag{1.8}$$

ここで η_i は生徒 i に関するロジット (logit) と呼ばれるパラメータ (1.3.2 項で詳述) で，ロジスティック回帰モデルではこの η_i を他の変数によって説明します。本例での説明変数は「性別」と「予防接種」でした。「予防接種」は，通常，学校単位で実施されるものなので本来はレベル 2 の変数ですが，ここでは通常のロジスティック回帰分析で分析するためレベル 1 の変数とみなしてモデルに投入します。

$$\eta_i = b_0 + b_1 性別_i + b_2 予防接種_i \tag{1.9}$$

本式は η_i に対する重回帰式になっています。η_i は比率ではないので負値をとることが可能です。一方，ベルヌーイ分布のパラメータ π_i は負値をとることができません。したがって $\pi_i = b_0 + b_1 性別_i + b_2 予防接種_i$ というモデリングは適切ではありません。

図 1.2 に η に対する π の振る舞いを描画しました。図から明らかなように非負の値もとる η に対して，π は区間 $[0,1]$ に収まるという性質があります。

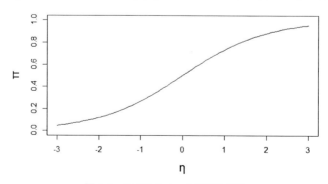

図 1.2 ロジスティック関数の形状

(1.7) 式～(1.9) 式で表現されるロジスティック回帰モデルでは，パラメータ π_i と説明変数の間に (1.8) 式のロジスティック関数を媒介させています．この性質により，ロジスティック回帰モデルのパラメータの解釈は直感的には難しいものとなっています．ただし，これを効果的に解釈する方法も考案されています．以下に説明します．

1.3.2 ロジットと係数の解釈

ここでは (1.9) 式を用いてパラメータの解釈法を学びます．まず切片 b_0 は，説明変数が 0 のときの平均的な η と解釈できますが，η 自体を解釈することはほぼありません．(1.8) 式を利用して対応する母比率 π を算出し，これを解釈します．

2 つの係数 b_1, b_2 については，これが重回帰モデルのパラメータであるならば，「他の説明変数を一定にしたときに，当該説明変数を 1 増加させたときの，目的変数の平均変化量」と解釈できます．しかし，ロジスティック関数を媒介させている本モデルではこの解釈が成り立ちません．

π_i と η_i について，次のような関係が成り立っています．

$$\log\left(\frac{\pi_i}{1-\pi_i}\right) = \eta_i \tag{1.10}$$

左辺の括弧内は現象が生起する確率 π_i と生起しない確率 $1-\pi_i$ の比となっています．これをオッズ (odds) と呼びます．オッズは現象が生起する見込みの指標として利用されます．オッズが 1 より大きい場合には生起確率が 0.5 より大きく，1 より小さくなる場合には生起確率が 0.5 より小さくなります．このオッズの対数 (以下，対数オッズ) がロジット η となります．

(1.10) 式の両辺についてネイピア数 (自然対数の底) e を用いて，指数変換すると

$$\frac{\pi_i}{1-\pi_i} = \exp(\eta_i) \tag{1.11}$$

となります．この変換によって，説明変数の影響をオッズにおける変化として解釈できるようになります．(1.9) 式における「性別」の係数の解釈を例に説明します．

予防接種を 0 に固定すると，女性と男性のロジットは

$$女性：\eta_i^f = b_0 + b_1 \times 0 + b_2 \times 0 = b_0 \tag{1.12}$$

$$男性：\eta_i^m = b_0 + b_1 \times 1 + b_2 \times 0 = b_0 + b_1 \tag{1.13}$$

となります．ここで η^f は女性のロジット，η^m は男性のロジットをそれぞれ表現しています．女性をベースラインとして，男性について「性別」の値が 0 から 1 に増加していることに注意してください．次に，この 2 つのロジットを元に，それぞれオッズを求めて，その比，すなわちオッズ比 (odds-ratio) を求めます．するとその計算結果は，以下のように「性別」の係数 b_1 を e の指数とした値 [*1)] となります [*2)]．

$$\text{オッズ比} = \frac{\pi^m}{1-\pi^m} \bigg/ \frac{\pi^f}{1-\pi^f} = \frac{\exp(\eta^m)}{\exp(\eta^f)} = \frac{\exp(b_0+b_1)}{\exp(b_0)} = \exp(b_1) \quad (1.14)$$

オッズ比が 1 ならば，これは $b_1 = 0$ ということなので，その説明変数によって現象の生起確率に変化がないと解釈できます．オッズ比が 1 を超えるならば，当該説明変数は現象の生起に正の影響を与えていることになります．またその逆も成り立ちます．

以上のように，ロジスティック回帰モデルにおける係数はそのまま解釈はできませんが，値を指数変換すると「他の説明変数を一定にし，当該説明変数を 1 増加させたときのオッズ比の平均変化量」として解釈することができます．したがって，係数の指数変換は本分析では必須の操作といっても過言ではありません．

ところで，後述するマルチレベルロジスティック回帰モデルの適用例 (1.3.6 項を参照) では，中心化の操作により説明変数間の相関は 0 になります．この場合，係数の解釈に「他の説明変数を一定にし……」という条件づけは不要となり，各説明変数の主効果として解釈できるようになります．

1.3.3 　適　　用　　例

R でロジスティック回帰モデルを実行するには関数 glm を利用します．目的変数を「欠席有無」，説明変数を「性別」「予防接種」としたロジスティック回帰モデルのためのスクリプト例を次に示します．スクリプト上では「欠席有無」は absence，「性別」は sex，「予防接種」は vaccine と表現されています．

```
> #データの読み込み
> absdat <- read.csv("欠席調査.csv")
```

[*1)] この演算を指数変換と呼びます．
[*2)] ここでは予防接種を 0 に固定して説明しましたが，予防接種を 1 に固定したとしても (1.14) 式のようにオッズ比は $\exp(b_1)$ になります．

1.3 マルチレベルロジスティック回帰モデル

```
> #関数 glm によるロジスティック回帰モデルの実行
> reslog <- glm(absence~sex+vaccine,family=binomial,data=absdat)
```

関数 glm の用法は，ランダム効果に関する表現 (たとえば (1|group) という項で表現される) を除いて関数 lmer と同一です．ただし，引数 family にて binomial と指定する必要があります．これによって，目的変数 absence が 2 値カテゴリ変数であり，その確率分布にベルヌーイ分布 [*3] を仮定することが表現されます．またこの指定により，説明変数によって直接説明されるのは absence (すなわち y_i) ではなく，ロジット η_i となることにも注意してください．

分析の結果を関数 summary によって表示させます．

```
> summary(reslog)
-- 一部省略 --
Coefficients:
             Estimate  Std. Error  z value  Pr(>|z|)
(Intercept)  0.02369   0.05649      0.419    0.675
sex          0.30500   0.06001      5.083   3.72e-07 ***
vaccine     -1.02936   0.06096    -16.887   < 2e-16  ***
---
Signif. codes:  0  '***'  0.001  '**'  0.01  '*'  0.05  '.'  0.1
-- 以下省略 --
```

Estimate の列を参照すると $\hat{b}_0 = 0.024$, $\hat{b}_1 = 0.305$, $\hat{b}_2 = -1.029$ であり，重回帰式が

$$\hat{\eta}_i = 0.024 + 0.305\,性別 - 1.029\,予防接種 \tag{1.15}$$

と推定されました．切片の 0.024 は，女性 (性別 = 0) で予防接種を受けていない (予防接種 = 0) 生徒たちの対数オッズ [*4] を表現しています．確率に変換すると $\pi = 1/(1+\exp(-0.024)) = 0.506$ です．該当する生徒たち [*5] の「欠席有無」の標本比率を求めると 0.498 であり推定結果が妥当であることが分かります．

[*3] binomial distribution は二項分布ですが，この関数では binomial と指定することでベルヌーイ分布が指定されます．
[*4] 対数オッズ $= \log(\frac{\pi}{1-\pi})$．
[*5] 予防接種を受けていない女性です．

次に「性別」と「予防接種」の係数からオッズ比を求めます．

```
> exp(0.305)#性別に関するオッズ比
[1] 1.356625

> exp(-1.029)#予防接種に関するオッズ比
[1] 0.3573641
```

「性別」に関するオッズ比は 1.357 であり 1 を超えています．「予防接種」の接種状況が同じ集団に注目した場合，男性が欠席するオッズは，女性の約 1.36 倍であると解釈できます．一方「予防接種」に関するオッズ比は 0.357 ですから，同性の集団に注目した場合，予防接種を受けた場合に欠席するオッズは，未接種の場合に欠席するオッズの 0.36 倍であると解釈できます [*6]．

1.3.4 マルチレベルロジスティック回帰モデル

ロジスティック回帰モデルはデータの階層性に配慮していませんが，実際には生徒は学校にネストしていますから，この階層性に配慮したモデリングが必要となります．ここでは，レベル 1 の説明変数として「性別」を，レベル 2 の説明変数として「予防接種」を投入したマルチレベルロジスティック回帰モデルを例に説明します．

まず学校 j に所属する生徒 i の欠席有無 y_i について，

$$y_{ij} \sim Bernoulli(\pi_{ij}) \tag{1.16}$$

とベルヌーイ分布を仮定します．π_{ij} は学校 j に所属する生徒 i の説明変数によって条件づけたベルヌーイ分布の母比率です．このロジットは $\eta_{ij}(= \log[\pi_{ij}/(1-\pi_{ij})])$ となりますが，『入門編』で解説したマルチレベルモデル同様，マルチレベルロジスティック回帰モデルでも，この η_{ij} の分布が個人差だけでなく学校の違いによっても説明されると仮定します．

η_{ij} をレベル 1 の説明変数「性別」，レベル 2 の説明変数「予防接種」によって

[*6] つまり，女性が欠席する見込みを基準としたとき，男性が欠席する見込みは基準の 1.36 倍になり，予防接種を受けない場合に欠席する見込みを基準として予防接種を受けた場合に欠席する見込みは基準の 0.36 倍になる，ということです．

モデル化します*7). ランダム切片モデルを仮定する一方で，「性別」の傾きは固定します (b_1). また，ランダム切片 β_{0j} に対して，レベル2の「予防接種」が固定効果 (γ_{01}) をもつと仮定します．各レベルのモデルを以下に示します．

レベル1：
$$\eta_{ij} = \beta_{0j} + b_1 性別_{ij} \tag{1.17}$$

レベル2：
$$\beta_{0j} = \gamma_{00} + \gamma_{01} 予防接種_j + u_{0j} \tag{1.18}$$
$$u_{0j} \sim N(0, \tau_{00}) \tag{1.19}$$

通常のマルチレベルモデルと同様に切片に関するランダム効果 u_{0j} には，平均 0, 分散 τ_{00} の正規分布が仮定されます．マルチレベルロジスティック回帰モデルは π_{ij} をロジット η_{ij} に変換するという特徴がありますが，変換後の η_{ij} を説明変数によってモデル化する手続きは全く一緒です．ランダム傾きモデルについても『入門編』での解説に従ってモデリングできます．ただし，パラメータの解釈はオッズ比に基づいて行う必要があります．

1.3.5 級内相関係数

正規分布に従う目的変数の級内相関係数を求める際には，目的変数の分散，すなわち誤差分散 $V[y_{ij}] = \sigma^2$ を利用していました．そしてこの σ^2 は集団間で値が変化しませんでした．一方，「欠席有無」のようなベルヌーイ分布に従う2値カテゴリ変数の分散は，集団によって変化するという性質があります．ベルヌーイ分布に従う y_{ij} の期待値と分散を集団別に求めると，(1.2) 式，(1.3) 式から，それぞれ $E[y_{ij}] = \pi_j$ と $V[y_{ij}] = \pi_j(1-\pi_j)$ となります．期待値と分散は連動しているため，集団によって y_{ij} の分散は変化してしまいます．

ランダム傾きモデルでは説明変数の値に分散が依存するため (分散不均一性)，級内相関係数を解釈できないという性質があることを『入門編』第5章で解説しましたが，マルチレベルロジスティック回帰モデルでは上述のように集団によって分散が変化します．ですから『入門編』で解説した方法で級内相関係数を求めることはできません．この点について Snijders & Bosker (2012) は2値カテゴリカル変数 y_{ij} の背後に連続的でロジスティック分布に従う潜在変数を仮定し，集団を超えてその誤差分散が $\sigma^2 = \pi^2/3 = 3.29$ と一定であるとした上で，次式で

---

*7) 本節では説明のために，比較的簡素なモデルを用いましたが，『入門編』で解説したより複雑なモデルも同様に構築できます．

帰無モデル[*8]の級内相関係数を求める方法を紹介しています[*9]．

$$\rho = \frac{\tau_{00}}{\tau_{00} + 3.29} \tag{1.20}$$

1.3.6 適　用　例

マルチレベルロジスティック回帰モデルを実行するには，パッケージ lme4 内の関数 glmer を利用します．この関数は lmer をカテゴリ変数に対応させたもので，関数中のモデルの記法は lmer と同一です．ここでは，「性別」について集団平均中心化 (centering within cluster, CWC) (sex.cwc)，「予防接種」については全体平均中心化 (centering at the grand mean, CGM) (vaccine.cgm) を適用し，「欠席有無」(absence) について (1.16) 式〜(1.19) 式のマルチレベルロジスティック回帰モデルを実行します．中心化については『入門編』第 6 章を参照してください．また，データの階層性を確認するためにランダム切片のみを許容する帰無モデルもあわせて実行しておきます．

スクリプトは以下のようになります．

```
> #性別の集団平均中心化
> sex.cwc <- absdat$sex-ave(absdat$sex,absdat$schoolID)

> #予防接種の全体平均中心化
> vaccine.cgm <- ave(absdat$vaccine,absdat$schoolID)
+ -mean(absdat$vaccine)

> #パッケージの読み込み
> library(lme4)

> #帰無モデルの実行
> nullmodel <- glmer(absence~(1|schoolID),family=binomial,data=absdat)

> #マルチレベルロジスティック回帰モデルの実行
> resmlog <- glmer(absence~sex.cwc+vaccine.cgm+(1|schoolID),
+ family=binomial,data=absdat)
```

[*8] ランダム切片のみが含まれるモデルで，『入門編』第 4 章の ANOVA モデルに相当します．
[*9] y_{ij} の背後にロジスティック分布ではなく (標準) 正規分布を仮定する場合には，級内相関係数は $\rho = \frac{\tau_{00}}{\tau_{00}+1}$ で算出されます．詳細については Snijders & Bosker (2012) を参照してください．

1.3 マルチレベルロジスティック回帰モデル

関数 glm 同様に引数 family にて binomial とし，目的変数の確率分布がベルヌーイ分布であることを表現します．

最初に帰無モデルのランダムパラメータ (ランダム切片の分散 τ_{00}) の推定値を確認します．

```
> VarCorr(nullmodel)
 Groups    Name        Std.Dev.
 schoolID  (Intercept) 1.1922
```

$\sqrt{\tau_{00}}$ の推定値は 1.1922 となりました．したがって τ_{00} の推定値は $1.1922^2 = 1.421341$ となります．この推定値と (1.20) 式を用いて級内相関係数の推定値を求めると次のようになります．

$$\hat{\rho} = \frac{1.421341}{1.421341 + 3.29} = 0.301685 \tag{1.21}$$

級内相関係数の推定値は約 0.3 であり，データの階層性について無視できないことが示唆されました．そこでデータの階層性に配慮したマルチレベルロジスティック回帰モデルの実行結果を確認します．ここでは「性別」に集団平均中心化 (CWC) が適用されているので「性別」と「予防接種」間の相関係数は 0 になり [*10]，特定の説明変数の係数の解釈の際には，他の説明変数の影響に配慮する必要がありません．

```
> summary(resmlog)
-- 一部省略 --
Random effects:
 Groups    Name        Variance  Std.Dev.
 schoolID  (Intercept) 1.035     1.017
-- 以下省略 --
```

Random effects の (Intercept) に対応する Variance の値が 1.035 となっていますが，これがランダム切片の分散 τ_{00} を意味しています．また，通常のランダム切片モデルであれば，Random effects の部分に誤差分散 σ^2 を意味する

[*10] こうなる理由については『入門編』第 6 章を参照してください．

Residual の値が表示されますが，本分析では全集団間で一意な分散が得られないので，この出力が表示されません．

次に固定効果に注目します．関数の出力は以下のようになります．

```
-- 一部省略 --
Fixed effects:
            Estimate Std. Error z value Pr(>|z|)
(Intercept) -0.50532    0.14845  -3.404 0.000664 ***
sex.cwc      0.39295    0.06567   5.984 2.18e-09 ***
vaccine.cgm -1.31584    0.30909  -4.257 2.07e-05 ***
---
Signif. codes:  0 '***' 0.001 '**' 0.01 '*' 0.05 '.' 0.1 ' ' 1

-- 以下省略 --
```

ランダム切片の全体平均 γ_{00} の推定値は -0.505，レベル 1 変数「性別」の固定傾き b_1 の推定値は 0.393，レベル 2 変数「予防接種」の固定効果 γ_{11} の推定値は -1.316 でした．

この結果から「性別」のオッズ比を求めると $\exp(0.393) = 1.481418$ でした．女性が欠席するオッズを基準としたとき男性が欠席するオッズは基準の 1.48 になります．一方，「予防接種」のオッズ比は $\exp(-1.316) = 0.268$ です．予防接種を実施しない学校で生徒が欠席するオッズを基準としたとき，予防接種を実施する学校で生徒が欠席するオッズは基準の 0.268 倍となります．オッズ比の比較から，予防接種の効果が顕著であることが伺える結果と解釈できます．

関数 confint を用いて固定効果の 95% 信頼区間 (Wald 法) を求めると次のようになります．

```
> confint(resmlog,method="Wald")
                  2.5 %      97.5 %
.sig01               NA          NA
(Intercept) -0.7962298  -0.2144058
sex.cwc      0.2642464   0.5216578
vaccine.cgm -1.9209761  -0.7106974
```

全パラメータの信頼区間が 0 を含んでおらず，5% 有意水準で母集団における

表 1.2 マルチレベルロジスティック回帰モデルの推定値

パラメータ	推定値	SE	95%CI
γ_{00}	-0.505	0.148	$[-0.796, -0.214]$
b_1	0.393	0.066	$[\ 0.264,\ 0.522]$
γ_{01}	-1.316	0.309	$[-1.921, -0.711]$
τ_{00}	1.035		

効果が 0 という帰無仮説を棄却できる結果となりました.

表 1.2 に上述の出力をまとめました.

1.4 マルチレベルポアソン回帰モデル

次にポアソン分布に従う「欠席回数」についてモデリングします. 最初に, データの階層性を考慮しない通常のポアソン回帰モデルについて解説します. ここでは「欠席回数」を目的変数, 「性別」と「予防接種」を説明変数とします.

1.4.1 ポアソン回帰モデル

生徒 i の欠席回数が,

$$y_i \sim Poisson(\lambda_i) \tag{1.22}$$

のように, 期待値 λ_i のポアソン分布に従うと仮定します. λ_i はその生徒の欠席回数の期待値と解釈できます. (1.6) 式のように曝露量と生起率を用いて $t_i \theta_i = \lambda_i$ と分解できますが, ポアソン回帰モデルではこの θ_i を説明変数によって表現します. 具体的には

$$\log(\lambda_i) = \log(t_i) + \log(\theta_i) \tag{1.23}$$

と対数変換し, $\log(\theta_i)$ を η_i と表現した上で,

$$\eta_i = b_0 + b_1 性別_i + b_2 予防接種_i \tag{1.24}$$

とモデル化します. 先述したように θ_i は現象の生起率なのでその範囲は $[0,1]$ に限定されます. 一方, $\log(\theta_i)$ のとり得る範囲は $[-\infty, +\infty]$ ですから, この変換によって性別と予防接種による予測値が θ_i のとり得る範囲によって制約されなくなることが理解できます. 他の変数で説明されずパラメータが付与されない t_i の対数はオフセット (offset) と呼ばれます. この例では曝露量はその生徒の授業日数ですから, 授業日数の対数がオフセットとなります.

1.4.2 係 数 の 解 釈

ロジスティック回帰モデル同様に，モデル中の係数の解釈には注意が必要です．まず (1.24) 式の切片 b_0 は対数関数の逆関数を用いて $\exp(b_0)$ とし，生起率の尺度で解釈します．つまり，説明変数の値が 0 であった場合の集団全体での生起率と解釈します．

ポアソン回帰モデルの係数は，「他の説明変数を一定にしたときに，当該説明変数を 1 変化させたときの生起率の比の変化量」を意味しています．ここでは「予防接種」の係数 b_2 の解釈を例に説明します．女性の集団（「性別」= 0) に注目したとき，予防接種を受けなかった場合 (予防接種$_i$ = 0) の生起率を θ_i，予防接種を受けた場合 (予防接種$_i$ = 1) の生起率を θ_i^* と表現します．このとき，θ_i をベースラインとした生起率の比は，

$$\frac{\theta_i^*}{\theta_i} = \exp(b_2) \tag{1.25}$$

のように，解釈したい係数を e の指数とした値になります．これを率比 (ratio-rate) と呼びます．率比が 1 を超えるならば，説明変数を 1 増加させたときの生起率は，ベースラインよりも大きくなると理解できます．またその逆も成り立ちます．率比が 1 の場合には，説明変数は生起率に対して影響をもたないことになります．

後述するマルチレベルポアソン回帰モデルの適用例 (1.4.4 項を参照) では，中心化の操作により説明変数間の相関は 0 になります．マルチレベルロジスティック回帰モデルの適用と同様に，この場合も推定された係数によって各説明変数の主効果を検討することができます．

1.4.3 適 用 例

ポアソン回帰モデルも関数 glm で実行できます．ここでは「欠席回数」nabsence を「性別」sex と「予防接種」vaccine で説明します．「予防接種」はレベル 2 の説明変数ですが，ここではレベル 1 の説明変数として扱います．また，曝露量 t は「授業日数」となります．対応するスクリプトは以下となります．

```
> #ポアソン回帰モデルの実行
> pois <- glm(nabsence~sex+vaccine,family=poisson,
+ offset=log(day),data=absdat)
```

引数 family に poisson を与え，目的変数の確率分布にポアソン分布を指定し

ます.これにより説明変数が直接説明するのは $\log(\theta_i)$ であることが表現されます.また,offset に「授業日数」の対数 log(day) を指定しています.分析結果は以下のようになりました.

```
> summary(pois)
-- 一部省略 --
Coefficients:
            Estimate Std. Error  z value Pr(>|z|)
(Intercept) -4.67007    0.02115 -220.779   <2e-16 ***
sex          0.20674    0.02347    8.808   <2e-16 ***
vaccine     -0.61801    0.02331  -26.508   <2e-16 ***
---
Signif. codes:  0 '***' 0.001 '**' 0.01 '*' 0.05 '.' 0.1 ' ' 1
-- 以下省略 --
```

b_0 の推定値は -4.670 ですから,説明変数の値が0である場合[*11]の集団全体での欠席の生起率は $\exp(-4.67) = 0.009$ であり,非常に低いことが分かります.「性別」の係数 b_1 の推定値は 0.207 ですから,率比は $\exp(0.207) = 1.230$ と求められます.予防接種の接種状況を統制して考えると,女性が欠席する確率を基準としたとき,男性が欠席する確率は基準の 1.23 倍大きいと解釈できます.一方,「予防接種」の係数 b_2 の推定値は -0.618 です.率比は $\exp(-0.618) = 0.539$ であり,性別を統制して考えると,予防接種しない場合に欠席する確率を基準としたときに,予防接種した場合に欠席する確率は基準の 0.539 倍小さいと解釈できます.率比からは,相対的に「予防接種」の影響が強いと結論できます.

1.4.4 マルチレベルポアソン回帰モデル

ここではポアソン回帰モデルを階層データに対応するよう拡張します.ロジスティック回帰モデルの説明と同様に,目的変数を「欠席回数」とし,これをレベル1変数「性別」と,レベル2変数「予防接種」によって説明するモデルを例に解説します.

学校 j に所属する生徒 i の欠席回数 y_{ij} が,

$$y_{ij} \sim Poisson(\lambda_{ij}) \tag{1.26}$$

[*11] 女性で予防接種を受けていない集団.

のように，期待値 λ_{ij} のポアソン分布に従うと仮定します．

次に，レベル1の説明変数「性別」の固定効果 (b_1) をモデルに導入します．また，ランダム切片を仮定した上で，これをレベル2の説明変数「予防接種」が説明する (γ_{01}) というモデルを仮定します．この場合のマルチレベルポアソン回帰モデルは以下のようになります．

レベル1：
$$\eta_{ij} = \beta_{0j} + b_1 性別_{ij} \tag{1.27}$$

レベル2：
$$\beta_{0j} = \gamma_{00} + \gamma_{01} 予防接種_j + u_{0j} \tag{1.28}$$
$$u_{0j} \sim N(0, \tau_{00}) \tag{1.29}$$

以上から，両モデルは π_{ij} や λ_{ij} に対して異なる変換を施しますが，それ以外は通常のマルチレベルモデルと同じであることが理解できます．

1.4.5 級内相関係数

本モデルにおいても級内相関係数は参照しにくい統計量となっています．それは，マルチレベルロジスティック回帰モデルの場合と同様に，学校に依存して，目的変数の分散 $V[y_{ij}]$ が変化してしまうからです．ポアソン回帰モデルの分散は期待値と同じ λ ですから，学校間で期待値 λ_j が異なれば，分散も λ_j と必然的に異なってしまいます．本モデルにおける級内相関係数の算出は，現在 (2018年) もたとえば Austin et al. (2017) などで議論されているトピックです．本章ではこの指標を用いずにデータの階層性について判断します．

1.4.6 適用例

マルチレベルロジスティック回帰モデルの適用例と同様に「性別」について集団平均中心化 (sex.cwc)，「予防接種」については全体平均中心化 (vaccine.cgm) を適用し，「欠席回数」(nabsence) について (1.26) 式～(1.29) 式のマルチレベルポアソン回帰モデルを実行します．また，データの階層性を判断するために帰無モデルもあわせて実行します．利用するのは関数 glmer です．スクリプトは以下のようになります．

```
> #帰無モデルの実行
> nullmodel2 <- glmer(nabsence~(1|schoolID),family=poisson,
```

1.4 マルチレベルポアソン回帰モデル

```
+ offset=log(day),data=absdat)

> #マルチレベルポアソン回帰モデルの実行
> resmpois <- glmer(nabsence~sex.cwc+vaccine.cgm+(1|schoolID),
+ family=poisson, offset=log(day),data=absdat)
```

引数 family で poisson を，offset で授業日数の対数である log(day) を指定します．帰無モデルの実行結果は以下のようになりました．

```
> summary(nullmodel2)
-- 一部省略 --
Random effects:
 Groups    Name          Variance Std.Dev.
 schoolID (Intercept) 0.334    0.5779
Number of obs: 5000, groups:  schoolID, 50

Fixed effects:
            Estimate Std. Error z value Pr(>|z|)
(Intercept) -5.05273    0.08294  -60.92   <2e-16 ***
---
Signif. codes:  0  '***' 0.001  '**' 0.01  '*' 0.05  '.' 0.
-- 以下省略 --
```

出力中の Random effects を参照するとランダム切片の分散 τ_{00} (Variance) は 0.334，標準偏差 (Std.Dev) は 0.558 と推定されています．Fixed effects を参照するとランダム切片の全体平均 γ_{00} の推定値は -5.053 となっていますが，この結果から $-5.053 \pm 2 \times 0.558 \, (= [-6.169, -3.937])$ の範囲に全体の 95.4% の学校が含まれることになります [*12]．また，この範囲の下限 (-6.169) と上限 (-3.937) に対応する欠席生起率 θ_i は

$$下限：\exp(-6.169) = 0.002$$
$$上限：\exp(-3.937) = 0.020$$

となります．授業日数の平均値を求めると 199.159 ですが，これを上限と下限に

[*12] ランダム切片が正規分布していると仮定するならば，平均 ±2SD の範囲に全データの 95.4% が含まれることになります．

乗ずると，$\lambda_{下限} = 0.398$，$\lambda_{上限} = 3.983$ となります．上限と下限の学校間で欠席日数の期待値が $3.585 (= 3.983 - 0.398)$ 日も異なります．どの学校に所属するかによって欠席日数が影響を受けると考えるのが自然です[*13]．

次に説明変数を投入したマルチレベルポアソン回帰モデルの実行結果を確認します．「性別」と「予防接種」に中心化が施されており相関が理論的に0になっています．生起率の比 (係数) の解釈の際には，他の説明変数の影響を無視できることに注意してください．

```
> summary(resmpois)
-- 一部省略 --
Random effects:
 Groups    Name         Variance Std.Dev.
 schoolID  (Intercept)  0.2364   0.4862
Number of obs: 5000, groups:  schoolID, 50

Fixed effects:
             Estimate Std. Error z value Pr(>|z|)
(Intercept) -5.05193    0.07020   -71.97  < 2e-16 ***
sex.cwc      0.21961    0.02356     9.32  < 2e-16 ***
vaccine.cgm -0.64517    0.14565    -4.43 9.44e-06 ***
-- 以下省略 --
```

出力中の Random effects を参照すると Variance からランダム切片の分散 τ_{00} の推定値は 0.236 であり，Std.Dev. から標準偏差は 0.486 であることになっています．帰無モデルと比較して τ_{00} の推定値が小さくなっていることが分かります．「性別」と「予防接種」のいずれか，あるいは両方がレベル2の欠席生起率を一定程度説明したものと解釈できます．

Fixed effects を参照すると，ランダム切片の全体平均 γ_{00} の推定値は -5.052，「性別」の固定効果 b_1 の推定値は 0.220，「予防接種」の固定効果 γ_{01} の推定値は -0.645 となりました．この結果から「性別」の率比は $\exp(0.22) = 1.246$ であり，男性が欠席する確率は女性の 1.246 倍であると解釈できます．また，「予防接種」の率比は $\exp(-0.645) = 0.525$ であり，予防接種を実施した学校の生徒の欠席確率は実施しない学校よりも約 0.525 倍低いと解釈できます．

[*13] データの階層性に関する上述の説明は Raudenbush & Bryk (2002) を参考にしました．

次のスクリプトでは関数 confint によって固定効果の 95% 信頼区間 (Wald 法) を求めています.

```
> confint(resmpois,method="Wald")
                 2.5 %     97.5 %
.sig01              NA         NA
(Intercept) -5.1895127 -4.9143489
sex.cwc      0.1734269  0.2657955
vaccine.cgm -0.9306305 -0.3597100
```

すべてのパラメータの信頼区間が 0 を含んでおらず, 5% 水準で有意となりました. 表 1.3 にパラメータの推定値をまとめています.

表 1.3 マルチレベルポアソン回帰モデルの推定値

パラメータ	推定値	SE	95%CI
γ_{00}	-5.052	0.07	$[-5.190, -4.914]$
b_1	0.20	0.024	$[\ 0.173,\ 0.266]$
γ_{01}	-0.645	0.146	$[-0.931, -0.360]$
τ_{00}	0.236		

1.5 本章のまとめ

1. i は個人, j は集団をそれぞれ表現する. レベル 1 の説明変数 x_{ij} とレベル 2 の説明変数 y_j を投入し, ランダム切片のみを許容するマルチレベルロジスティック回帰モデル (1.3.4 項) は次式で表現される.

    レベル 1:
    $$y_{ij} \sim Bernoulli(\pi_{ij})$$
    $$\pi_{ij} = \frac{1}{1 + \exp(-\eta_{ij})}$$
    $$\eta_{ij} = \beta_{0j} + b_1 x_{ij}$$

    レベル 2:
    $$\beta_{0j} = \gamma_{00} + \gamma_{01} y_j + u_{0j}$$
    $$u_{0j} \sim N(0, \tau_{00})$$

2. マルチレベルロジスティック回帰モデルにおける帰無モデルを用いた級内

相関係数の推定式 (1.3.5 項) は次式で表現される.

$$\rho = \frac{\tau_{00}}{\tau_{00} + 3.29}$$

3. ロジスティック回帰モデルにおける η_{ij} をロジットと呼ぶ. ロジットはオッズを対数変換したものである. 説明変数の係数は指数変換して利用する. 変換後の係数は, 他の説明変数を一定にし当該説明変数を 1 増加させたときのオッズ比の変化と解釈できる.
4. ポアソン回帰モデルにおける係数は指数変換して解釈する. 変換後の係数は, 他の説明変数を一定にし当該説明変数を 1 増加させたときの現象の生起率 (率比) の変化と解釈できる (1.4.2 項).
5. レベル 1 の説明変数 x_{ij} とレベル 2 の説明変数 y_j を投入し, ランダム切片のみを許容するマルチレベルポアソン回帰モデル (1.4.4 項) は次式で表現される.

レベル 1：
$$y_{ij} \sim Poisson(\lambda_{ij})$$
$$\log(\lambda_{ij}) = \log(\theta_{ij}) + \log(t_{ij})$$
$$\log(\theta_{ij}) = \eta_{ij} = \beta_{0j} + b_1 x_{ij}$$

レベル 2：
$$\beta_{0j} = \gamma_{00} + \gamma_{01} y_j + u_{0j}$$
$$u_{0j} \sim N(0, \tau_{00})$$

文　　献

1) Austin, P.C., Stryhn, H., Leckie, G., & Merlo, J. (2017). Measures of clustering and heterogeneity in multilevel Poisson regression analyses of rates/count data, *Statistics in Medicine*, **37**(4), pp.572–589.
2) Raudenbush, S. W. & Bryk, A. S. (2002). *Hierarchical Linear Models: Applications and Data Analysis Methods* (2nd ed.). (Advanced Quantitative Techniques in the Social Sciences Series). SAGE Publications.
3) Snijders, T. A. B. & Bosker, R. J. (2012). *Multilevel Analysis: An Introduction to Basic and Advanced Multilevel Modeling* (2nd ed.). SAGE Publications.

2

縦断データ分析のための基本的なモデル

　本章ではマルチレベルモデルを利用した縦断データの基本的な分析方法について説明します．縦断データとは，複数の個体 (個人) から (通常は同じ内容の変数について) 複数回にわたって経時的に測定されたデータです．たとえば，ある中学校内の生徒 100 人から，1 年生，2 年生，3 年生のはじめに体力測定を行ったとすると，これは縦断データになります．あるいは，200 人の赤ちゃんについて，出生，3 カ月，9 カ月，12 カ月時点での体重のデータを得たとすると，これも縦断データになります．

　縦断データに対してマルチレベルモデルを適用して分かることは，個人内変化と変化の個人差です．個人内変化は，「変数は個人内でどのように変化するか」と言い換えることができます．体力測定の例では一人ひとりの生徒ごとの体力測定結果の経時的変化，赤ちゃんの例では一人ひとりの赤ちゃんの体重の経時的変化を指します．

　変化の個人差は「個人ごとの変化の違い」です．体力測定の例では，たとえば体力測定結果が 1 年生から 3 年生にかけて大きく伸びる生徒もいれば，そうでない生徒もいることを表します．赤ちゃんの例では，たとえば出生体重は軽かったものの，3 カ月まで体重がぐんぐん増えて，その後増加スピードが減少する赤ちゃんもいれば，出生体重が重く，他の赤ちゃんに比べて体重増加スピードが遅い赤ちゃんもいることを表します．また，マルチレベルモデルでは，変化の個人差が生じる理由を他の変数によって説明することもできます．

　本章では，『入門編』で説明したような個人と集団に関する階層データのためのマルチレベルモデルについて各レベルの読み替えをすることで，縦断データに対してマルチレベルモデルを適用する方法を説明します．なお，縦断データの分析に関しては Singer & Willett (2003, 菅原監訳, 2012)，宇佐美・荘島 (2015) などの書籍があります．前者はマルチレベルモデルによる分析方法が詳しく書かれています．後者は構造方程式モデリングによる分析方法について分かりやすく解

説されています．縦断データの分析に興味のある読者はこれらの書籍もご覧ください．

2.1 縦断データとは

本節では，本章で扱う縦断データを示し，データ分析から分かることについて，その概略を具体的に説明します．加えて，横断データとの違いについても述べます．

2.1.1 従業員の愛着の変化

本章では，表 2.1 に示した従業員の自社に対する愛着を経時的に測定した縦断データを扱います．このデータを使って愛着の時間変化と変化の個人差 (従業員間の差) を知ることが目的です．なお，これは架空データです．表 2.1 は，ある会社の従業員 500 人に対して，入社時点，入社 5 年後，10 年後，15 年後，20 年後

表 2.1 縦断データ (個人–時点データ)

個人レベル (添え字 j)		時点レベル (添え字 ij)			
従業員 ID	性別	時点	愛着	管理職	管理職期間
sub	sex2	time1	en1	ad1	post.ad1
1	1	0	25	0	0
1	1	1	53	1	0
1	1	2	51	1	1
1	1	3	53	1	2
1	1	4	58	1	3
2	1	0	46	0	0
2	1	1	39	0	0
2	1	2	47	1	0
2	1	3	67	1	1
2	1	4	53	1	2
3	0	0	43	0	0
3	0	1	42	0	0
3	0	2	33	0	0
3	0	3	48	0	0
3	0	4	41	0	0
⋮	⋮	⋮	⋮	⋮	⋮
500	1	0	46	0	0
500	1	1	45	0	0
500	1	2	37	0	0
500	1	3	44	0	0
500	1	4	38	0	0

の 5 時点で会社に対する愛着を測定したデータを表しています．加えて，性別と，各時点において管理職であったか否かについても測定しています．データファイル上の変数名は，従業員 ID が sub，性別が sex2 (男性 = 1，女性 = 0)，測定時点が time1，愛着の得点が en1 (engagement の en です)，管理職であったか否かが ad1 です．管理職期間 post.ad1 は，管理職になってからの期間を表しています．変数名に付与されている 1 と 2 は縦断データに対するマルチレベルモデルにおいてレベル 1 (時点レベル) の変数であるか，レベル 2 (個人レベル) の変数であるかを表します．

表 2.1 の変数は個人レベルと時点レベルに分類されています．個人レベルは，個人ごとに測定値が付与される変数であり，ここでは性別が該当します．集団から個人抽出したデータを分析するためのマルチレベルモデルとは異なり，個人レベルはレベル 2 になります．一方，時点レベルは，各測定時点ごとに測定値が付与される変数であり，時点，愛着，管理職，管理職期間が該当します．時点レベルがレベル 1 になります．時点は，入社時点，入社 5 年後，10 年後，15 年後，20 年後の 5 時点としていますが，表 2.1 ではそれぞれが 0，1，2，3，4 となっています．時点が 1 異なることは，実際上は 5 年に相当するということです．これは，管理職期間についても同様です．

管理職期間については若干複雑なので，sub = 1, 2, 500 の従業員についてみてみましょう．sub = 1 の従業員は，時点 1 (入社 5 年後の時点) ですでに管理職になっています．したがって，この従業員の管理職期間は，時点 0 (入社時) では 0，時点 1 (入社 5 年後) でも 0，時点 2 (入社 10 年後) では 1 (5 年)，時点 3 (入社 15 年後) では 2 (10 年)，時点 4 (入社 20 年後) では 3 (15 年) になっています．sub = 2 の従業員は，時点 2 (入社 10 年後の時点) で管理職になっているので，管理職期間は時点 2 までは 0，それ以降は 1 ずつ増加しています．最後に，sub = 500 の従業員は，時点 5 までに管理職にはなっていないので，管理職と管理職期間はすべて 0 になっています[*1]．

なお，縦断データを表すには表 2.1 (個人–時点データ) とは別の形式の個人レベルデータもあります．それについては 2.1.5 項で述べます．

2.1.2 個人内変化と変化の個人差

本章のはじめに，縦断データの分析で分かることは，個人内変化と変化の個人

[*1)] なお，このデータでは管理職から非管理職への降格はないものとしています．

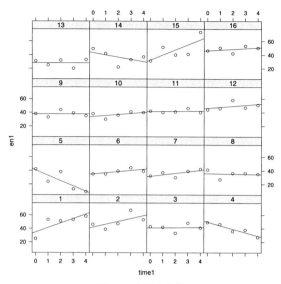

図 2.1 個人内変化

差であると述べました．表 2.1 のデータを用いてこれらを具体的に示しましょう．図 2.1 は表 2.1 の個人ごとに (sub ごとに)，横軸を時点 (time1)，縦軸を愛着 (en1) として散布図を描き，回帰直線を当てはめたものです．

これを描くための R スクリプトは以下のとおりです．as.factor(long.data8$ sub) とすることで，xyplot において従業員 ID を図に示すことができます．en1~time1|sub によって，en1 を縦軸，time1 を横軸とした散布図を sub ごとに示すことができます．type=c("r","p") は回帰直線を描くこと (r) と，観測値をプロットすること (p) を意味します．data=long.data[1:80,] によって，描画に使うデータを 1 人目から 16 人目 ($16 \times 5 = 80$) までに限定しています．

```
> #縦断データの読み込み
> data8<-read.csv("縦断データ.csv")
> data8$sub<-as.factor(long.data$sub)
>
> #描画のための library の読み込み
> library(lattice)
>
> #個人ごとの時点--目的変数の散布図および単回帰直線
```

```
> xyplot(en1~time1|sub, type=c("r","p"),data=long.data[1:80,])
```

図 2.1 の左下をみると，1 人目の従業員 (sub = 1) は在職期間が長くなるに従って愛着が増しています．これが 1 人目の従業員における個人内変化です．他の従業員にも目を向けてみると，在職期間が長くなるに従って愛着が増している従業員 (sub = 1, 2, 15 など)，変化があまりない従業員 (sub = 3, 6, 7, 8, 9, 10, 11, 12, 13, 16)，愛着が減っている従業員 (sub = 4, 5, 14) がいることが分かります．従業員間のこのような違いが変化の個人差です．

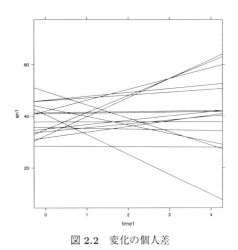

図 **2.2** 変化の個人差

各個人について当てはめた回帰直線を 1 つの図にまとめて描画したものが図 2.2 です．このための R スクリプトは以下のとおりです．group=sub によって，sub ごとに回帰直線を引くことができます．図 2.2 を描くことで，変化に個人差があることがはっきりと分かりました．マルチレベルモデルを使うことで，個人内変化と変化の個人差について統計的に妥当な分析や，複雑な研究仮説に対応した分析を行うことができます．

```
> #変化の個人差の描画
> xyplot(en1~time1, group=sub, type=c("r"),data=long.data[1:80,])
```

2.1.3 横断データに対する縦断データの利点

縦断データの収集は手間や費用がかかるのに，なぜ行うのでしょうか[*2]．それには2つの理由があります．1つめは，交絡変数の影響を考慮できること，2つめは，変化の軌跡を検討することができることです．

まず，交絡変数の影響についてです．「従業員の企業に対する愛着は，在職期間が長くなるほど増加するか」という研究課題について調べたいとします．このとき，表 2.1 のような縦断データではなく，ある時点において従業員の愛着とこれまでの在職期間を尋ね，これらの変数間で単回帰分析 (在職期間が説明変数，愛着が目的変数) を行えばよいと思うかもしれません．このようなデータは，ある1つの時点で収集されているので横断データと呼ばれます．

愛着に対する在職期間の影響を知りたい場合，横断データを使った単回帰分析における傾きの推定値はバイアスをもってしまいます．たとえば，図 2.3 のように，入社時の当該企業への志望の程度 (入社時志望) が高いと在職期間が長くなり，志望の程度が高いと愛着が高くなるとします．このとき，単回帰分析では志望の程度を考慮していないので，傾きは過大推定されてしまいます．

このように，説明変数と目的変数の両方に影響を与える変数のことを交絡変数と呼びます．交絡変数をデータとして収集し，在職

図 2.3 横断データの分析における交絡変数の影響

期間と同じように説明変数として重回帰分析を行えば，このバイアスをなくすことができます．しかしながら，交絡変数は入社時志望だけではないかもしれません．研究者が考えもつかない交絡変数があり，データとして収集することができなかったとすれば，傾きの推定値はバイアスをもってしまいます．

この点について，縦断データは同じ従業員から複数時点でデータ収集を行っているため，入社時志望のような交絡変数が時点間で (同じ従業員については) 共通です．たとえば，1人目の従業員の入社時志望を5点満点の4としましょう．図 2.1 において，1人目の従業員について当てはめられた回帰直線の傾きは正になっ

[*2] 縦断データの収集については，筒井ほか編 (2016) が参考になります (当該書籍ではパネルデータと呼ばれています)．

ていますが，入社時志望は5時点について共通の値 (= 4) になります．したがって，入社時志望が4であるということを所与としたときには，この従業員についての回帰直線にはバイアスがありません．縦断データの分析を行えば，このような複数時点で共通の値をもつ交絡変数を所与としたパラメータを推定することができます．複数時点で共通の値をもつ変数のことを時不変の変数といいます．

しかしながら，入社時志望のような従業員ごとの時不変の交絡変数は，変化の個人差には影響があるかもしれません．2.4 節で後述するように，マルチレベルモデルでは時不変の交絡変数を所与としたことの影響を検討することができます．

縦断データを分析する2つめの利点として，個人の変化を検討できることがあげられます．これについてはすでに図 2.1 や図 2.2 で説明しました．横断データでは1人から1回の測定しか行わないため，個人の変化は分かりませんし，変化の個人差を検討することもできません．

2.1.4 集団–個人と個人–時点の読み替え

このような縦断データをマルチレベルモデルで分析するためには，集団–個人と個人–時点の読み替えを行います．図 2.4 に，『入門編』で扱ってきた集団–個人のデータ収集の状況 (データ構造) と，個人–時点のデータ収集の状況を示しました．

集団–個人の集団を個人，個人を時点と読み替えれば，個人–時点の縦断データは2つのレベルをもつデータであることが分かります．したがって，2つのレベ

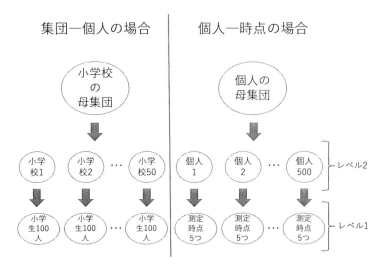

図 2.4 集団–個人と個人–時点の読み替え

ルを想定したマルチレベルモデルで縦断データを分析することが可能なのです.

2.1.5 個人レベルデータ

表 2.1 の形式のデータを個人–時点データと呼びます. このデータは, データ行列の横 1 行ずつが各個人のある 1 時点のデータになっています. マルチレベルモデルでは, 個人–時点データをデータ行列とすることが一般的です. これに対して, 各個人に関するすべての時点のデータをデータ行列の横 1 行に配したデータを個人レベルデータと呼びます. 表 2.1 を個人レベルデータに変換したものが表 2.2 です.

表 2.2 には, 従業員 ID, 性別, 各時点における愛着の測定値が掲載されています. 管理職や管理職期間についても個人レベルデータとして表すことができますが, 紙面の横幅の関係で割愛しました. 表 2.2 の個人レベルデータでは, 各従業員に関する測定値がすべて同じ行に並んでいます. 愛着 (en) は 5 時点で測定されていますが, 個人レベルデータではそれらが 5 つの変数として表現されています. 割愛した管理職と管理職期間についても同様です.

縦断データに対してマルチレベルモデルを適用する際には, 表 2.1 のような個人–時点データを使います. これは, 『入門編』でみてきたデータセットの形式と (集団–個人と個人–時点の読み替えを行えば) 同じです. 同じモデル (マルチレベルモデル) を適用するので, 同じデータ形式が望ましいのです. 一方, 縦断データは構造方程式モデリングの枠組みにおける潜在成長曲線モデルで分析することがあります. この場合には, 表 2.2 のような個人レベルデータを使います.

ただし, 縦断データを個人レベルデータで表現する場合には以下の点に注意する必要があります. まず, 測定時点の数が個人ごとに異なる場合, 個人–時点データでは 3 回の測定ならばその個人はデータセット内に 3 行登場し, 5 回の測定ならば 5 行登場することで表現できます. 一方, 個人レベルデータでは他の個人が

表 2.2 縦断データ (個人レベルデータ)

従業員 ID	性別	愛着 1	愛着 2	愛着 3	愛着 4	愛着 5
sub	sex	en(0)	en(1)	en(2)	en(3)	en(4)
1	1	25	53	51	53	58
2	1	46	39	47	67	53
3	0	43	42	33	48	41
⋮	⋮	⋮	⋮	⋮	⋮	⋮
500	1	46	45	37	44	38

5回測定されているのに，ある個人が3回しか測定されていない場合には，その個人について2個所を欠測データとする必要があります．したがって，欠測データへの対処が必要になります*3)．

また，測定された時点が個人ごとに異なる場合，個人–時点データでは変数time1の値を変えればよいだけです．たとえば，ある従業員の2回目の測定が入社7年半の時点だったならば，その個人の2回目の測定のtime1を1.5とすることで対処できます．一方，個人レベルデータでは7年半の時点での愛着を表す変数を新たに設ける必要があります．

2.1.6 縦断データに対する基本的なモデリングのための事前分析

次節では，マルチレベルモデルを縦断データに適用するための方法について説明します．その前に，適用するモデルのあたりをつけるための事前分析について説明しましょう．

縦断データに対するマルチレベルモデルにおけるレベル1の方程式では，各個人について時点と目的変数の関係をモデリングします．このモデルにおいて，時点は説明変数になります．時点と目的変数の関係を説明するためにどのようなモデルが適切でしょうか．

そのためのヒントを与えてくれるのが，図2.1に示した個人内変化の様子です．図2.1をみると，この16人については時点(time1)と目的変数(en1)の関係は単回帰モデルで説明することができそうです．しかしながら，図2.5のような散

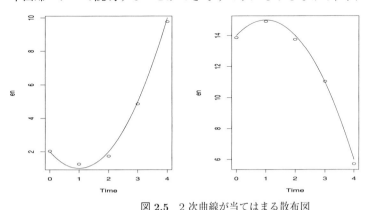

図 2.5　2次曲線が当てはまる散布図

---

*3) 実際には，測定回数が異なる個人が混在する場合，個人–時点データであっても欠測への対処を行うことになります．これについては，第3章の付録2で説明します．

布図になったときには，2次曲線が当てはまりそうです[*4]．

このように，データ内の数人について時点と目的変数の散布図を描くことで，当てはまりのよさそうなモデルを探索することができます．この作業は縦断データに限らず，『入門編』で扱ってきた横断データでも行うことができます．

2.2 無条件平均モデル

事前分析からは，時点と目的変数 (従業員の愛着) の関係は直線の方程式で説明することができそうですが，まずは最も基本的な無条件平均モデルを当てはめてみます[*5]．このモデルの分析からは，これは時点 i における従業員 j の愛着を表しています．

モデルは，(2.1) 式から (2.4) 式までで表現されます．これは『入門編』の 4.2 節で説明したランダム効果の分散分析モデルと同じです．なお，目的変数 en_{ij} は表 2.1 の en であり，これは時点 i における従業員 j の愛着を表しています．

レベル 1：
$$\mathrm{en}_{ij} = \beta_{0j} + r_{ij} \tag{2.1}$$
$$r_{ij} \sim N(0, \sigma^2) \tag{2.2}$$

レベル 2：
$$\beta_{0j} = \gamma_{00} + u_{0j} \tag{2.3}$$
$$u_{0j} \sim N(0, \tau_{00}) \tag{2.4}$$

(2.1) 式の β_{0j} は従業員 j に関するすべての時点についての en_{ij} の母平均を表します．言い換えると，β_{0j} は従業員 j が入社時から入社 20 年後までの間に平均的にどの程度愛着をもっているのかを表します．r_{ij} は従業員 j に関する各時点 i における測定値 en_{ij} と母平均 β_{0j} のかい離を表します．(2.2) 式はこの乖離 r_{ij} が平均 0，分散 σ^2 の正規分布に従うことを表しています．これらが無条件平均モデルのレベル 1 の部分です．

レベル 2 の方程式では，(2.3) 式において β_{0j} が，その平均 γ_{00} とそこからの

[*4] 2次曲線のモデルについては 3.1 節で説明します．
[*5] 「無条件」は，個人差を表すパラメータ (ここでは β_{0j}) を説明する変数がないことを意味します．2.3 節で説明する無条件成長モデルも同じです．2.4 節で説明する時不変の説明変数を含むモデルでは，個人差を表すパラメータに対して説明変数 sex_{2j} を設けるので「条件つき」のモデルになります．

2.2 無条件平均モデル

乖離 u_{0j} に分解されています．γ_{00} は，すべての従業員のすべての時点における平均的な愛着の程度を表します．したがって，u_{0j} は個人 j が平均的な愛着の程度と比べてどのくらいの大きさの愛着をもっているかを表します．最後に，(2.4)式では u_{0j} が平均 0，分散 τ_{00} の正規分布に従うことを表しています．

(2.1) 式に (2.3) 式を代入すると，

レベル 1：
$$\mathrm{en}_{ij} = \gamma_{00} + u_{0j} + r_{ij} \tag{2.5}$$

となります．ここでは (2.1) 式の誤差項 $u_{0j} + r_{ij}$ に注目してみましょう．この誤差項には個人 j についての共通項 u_{0j} が含まれているため (共通項 u_{0j} が同じ個人について繰り返し現れるため)，誤差項どうしが相関をもつことになります．たとえば，$u_{0j} + r_{1j}$ と $u_{0j} + r_{2j}$ は同じ個人 j の 1 回目と 2 回目の測定値に関する誤差項であり，u_{0j} を共有していることから無相関ではありません．この相関のことを自己相関と呼びます．

これは，集団–個人のデータについて『入門編』3.1 節と 3.6 節で述べたこと (同じ集団に所属する個人間には相関がある) と同じです．縦断データにおけるマルチレベルモデルでは，誤差項の共変動に対して特別な構造を当てはめることがあります．これについては第 3 章の付録 1 で述べます．

無条件平均モデルを当てはめるための R スクリプトは以下のとおりです．『入門編』4.2 節で説明したランダム効果の分散分析モデルのスクリプトからデータ名と変数名を変えただけです [*6]．

『入門編』4.2.3 項で述べたとおり，分散成分の推定値を小数点第 4 位までで求めるためには関数 VarCorr が必要になります．また，固定効果の推定値とその標準誤差を小数点第 4 位までで求めるためには関数 fixef と関数 se.fixef が必要になります．パッケージ arm は関数 se.fixef を用いるために必要になります．

```
> #library の読み込み
> library(lmerTest)
> library(arm)
>
> #無条件平均モデル
> long.model1<-lmer(en1~1+(1|sub), data=long.data, REML=FALSE)
```

[*6] 関数 lmer については『入門編』で説明しているため，ここでは説明は割愛します．これ以降，本書で関数 lmer が登場する箇所についても同様です．

```
> summary(long.model1)
> VarCorr(long.model1)
> fixef(long.model1)
> se.fixef(long.model1)
```

パラメータ推定値に関する出力は以下のとおりです．

```
> summary(long.model1)
-- 一部省略 --
Random effects:
 Groups   Name         Variance  Std.Dev.
 sub      (Intercept)  37.23     6.102
 Residual              68.19     8.258
Number of obs: 2500, groups:  sub, 500

Fixed effects:
             Estimate  Std. Error  t value
(Intercept)  40.872    0.319       128.1

> VarCorr(long.model1)
 Groups   Name         Std.Dev.
 sub      (Intercept)  6.1018
 Residual              8.2580

> fixef(long.model1)
(Intercept)
   40.8724

> se.fixef(long.model1)
(Intercept)
 0.3189712
```

パラメータ推定値をまとめたものが表 2.3 です．級内相関係数 ρ は，$\hat{\tau}_{00}/(\hat{\sigma}^2+\hat{\tau}_{00})$ を計算することで 0.353 と求まりました．目的変数の分散のうち，35.3% が個人

表 2.3　無条件平均モデルの推定値

パラメータ	γ_{00}	τ_{00}	σ^2	ρ
推定値	40.872	37.232	68.195	0.353
SE	0.319			
95%CI	[40.247, 41.498]			

間変動 (個人差) で説明され，64.7%が個人内変動 (個人内の時点間のバラつき) で説明されるということです．

このモデルには時点を表す Time_{ij} が含まれていません．したがって，このモデルは個人内の経時的な変化を表すものではありません．経時的な変化はなく，どの時点でも個人 j の目的変数は β_{0j} で一定であることを仮定したモデルです．図 2.1 の 3, 6, 7, 8, 9, 10, 11, 12, 13, 16 番目の従業員には当てはまるかもしれませんが，その他の従業員に対する当てはまりは悪そうです．そこで，Time_{ij} をモデルに含めることで愛着の増減を表すことができるようにしてみましょう．Time_{ij} を含む最も基本的なモデルは，次に説明する無条件成長モデルになります．無条件平均モデルは，無条件成長モデルなど他のモデルとの比較のベースとして用いられます．

2.3　無条件成長モデル

無条件成長モデルは，時点を表す Time_{ij} を説明変数に加えたモデルであり，(2.6) 式から (2.11) 式までで表されます．これは『入門編』5.2 節で説明した切片・傾きの分散推定モデルと同じです．ただし，5.2 節のモデルでは説明変数が集団平均中心化 (centering within cluster, CWC) されていたのに対して，無条件成長モデルでは中心化されていない点が異なります．縦断データに対するマルチレベルモデルにおける説明変数の中心化については直後に述べます．

レベル 1：
$$\text{en}_{ij} = \beta_{0j} + \beta_{1j}\text{Time}_{ij} + r_{ij} \tag{2.6}$$
$$r_{ij} \sim N(0, \sigma^2) \tag{2.7}$$

レベル 2：
$$\beta_{0j} = \gamma_{00} + u_{0j} \tag{2.8}$$
$$\beta_{1j} = \gamma_{10} + u_{1j} \tag{2.9}$$
$$(u_{0j}, u_{1j})' \sim \text{MVN}(\mathbf{0}, T) \tag{2.10}$$
$$T = \begin{bmatrix} \tau_{00} & \tau_{10} \\ \tau_{01} & \tau_{11} \end{bmatrix} \tag{2.11}$$

(2.6) 式の β_{0j} は $\text{Time}_{ij} = 0$ の場合の従業員 j の en_{ij} の母平均を表します．言い換えれば，β_{0j} は従業員 j の入社時の愛着の程度を表します．一方，説明変数を $(\text{Time}_{ij} - 1)$ として中心化を行うと，β_{0j} は $\text{Time}_{ij} = 1$ のときの目的変数

の平均を表すことになります．$\text{Time}_{ij} = 1$ は入社5年後を表すので，β_{0j} は従業員 j の入社5年後の愛着の平均を表します．つまり，縦断データに対するマルチレベルモデルでは，β_{0j} は時間に関する説明変数が0のときの母平均を表します．したがって，β_{0j} の推定値として興味のある時点を Time_{ij} から引いて中心化すればよいといえます．

ただし，入社25年後の母平均が知りたいからといって，表2.1のデータを分析するときに説明変数を $(\text{Time}_{ij} - 5)$ として中心化することは行ってはいけません．なぜなら，表2.1のデータには入社25年後の愛着の測定値はないため，このように中心化したときの β_{0j} の推定値を求めることは外挿になってしまうからです．

β_{1j} は Time_{ij} が1大きくなったときの目的変数 en_{ij} の変化の大きさ，つまり傾きを表します．つまり，5年たつと個人 j の愛着が平均してどの程度変化するかを表します．ここで，5年というのは入社時から入社5年時，入社5年時から入社10年時，入社10年時から入社15年時，入社15年時から入社20年時のすべてのことを表しています．これらの期間における個人 j の平均的な愛着の変化の大きさが β_{1j} になります．

r_{ij} は従業員 j に関する各時点 i における測定値 en_{ij} と $\beta_{0j} + \beta_{1j}\text{Time}_{ij}$ の乖離を表します．(2.7)式はこの乖離 r_{ij} が平均0，分散 σ^2 の正規分布に従うことを表しています．これらが無条件成長モデルのレベル1の部分です．

レベル2の方程式では，(2.8)式において β_{0j} が，その平均 γ_{00} とそこからの乖離 u_{0j} に分解されています．γ_{00} は，入社時におけるすべての従業員の平均的な愛着の程度を表します[*7]．したがって，u_{0j} は個人 j が入社時において平均的な愛着の程度と比べてどのくらいの大きさの愛着をもっているかを表します．

さらに，レベル2の方程式では，(2.9)式において β_{1j} が，その平均 γ_{10} とそこからの乖離 u_{1j} に分解されています．γ_{10} は，すべての従業員の平均的な愛着の変化の程度を表します．したがって，u_{1j} は個人 j が平均的な愛着の変化の程度と比べてどのくらいの大きさの変化をするのか (どのくらいの傾きをもっているのか) を表します．

最後に，(2.10)式と(2.11)式では u_{0j} と u_{1j} が平均ベクトルが $\mathbf{0}$，共分散行列が T の2変量正規分布に従うことを表しています．

[*7] 「入社時における」となっているのは，(2.6)式において Time_{ij} が中心化されていない (時点0に中心化されている) からです．$\text{Time}_{ij} - t$ として中心化を行った場合，γ_{00} は t 時点目におけるすべての従業員の平均的な愛着の程度を表します．

2.3 無条件成長モデル

　無条件成長モデルを当てはめるための R スクリプトは以下のとおりです.『入門編』5.2 節で説明した切片・傾きの分散推定モデルのスクリプトからデータ名と変数名を変えただけです.

```
> #無条件成長モデル
> long.model2<-lmer(en1~time1+(time1|sub), data=long.data, REML=FALSE)
> summary(long.model2)
> VarCorr(long.model2)
> fixef(long.model2)
> se.fixef(long.model2)
```

パラメータ推定値に関する出力は以下のとおりです.

```
> summary(long.model2)
-- 一部省略 --
Random effects:
 Groups   Name         Variance   Std.Dev.  Corr
 sub      (Intercept)  4.928      2.220
          time1        6.851      2.617     0.38
 Residual              48.676     6.977
Number of obs: 2500, groups:  sub, 500

Fixed effects:
              Estimate  Std. Error      df    t value  Pr(>|t|)
(Intercept)    38.9160      0.2613  500.0000   148.94   < 2e-16 ***
time1           0.9782      0.1531  500.0000     6.39  3.81e-10 ***

> VarCorr(long.model2)
 Groups   Name         Std.Dev.   Corr
 sub      (Intercept)  2.2199
          time1        2.6174     0.379
 Residual              6.9768
> fixef(long.model2)
(Intercept)        time1
    38.9160       0.9782

> se.fixef(long.model2)
(Intercept)        time1
  0.2612799    0.1530897
```

表 2.4 無条件成長モデルの推定値

パラメータ	推定値	SE	95%CI
γ_{00}	38.916	0.261	[38.404, 39.428]
γ_{10}	0.978	0.153	[0.678, 1.278]
τ_{00}	4.928		
$\tau_{01} = \tau_{10}$	2.202		
τ_{11}	6.851		
σ^2	48.676		
$\text{PVE}_1(\sigma^2)$	0.286		

パラメータ推定値をまとめたものが表 2.4 です．平均的な傾きを表す γ_{10} の推定値が 0.978 であることから，従業員は 5 年長く在職すると愛着の得点が平均的に 0.978 点増えると解釈されます．また，γ_{10} の推定値の信頼区間が 0 を含んでいないことから，在職年数が長くなることの愛着に対する影響は正であることが分かります．したがって，2.1.3 項で述べた「従業員の企業に対する愛着は，在職期間が長くなるほど増加するか」という研究課題に対する答えは「YES」であり，さらにいえば「5 年間で 0.978 増加することが予想される」となります．

無条件平均モデルと比べた場合，Time_{ij} による分散説明率 $\text{PVE}_1(\sigma^2)$ の推定値 [*8] は $0.286 (= (8.2580^2 - 6.9768^2)/8.2580^2)$ でした．ここから，測定時点を表す Time_{ij} をモデルに投入することで個人内変動の 28.6%を説明することができることが分かります．

また，u_{0j} と u_{1j} の共分散および相関係数は，それぞれ 2.202 および 0.379 となっています．無条件成長モデルにおいては，u_{0j} と u_{1j} の関係性は β_{0j} と β_{1j} の関係性と等しいので [*9]，入社時に高い愛着をもっている従業員ほど，愛着が経時的により増す傾向があることが分かります．

2.4 時不変の説明変数を含むモデル

表 2.1 のデータには，性別を表す sex2 がありました．ここでは，「性別によって入社時の愛着の程度が異なるだろうか」「性別によって経時的な愛着の変化の程度は異なるだろうか」という研究課題を調べるためのモデルを考えてみましょう．

2 つの研究課題は，「性別によって個人ごとの切片が異なるだろうか」「性別に

[*8] PVE_1 については『入門編』4.3.4 項を参照してください．
[*9] (2.8) 式より u_{0j} に定数 γ_{00} を足したものが β_{0j}，(2.9) 式より u_{1j} に定数 γ_{10} を足したものが β_{1j} になるからです．

2.4 時不変の説明変数を含むモデル

よって個人ごとの傾きが異なるだろうか」と言い換えることができます．したがって，モデルは以下のようになります[*10]．(2.14) 式と (2.15) 式がこれらの研究課題に対応する方程式です．性別を表す変数の添え字が j になっているのは，この変数の値が個人ごとに異なるからです．また，「時不変」というのは，時間によって変化しないという意味です．したがって，時不変の説明変数は個人差を表すレベル 2 に含めることになります．

レベル 1：

$$\text{en}_{ij} = \beta_{0j} + \beta_{1j}\text{Time}_{ij} + r_{ij} \qquad (2.12)$$

$$r_{ij} \sim N(0, \sigma^2) \qquad (2.13)$$

レベル 2：

$$\beta_{0j} = \gamma_{00} + \gamma_{01}\text{sex}_{2j} + u_{0j} \qquad (2.14)$$

$$\beta_{1j} = \gamma_{10} + \gamma_{11}\text{sex}_{2j} + u_{1j} \qquad (2.15)$$

$$(u_{0j}, u_{1j})' \sim \text{MVN}(\mathbf{0}, T) \qquad (2.16)$$

$$T = \begin{bmatrix} \tau_{00} & \tau_{10} \\ \tau_{01} & \tau_{11} \end{bmatrix} \qquad (2.17)$$

レベル 1 のモデルは無条件成長モデルと同じですが，レベル 2 のモデルは切片と傾きに対する説明変数として性別を含んでいます．このモデルは『入門編』5.3 節で扱ったクロスレベル交互作用推定モデルと同じです．(2.15) 式を (2.12) 式に代入すれば，$\gamma_{11}\text{sex}_{2j}\text{Time}_{ij}$ という項が現れます．γ_{11} は，レベル 2 の説明変数 sex_{2j} とレベル 1 の説明変数 Time_{ij} の積の項の係数であるためクロスレベル交互作用を表すパラメータになります．パラメータ推定値の解釈についてはやや複雑になるので，推定値を求めてから具体的に説明しましょう．

時不変の説明変数を含むモデルを当てはめるための R スクリプトは以下のとおりです．『入門編』5.3 節で説明したクロスレベル交互作用推定モデルのスクリプトからデータ名と変数名を変えただけです．

```
> #時不変の予測変数を含むモデル
> long.model3<-lmer(en1~time1+sex2+time1:sex2+(time1|sub), data=long.data,
```

[*10] マルチレベルモデルでは，多重共線性を回避する目的で，レベル 2 の説明変数には CGM を行うことが一般的です．ここでは，レベル 2 の説明変数が 2 値変数の性別であり，中心化しない方が解釈がしやすいので，そのままにしています．

```
+   REML=FALSE)
> summary(long.model3)
> VarCorr(long.model3)
> fixef(long.model3)
> se.fixef(long.model3)
```

パラメータ推定値に関する出力は以下のとおりです.

```
> summary(long.model3)
-- 一部省略 --
Random effects:
 Groups   Name        Variance  Std.Dev.  Corr
 sub      (Intercept)  4.861    2.205
          time1        6.762    2.600    0.40
 Residual             48.676    6.977
Number of obs: 2500, groups:  sub, 500

Fixed effects:
              Estimate  Std. Error       df  t value  Pr(>|t|)
(Intercept)   38.5747      0.4326  500.0000   89.160   < 2e-16 ***
time1          1.3725      0.2528  500.0000    5.430  8.82e-08 ***
sex2           0.5366      0.5425  500.0000    0.989     0.323
time1:sex2    -0.6200      0.3170  500.0000   -1.956     0.051 .

> VarCorr(long.model3)
 Groups   Name        Std.Dev.  Corr
 sub      (Intercept) 2.2048
          time1       2.6003    0.397
 Residual             6.9768

> fixef(long.model3)
(Intercept)        time1        sex2    time1:sex2
 38.5747253    1.3725275   0.5365955    -0.6200117

> se.fixef(long.model3)
(Intercept)        time1        sex2    time1:sex2
  0.4326441    0.2527783   0.5425032     0.3169650
```

パラメータ推定値をまとめたものが表 2.5 です.

固定効果の推定値を (2.14) 式と (2.15) 式に当てはめてみましょう.

2.4 時不変の説明変数を含むモデル

表 2.5 時不変の説明変数を含むモデルの推定値

パラメータ	推定値	SE	95%CI
γ_{00}	38.575	0.433	[37.727, 39.423]
γ_{01}	0.537	0.543	[−0.527, 1.600]
γ_{10}	1.373	0.253	[0.877, 1.868]
γ_{11}	−0.620	0.317	[−1.241, 0.001]
τ_{00}	4.861		
$\tau_{01}=\tau_{10}$	2.276		
τ_{11}	6.762		
σ^2	48.676		
$\mathrm{PVE}_2(\tau_{00})$	0.014		
$\mathrm{PVE}_2(\tau_{11})$	0.013		

レベル 2：

$$\beta_{0j} = 38.575 + 0.537 \mathrm{sex}_{2j} + u_{0j} \tag{2.18}$$

$$\beta_{1j} = 1.373 - 0.620 \mathrm{sex}_{2j} + u_{1j} \tag{2.19}$$

さらに，sex_{2j} は女性の場合に 0，男性の場合に 1 なので，それぞれを代入してみましょう．その上で，両辺の期待値をとると，(2.16) 式から $E[u_{0j}] = 0$ と $E[u_{1j}] = 0$ なので，以下のようになります．

レベル 2 (女性の場合)：

$$E[\beta_{0j}] = 38.575 + 0.537 \times 0 = 38.575 \tag{2.20}$$

$$E[\beta_{1j}] = 1.373 - 0.620 \times 0 = 1.373 \tag{2.21}$$

レベル 2 (男性の場合)：

$$E[\beta_{0j}] = 38.575 + 0.537 \times 1 = 39.112 \tag{2.22}$$

$$E[\beta_{1j}] = 1.373 - 0.620 \times 1 = 0.753 \tag{2.23}$$

すると，(2.20) 式から，γ_{00} (推定値は 38.575) は女性の場合の平均的な切片と解釈できることが分かります．また，(2.21) 式から，γ_{10} (推定値は 1.373) は女性の場合の平均的な傾きと解釈できることも分かります．

さらに，(2.22) 式から，γ_{01} (推定値は 0.537) は男性が女性に比べて入社時に愛着をもっている程度を表していることが分かります．最後に，(2.23) 式から，γ_{11} (推定値は −0.620) は男性が女性に比べて，5 年経つとどの程度愛着が増すの

かを表していることが分かります．したがって，推定値だけをみれば，男性は女性よりも入社時の愛着は高いものの，時間とともにより愛着が育つのは女性であるといえます[*11]．

しかしながら，表 2.5 から，γ_{01} と γ_{11} は 5%水準で有意ではなく，また信頼区間が 0 を含んでいることから，切片と傾きに性差は認められないことが分かります．このことは，表 2.5 の $PVE_2(\tau_{00})$ と $PVE_2(\tau_{11})$ からも分かります[*12]．$PVE_2(\tau_{00})$ の推定値は 0.014 $(= (2.2199^2 - 2.2048^2)/2.2199^2)$ でした．また，$PVE_2(\tau_{11})$ の推定値は 0.013 $(= (2.6174^2 - 2.6003^2)/2.6174^2)$ でした．ここからも，切片と傾きの個人差を性別で説明することはほぼできないことが分かります．

さらに，ここでは u_{0j} と u_{1j} の共分散および相関に注目してみましょう．これらは，無条件成長モデルの場合と違い，性別 sex_{2j} の影響を排除した偏共分散および偏相関係数になります．無条件成長モデルの場合の共分散と相関係数はそれぞれ 2.202 および 0.379 でした．偏共分散と偏相関係数はそれぞれ 2.276 と 0.397 です．

共分散と相関係数よりも，偏共分散と偏相関係数の方が大きくなっているのは，性別 sex_{2j} の影響が，切片に対しては正 (0.537)，傾きに対しては負 (-0.620) だからです．しかしながら，性別 sex_{2j} の影響を排除したとしても，共分散と相関係数の推定値にはあまり変化がないことから，切片と傾きに対する性別の影響はやはりほぼないと判断されます．2.1.3 項で述べた，時不変の交絡変数を所与としたことの影響を調べるモデルは，これら (2.12) 式から (2.17) 式です．性別を交絡変数と考えたとき，この分析からは性別の影響はほぼないと言えたことになります．

2.5 本章のまとめ

1. マルチレベルモデルで分析対象とする縦断データは個人–時点データとして表現する．
2. 縦断データを分析する 1 つめの利点は，各個人に対して時不変の交絡変数の影響を所与としたパラメータを推定できることである．さらに，マルチレベルモデルを使えば，そのパラメータに対する交絡変数の影響を検討するこ

[*11] このように，説明変数に具体的な値を代入すると，パラメータのもつ意味が分かりやすくなります．
[*12] PVE_2 については『入門編』4.4.2 項を参照してください．

2.5 本章のまとめ

3. 縦断データを分析する2つめの利点は，個人の変化や変化の個人差を検討できることである．
4. 縦断データに対してマルチレベルモデルを適用する際には，集団–個人を個人–時点と読み替える．したがって，レベル1が時点レベル，レベル2が個人レベルになる．
5. 目的変数の経時的変化を表現するには，レベル1のモデルの説明変数に測定時点を表す Time_{ij} を投入する．
6. 測定時点を表す Time_{ij} のような時間変化する説明変数とともに，性別のような時不変な説明変数をモデルに含めることもできる．時不変な説明変数はレベル2のモデルに含める．

文　　献

1) Singer, J. D. & Willet, J. B. (2003). Applied longitudinal data analysis: Modeling change and event occurrence. Oxford University Press. [菅原ますみ 監訳 (2012). 縦断データの分析 I —変化についてのマルチレベルモデリング．朝倉書店.]
2) 宇佐美慧・荘島宏二郎 (2015).「心理学のための統計学」シリーズ第7巻 発達心理学のための統計学．誠信書房．
3) 筒井淳也・水落正明・保田時男 (編) (2016). パネルデータの調査と分析・入門．ナカニシヤ出版．

3

縦断データ分析のための非線形モデル

本章では，前章に引き続き縦断データに対するモデリングについて説明します．前章では基本的なモデリングについて説明しましたが，本章では非線形モデルという発展的な方法について説明します．

「非線形モデル」というと何をイメージするでしょうか．散布図に対して，直線ではなく曲線を当てはめたモデルと考える人が多いのではないでしょうか．これは間違ってはいませんが，実は「非線形モデル」には2つの意味があります．

1つめは，変数に関して非線形なモデルです．これはたとえば，

$$y = \beta_0 + \beta_1 x + \beta_2 x^2 + e \tag{3.1}$$

というモデルです．このモデルが変数に関して非線形なのは，このモデルに登場する変数 y, x, e のそれぞれが，別の2つの変数の重み付き線形結合で表現することができないからです．それは x^2 の項があるからです．逆に，表現できるのであればそれは変数に関して線形なモデルです．

単回帰モデルは変数に関して線形なモデルです．それは，$y = \beta_0 + \beta_1 x + e$ は，$x = \frac{1}{\beta_1} y - \frac{1}{\beta_1} \beta_0 - \frac{1}{\beta_1} e$, $e = y - \beta_0 - \beta_1 x$ として，変数 y, x, e のそれぞれが，別の2つの変数の重み付き線形結合で表現することができるからです．

2つめは，パラメータに関して非線形なモデルです．(3.1) 式はパラメータに関して線形なモデルです．なぜなら，このモデルに登場するパラメータ β_0, β_1, β_2 それぞれが，もう一方のパラメータの重み付き線形結合で表現することができるからです．たとえば，β_0 は，$\beta_0 = y - x\beta_1 - x^2 \beta_2 - e$ となり，β_1 に重み $-x$, β_2 に重み $-x^2$ をかけた線形結合になります．

本章では，縦断データに対するマルチレベルモデルの中で，(3.1) 式のような変数に関して非線形かつパラメータに関して線形なモデルを扱います．

3.1 測定時点に関する二乗の項を含むモデル

まずは，時点を表す説明変数 Time_{ij} の二乗の項 Time_{ij}^2 を説明変数に含むモデルについて考えてみましょう．これは図 2.5 のような曲線を各従業員の時点–目的変数の散布図に当てはめることを意味します．図 2.1 からこのモデルの当てはまりはよくないと考えられますが，本当にそうであるか確かめてみましょう．

モデルは以下のようになります．性別は切片と傾きを説明できなかったため，このモデルには含めていません．

レベル 1：
$$\text{en}_{ij} = \beta_{0j} + \beta_{1j}\text{Time}_{ij} + \beta_{2j}\text{Time}_{ij}^2 + r_{ij} \tag{3.2}$$
$$r_{ij} \sim N(0, \sigma^2) \tag{3.3}$$

レベル 2：
$$\beta_{0j} = \gamma_{00} + u_{0j} \tag{3.4}$$
$$\beta_{1j} = \gamma_{10} + u_{1j} \tag{3.5}$$
$$\beta_{2j} = \gamma_{20} + u_{2j} \tag{3.6}$$
$$(u_{0j}, u_{1j}, u_{2j})' \sim \text{MVN}(\mathbf{0}, T) \tag{3.7}$$
$$T = \begin{bmatrix} \tau_{00} & \tau_{10} & \tau_{20} \\ \tau_{01} & \tau_{11} & \tau_{21} \\ \tau_{02} & \tau_{12} & \tau_{22} \end{bmatrix} \tag{3.8}$$

測定時間に関する二乗の項の愛着に対する影響が β_{2j} です．このパラメータの添え字は j なので，二乗の項の愛着に対する影響には個人差があることを仮定したモデルになっています[*1)]．

レベル 2 の方程式は 3 つあります．無条件成長モデルでも登場した (3.4) 式と (3.5) 式に加えて，ここでは (3.6) 式が新たに登場します．(3.6) 式は個人ごとの Time_{ij}^2 の係数が，その平均 γ_{20} とそこからの乖離 u_{2j} に分解されることを表しています．Time_{ij}^2 の係数がプラスの場合，図 2.5 左のように入社してから年数が経つにつれて，愛着が加速的に増えることを意味します．

ここで，(3.5) 式について考えてみましょう．これは，無条件成長モデルにも登場した式ですが，2 つのモデルで β_{1j} の意味は異なります．まず，無条件成長

[*1)] (3.6) 式から u_{2j} を除くことで個人差がないことを仮定したモデルにすることもできます．

モデルの場合のレベル 1 の方程式 (2.6) 式を Time_{ij} について 1 階微分してみましょう．すると，右辺は β_{1j} になります．これが，無条件成長モデルの従業員 j についての傾きになります．ここでのポイントは，個人ごとの傾きに時点を表す添え字 i が含まれていないことです．したがって，従業員ごとの傾きはどの時点においても等しいことが分かります．無条件成長モデルでは従業員ごとに直線を当てはめるので，これは当然のことです．

一方，測定時点に関する二乗の項を含むモデルのレベル 1 の方程式 (3.2) 式を Time_{ij} について 1 階微分すると，右辺は $\beta_{1j} + 2\beta_{2j}\text{Time}_{ij}$ になります．これが，測定時点に関する二乗の項を含むモデルにおける，従業員 j についての時点 Time_{ij} における傾きになります．Time_{ij} を含むため，無条件成長モデルとは違い，従業員ごとの傾きは時点によって異なります．

次に，$\beta_{1j} + 2\beta_{2j}\text{Time}_{ij}$ において $\text{Time}_{ij} = 0$ (入社時) としてみましょう．すると，β_{1j} になります．したがって，測定時点に関する二乗の項を含むモデルの場合には，β_{1j} は従業員 j の入社時における愛着の変化を表すと解釈できます．一方，無条件成長モデルでは，β_{1j} は時点によらない個人 j の愛着の変化を表します．

このように，無条件成長モデルと測定時点に関する二乗の項を含むモデルでは β_{1j} の意味が異なるので注意が必要です．なお，β_{0j} の意味は無条件成長モデルと測定時点に関する二乗の項を含むモデルで同じであり，Time_{ij} を中心化しない場合には，従業員 j についての入社時の愛着の平均を表します．

測定時点に関する二乗の項を含むモデルで分析するための R スクリプトは以下のとおりです [2]．

```
> #測定時点に関する二乗の項を含むモデル
> long.model4<-lmer(en1~time1+I(time1^2)+(time1+I(time1^2)|sub),
+ data=long.data, REML=FALSE)
> summary(long.model4)
```

I(time1^2) が測定時点に関する二乗の項を表します．(3.2) 式と (3.6) 式をみると，Time_{ij}^2 の en_{ij} に対する影響には個人差があります．また，(3.6) 式にはそ

---

[2] これ以降は，第 2 章では示していた VarCorr, fixef, se.fixed を R スクリプトから割愛します．

の固定効果 γ_{20} が含まれています．したがって，I(time1^2) はランダム効果を表す (|sub) の内と外に記述します．

summary(long.model4) の主要な結果を掲載します．

```
> summary(long.model4)
-- 一部省略 --
Random effects:
 Groups    Name          Variance  Std.Dev.  Corr
 sub       (Intercept)    6.1601   2.4819
           time1          6.8184   2.6112    0.17
           I(time1^2)     0.0143   0.1196    0.97 -0.07
 Residual                48.5695   6.9692
Number of obs: 2500, groups:  sub, 500

Fixed effects:
              Estimate Std. Error        df t value Pr(>|t|)
(Intercept)  3.894e+01  3.136e-01 5.641e+02 124.148   <2e-16 ***
time1        9.399e-01  3.666e-01 9.252e+02   2.564   0.0105 *
I(time1^2)   9.571e-03  8.347e-02 1.420e+03   0.115   0.9087
```

I(time1^2) の係数はほぼ 0 であり，p 値は 0.909 で有意ではありません．したがって，図 2.1 から示唆されていたとおり，表 2.1 のデータについては測定時間に関する二乗の項は不要であるといえます．

3.2 切片の即時変化を含むモデル

表 2.1 にはまだ使われていない変数がありました．それは，時点 i において個人 j が管理職であるか否かを表す ad1 と，個人 j が管理職になってからの時点 i までの経過年数を表す管理職期間 post.ad1 です．

管理職に昇進することが決まったとき，会社への愛着はその瞬間に高まることが考えられます．また，管理職になると，非管理職の場合よりも，愛着の経時的な高まり方が大きくなるかもしれません．前者を表現するのが，ここで説明する切片の即時変化を含むモデルであり，変数 ad1 を使います．後者を表現するモデルについては次節で述べます．

それでは切片の即時変化を含むモデルについて説明します．モデルは以下になります．

レベル 1：
$$\text{en}_{ij} = \beta_{0j} + \beta_{1j}\text{Time}_{ij} + \beta_{2j}\text{ad}_{ij} + r_{ij} \tag{3.9}$$

$$r_{ij} \sim N(0, \sigma^2) \tag{3.10}$$

レベル 2：
$$\beta_{0j} = \gamma_{00} + u_{0j} \tag{3.11}$$

$$\beta_{1j} = \gamma_{10} + u_{1j} \tag{3.12}$$

$$\beta_{2j} = \gamma_{20} + u_{2j} \tag{3.13}$$

$$(u_{0j}, u_{1j}, u_{2j})' \sim \text{MVN}(\mathbf{0}, T) \tag{3.14}$$

$$T = \begin{bmatrix} \tau_{00} & \tau_{10} & \tau_{20} \\ \tau_{01} & \tau_{11} & \tau_{21} \\ \tau_{02} & \tau_{12} & \tau_{22} \end{bmatrix} \tag{3.15}$$

表 2.1 の ad1 がモデルでは ad_{ij} と表現されています．ここで，(3.9) 式の ad_{ij} に 0 (非管理職) と 1 (管理職) を代入してみましょう．すると，

レベル 1 (上が $\text{ad}_{ij} = 0$，下が $\text{ad}_{ij} = 1$)：
$$\text{en}_{ij} = \beta_{0j} + \beta_{1j}\text{Time}_{ij} + r_{ij} \tag{3.16}$$

$$\text{en}_{ij} = \beta_{0j} + \beta_{1j}\text{Time}_{ij} + \beta_{2j} + r_{ij}$$
$$= (\beta_{0j} + \beta_{2j}) + \beta_{1j}\text{Time}_{ij} + r_{ij} \tag{3.17}$$

となります．すると，(3.16) 式の切片は β_{0j}，(3.17) 式の切片は $\beta_{0j} + \beta_{2j}$ であることが分かります．

ここで，ある従業員 j が，$\text{Time}_{ij} = 2$ までは $\text{ad}_{ij} = 0$，それ以降は $\text{ad}_{ij} = 1$ であったとします．つまりこの従業員は入社 10 年目の時点では非管理職でしたが，入社 15 年目の時点では管理職に昇進していたということです．この従業員 j については，$\text{Time}_{ij} = 2$ までは切片が β_{0j} の (3.16) 式，$\text{Time}_{ij} = 3$ 以降は切片が $\beta_{0j} + \beta_{2j}$ の (3.17) 式で愛着の変化が記述されることになります．

これを表したものが図 3.1 です．この図はある従業員 j のもつ β_{0j} と β_{2j} を使って描いています．入社 15 年目時点で管理職であることによって，その時点から愛着が β_{2j} 高まっています．実線がこの従業員 j についての愛着の変化の軌跡を表しています．この β_{2j} は，管理職の場合と非管理職の場合の切片の差に相当します．したがって，このモデルは切片の即時変化を表しているのです．このよう

3.2 切片の即時変化を含むモデル

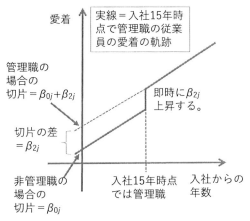

図 3.1 切片の即時変化を含むモデル

に縦断データに対するマルチレベルモデルでは,説明変数に具体的な値を代入するとパラメータのもつ意味が分かりやすくなります.

この図はある従業員 j のもつ β_{0j} と β_{2j} を使って描いています.したがって,β_{2j} が極めて小さい従業員 j は,管理職に昇進したからといって愛着はそれほど増えないことになります.また,入社10年時点で管理職であった従業員については10年目時点で愛着の即時変化が起きます.入社20年後までずっと非管理職の場合には,即時変化はなく,変化の軌跡は折れ線ではなく (図 3.1 でいえば下側の) 直線で愛着の変化が表現されます.

切片の即時変化を含むモデルを実行するための R スクリプトは以下のとおりです.(3.9) 式と (3.13) 式をみると,ad_{ij} の en_{ij} に対する影響には個人差 (これが β_{2j} です) があります.また,(3.13) 式にはその固定効果 γ_{20} が含まれています.したがって,ad1 はランダム効果を表す (|sub) の内と外に記述します.

```
> #切片の即時変化を含むモデル
> long.model5<-lmer(en1~time1+ad1+(time1+ad1|sub), data=long.data,
+ REML=FALSE)
> summary(long.model5)
```

summary(long.model5) の主要な結果を掲載します.

```
> summary(long.model5)
-- 一部省略 --
Random effects:
 Groups   Name        Variance Std.Dev. Corr
 sub      (Intercept) 4.906    2.215
          time1       5.970    2.443    0.35
          ad1         4.735    2.176    0.16 0.98
 Residual             48.860   6.990
Number of obs: 2500, groups:  sub, 500

Fixed effects:
             Estimate Std. Error      df t value Pr(>|t|)
(Intercept)   38.8886     0.2617 501.5000 148.622  < 2e-16 ***
time1          0.8600     0.1538 494.5000   5.593 3.7e-08 ***
ad1            2.0088     0.9461 193.5000   2.123   0.035 *
```

ad1 の固定効果の推定値は 2.01 であり，5%水準で有意です．すべての従業員についてみたときには，管理職への昇進は愛着に対して正の影響があり，愛着尺度上で約 2 点の即時の上昇が期待できるといえます．

3.3　傾きの即時変化を含むモデル

管理職に昇進することが決まったとき，会社への愛着は瞬間的に高まるのではなく，愛着の経時的な増え方がより大きくなるのかもしれません．この現象を説明するのが傾きの即時変化を含むモデルであり，変数 post.ad1 を使います．これは，個人 j が管理職になってからの時点 i までの経過年数を表す管理職期間 post.ad1 です．

モデルは以下になります．表 2.1 の post.ad1 がモデルでは post.ad$_{ij}$ と表現されています．

レベル 1：
$$\text{en}_{ij} = \beta_{0j} + \beta_{1j}\text{Time}_{ij} + \beta_{3j}\text{post.ad}_{ij} + r_{ij} \tag{3.18}$$
$$r_{ij} \sim N(0, \sigma^2) \tag{3.19}$$

レベル 2：
$$\beta_{0j} = \gamma_{00} + u_{0j} \tag{3.20}$$
$$\beta_{1j} = \gamma_{10} + u_{1j} \tag{3.21}$$

$$\beta_{3j} = \gamma_{30} + u_{3j} \tag{3.22}$$

$$(u_{0j}, u_{1j}, u_{3j})' \sim \mathrm{MVN}(\mathbf{0}, T) \tag{3.23}$$

$$T = \begin{bmatrix} \tau_{00} & \tau_{10} & \tau_{30} \\ \tau_{01} & \tau_{11} & \tau_{31} \\ \tau_{03} & \tau_{13} & \tau_{33} \end{bmatrix} \tag{3.24}$$

ここで,表 2.1 の 2 番目の従業員のように,従業員 j が入社 10 年目の時点で管理職だったとします.すると,$\mathrm{Time}_{ij} = 0$ のとき $\mathrm{post.ad}_{ij} = 0$,$\mathrm{Time}_{ij} = 1$ のとき $\mathrm{post.ad}_{ij} = 0$,$\mathrm{Time}_{ij} = 2$ のとき $\mathrm{post.ad}_{ij} = 0$,$\mathrm{Time}_{ij} = 3$ のとき $\mathrm{post.ad}_{ij} = 1$,$\mathrm{Time}_{ij} = 4$ のとき $\mathrm{post.ad}_{ij} = 2$ となります.

(3.32) 式の $\beta_{1j}\mathrm{Time}_{ij} + \beta_{3j}\mathrm{post.ad}_{ij}$ を取り出し,ここに上記の Time_{ij} と $\mathrm{post.ad}_{ij}$ を代入してみましょう.すると,

$$(\mathrm{Time}_{ij} = 0 \text{ のとき,} \mathrm{post.ad}_{ij} = 0 \text{ になり}) \ 0 \tag{3.25}$$

$$(\mathrm{Time}_{ij} = 1 \text{ のとき,} \mathrm{post.ad}_{ij} = 0 \text{ になり}) \ \beta_{1j} \tag{3.26}$$

$$(\mathrm{Time}_{ij} = 2 \text{ のとき,} \mathrm{post.ad}_{ij} = 0 \text{ になり}) \ 2\beta_{1j} \tag{3.27}$$

$$(\mathrm{Time}_{ij} = 3 \text{ のとき,} \mathrm{post.ad}_{ij} = 1 \text{ になり}) \ 3\beta_{1j} + \beta_{3j} \tag{3.28}$$

$$(\mathrm{Time}_{ij} = 4 \text{ のとき,} \mathrm{post.ad}_{ij} = 2 \text{ になり}) \ 4\beta_{1j} + 2\beta_{3j} \tag{3.29}$$

となります.すると,$\mathrm{Time}_{ij} = 2$ までは Time_{ij} が 1 増えるごとに目的変数は β_{1j} ずつ増加し,$\mathrm{Time}_{ij} = 3$ からは Time_{ij} が 1 増えるごとに目的変数は $\beta_{1j} + \beta_{3j}$ ずつ増加することが分かります.つまり,このモデルは目的変数の経時的な変化の大きさが $\mathrm{Time}_{ij} = 3$ を境として変わっているのです.

ここで,Time_{ij} と $\mathrm{post.ad}_{ij}$ の関係について考えてみましょう.表 2.1 の 2 番目の従業員については,$\mathrm{Time}_{ij} = 2$ までは $\mathrm{post.ad}_{ij} = 0$ ですが,$\mathrm{Time}_{ij} = 3$ からは Time_{ij} が 1 増えるたびに,$\mathrm{post.ad}_{ij}$ も 1 増えています.したがって,管理職になるまでは 1 時点の変化に対する傾きは Time_{ij} の係数である β_{1j} でしたが,管理職になった ($\mathrm{ad}_{ij} = 1$) 10 年後からは,1 時点の変化に対する傾きは Time_{ij} の係数である β_{1j} と $\mathrm{post.ad}_{ij}$ に対する傾き β_{3j} の和である $\beta_{1j} + \beta_{3j}$ になるのです.

これを表したものが図 3.2 です.この図はある従業員 j のもつ β_{0j} と β_{3j} を使って描いています.入社 10 年目時点で管理職であることによって,その時点から愛着に対する時間の傾きが $\beta_{1j} + \beta_{3j}$ になっています.実線がこの従業員 j につ

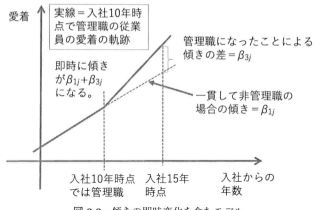

図 3.2 傾きの即時変化を含むモデル

いての愛着の変化の軌跡を表しています.

ここでも繰り返し述べておきますが,この図はある従業員 j のもつ β_{1j} と β_{3j} を使って描いています.したがって,β_{3j} が極めて小さい従業員 j は,管理職に昇進したからといって愛着に対する時間の傾きはそれほど変化しないことになります.また,管理職に昇進したタイミングによって,従業員ごとに傾きの変化が生じる時点は異なります.そして,入社 20 年後までずっと非管理職の場合には,傾きの即時変化はなく,変化の軌跡は折れ線ではなく (図 3.2 でいえば下側の) 直線で愛着の変化が表現されます.

傾きの即時変化を含むモデルを実行するための R スクリプトは以下のとおりです.(3.18) 式と (3.22) 式をみると,post.ad1 の en_{ij} に対する影響には個人差 (これが β_{3j} です) があります.また,(3.22) 式にはその固定効果 γ_{30} が含まれています.したがって,post.ad1 はランダム効果を表す (|sub) の内と外に記述します.

```
> #傾きの即時変化を含むモデル
> long.model6<-lmer(en1~time1+post.ad1+(time1+post.ad1|sub),
> data=long.data, REML=FALSE)
> summary(long.model6)
```

summary(long.model6) の主要な結果を掲載します.

3.4 切片と傾きの即時変化を含むモデル

```
> summary(long.model6)
-- 一部省略 --
Random effects:
 Groups   Name        Variance Std.Dev. Corr
 sub      (Intercept) 5.479    2.341
          time1       5.476    2.340    0.40
          post.ad1    3.978    1.994    0.80 0.87
 Residual             48.888   6.992
Number of obs: 2500, groups:  sub, 500

Fixed effects:
             Estimate Std. Error      df  t value Pr(>|t|)
(Intercept)   39.0160     0.2662 495.2000  146.587  < 2e-16 ***
time1          0.8258     0.1518 465.7000    5.441 8.56e-08 ***
post.ad1       1.2736     0.7206 139.7000    1.768   0.0793 .
```

post.ad1 の固定効果の推定値は 1.27 ですが,有意ではありません.すべての従業員についてみたときには,管理職へ昇進することで愛着がより増加するようになるとはいえないようです.

3.4 切片と傾きの即時変化を含むモデル

これまで説明した切片の即時変化と傾きの即時変化の両方を含むモデルについて説明します.これは,管理職に昇進すると,会社への愛着が即時に上昇し,かつ愛着の増え方も大きくなるという仮説を表したものです.モデルは以下になります.レベル1の方程式 (3.30) 式は,切片の即時変化を表す (3.9) 式と傾きの即時変化を表す (3.18) 式を足したものです.

レベル1:

$$\text{en}_{ij} = \beta_{0j} + \beta_{1j}\text{Time}_{ij} + \beta_{2j}\text{ad}_{ij} + \beta_{3j}\text{post.ad}_{ij} + r_{ij} \tag{3.30}$$

$$r_{ij} \sim N(0, \sigma^2) \tag{3.31}$$

レベル2:

$$\beta_{0j} = \gamma_{00} + u_{0j} \tag{3.32}$$

$$\beta_{1j} = \gamma_{10} + u_{1j} \tag{3.33}$$

$$\beta_{2j} = \gamma_{20} + u_{2j} \tag{3.34}$$

$$\beta_{3j} = \gamma_{30} + u_{3j} \tag{3.35}$$

$$(u_{0j}, u_{1j}, u_{2j}, u_{3j})' \sim \mathrm{MVN}(\mathbf{0}, T) \tag{3.36}$$

$$T = \begin{bmatrix} \tau_{00} & \tau_{10} & \tau_{20} & \tau_{30} \\ \tau_{01} & \tau_{11} & \tau_{21} & \tau_{31} \\ \tau_{02} & \tau_{12} & \tau_{22} & \tau_{32} \\ \tau_{03} & \tau_{13} & \tau_{32} & \tau_{33} \end{bmatrix} \tag{3.37}$$

ここで，表 2.1 の 2 番目の従業員のように，従業員 j が入社 10 年目の時点で管理職だったとします．すると，$\mathrm{Time}_{ij} = 0$ のとき $\mathrm{ad}_{ij} = 0$ かつ $\mathrm{post.ad}_{ij} = 0$，$\mathrm{Time}_{ij} = 1$ のとき $\mathrm{ad}_{ij} = 0$ かつ $\mathrm{post.ad}_{ij} = 0$，$\mathrm{Time}_{ij} = 2$ のとき $\mathrm{ad}_{ij} = 1$ かつ $\mathrm{post.ad}_{ij} = 0$，$\mathrm{Time}_{ij} = 3$ のとき $\mathrm{ad}_{ij} = 1$ かつ $\mathrm{post.ad}_{ij} = 1$，$\mathrm{Time}_{ij} = 4$ のとき $\mathrm{ad}_{ij} = 1$ かつ $\mathrm{post.ad}_{ij} = 2$ となります．

(3.30) 式の $\beta_{0j} + \beta_{1j}\mathrm{Time}_{ij} + \beta_{2j}\mathrm{ad}_{ij} + \beta_{3j}\mathrm{post.ad}_{ij}$ を取り出し，ここに上記の Time_{ij} と ad_{ij} と $\mathrm{post.ad}_{ij}$ を代入してみましょう．すると，

($\mathrm{Time}_{ij} = 0$ のとき，$\mathrm{ad}_{ij} = 0$ かつ $\mathrm{post.ad}_{ij} = 0$ になり)

$$\beta_{0j} \tag{3.38}$$

($\mathrm{Time}_{ij} = 1$ のとき，$\mathrm{ad}_{ij} = 0$ かつ $\mathrm{post.ad}_{ij} = 0$ になり)

$$\beta_{0j} + \beta_{1j} \tag{3.39}$$

($\mathrm{Time}_{ij} = 2$ のとき，$\mathrm{ad}_{ij} = 1$ かつ $\mathrm{post.ad}_{ij} = 0$ になり)

$$(\beta_{0j} + \beta_{2j}) + 2\beta_{1j} \tag{3.40}$$

($\mathrm{Time}_{ij} = 3$ のとき，$\mathrm{ad}_{ij} = 1$ かつ $\mathrm{post.ad}_{ij} = 1$ になり)

$$(\beta_{0j} + \beta_{2j}) + 3\beta_{1j} + \beta_{3j} \tag{3.41}$$

($\mathrm{Time}_{ij} = 4$ のとき，$\mathrm{ad}_{ij} = 1$ かつ $\mathrm{post.ad}_{ij} = 2$ になり)

$$(\beta_{0j} + \beta_{2j}) + 4\beta_{1j} + 2\beta_{3j} \tag{3.42}$$

となります．すると，切片については，$\mathrm{Time}_{ij} = 1$ までは β_{0j} であり，管理職に昇進した $\mathrm{Time}_{ij} = 2$ からは $\beta_{0j} + \beta_{2j}$ になっています．また，傾きについては，$\mathrm{Time}_{ij} = 2$ までは Time_{ij} が 1 増えるごとに，目的変数は β_{1j} ずつ増えていますが，$\mathrm{Time}_{ij} = 3$ からは目的変数は $\beta_{1j} + \beta_{3j}$ ずつ増えています．このようにして切片と傾きの両方の即時変化を表すことができました．

これを表したものが図 3.3 です．この図はある従業員 j のもつ β_{0j}，β_{1j}，β_{2j}，

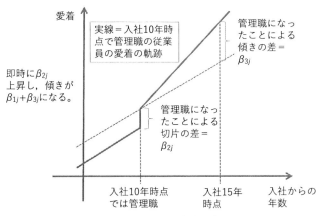

図 3.3 切片と傾きの即時変化を含むモデル

β_{3j} を使って描いています．入社 10 年目時点で管理職であることによって，その時点において愛着が β_{2j} 上昇し，愛着に対する時間の傾きが $\beta_{1j} + \beta_{3j}$ になっています．実線がこの従業員 j についての愛着の変化の軌跡を表しています．

傾きの即時変化を含むモデルを実行するための R スクリプトは以下のとおりです．

```
> #切片と傾きの即時変化を含むモデル
> long.model7<-lmer(en1~time1+ad1+post.ad1+(time1+ad1+post.ad1|sub),
> data=long.data, REML=FALSE)
> summary(long.model7)
```

summary(long.model7) の主要な結果を掲載します．

```
> summary(long.model7)
-- 一部省略 --
Random effects:
 Groups   Name        Variance Std.Dev. Corr
 sub      (Intercept)  5.408   2.325
          time1        5.297   2.302   0.37
          ad1         10.983   3.314   0.09  0.31
          post.ad1     5.143   2.268   0.67  0.70 -0.33
 Residual             48.442   6.960
```

```
Number of obs: 2500, groups:  sub, 500

Fixed effects:
            Estimate  Std. Error     df    t value   Pr(>|t|)
(Intercept) 38.9895     0.2653    492.8000 146.939  < 2e-16 ***
time1        0.7508     0.1538    454.8000   4.882 1.46e-06 ***
ad1          1.9043     0.9385    110.4000   2.029   0.0449 *
post.ad1     1.1811     0.7251    115.2000   1.629   0.1061
```

ad1の固定効果は5%水準で有意ですが，post.ad1の固定効果は有意ではないという，これまでの分析と一致した結果になりました．切片と傾きの即時変化を含むモデルからは，管理職へ昇進することで，愛着は即時的に上昇するけれども，継時的な増加には影響しないといえそうです．

3.5 モデル比較

第2章から第3章までで，無条件平均モデル (lomg.model1)，無条件成長モデル (lomg.model2)，時不変の説明変数を含むモデル (lomg.model3)，測定時点に関する二乗の項を含むモデル (lomg.model4)，切片の即時変化を含むモデル (lomg.model5)，傾きの即時変化を含むモデル (lomg.model6)，切片と傾きの即時変化を含むモデル (lomg.model7) の7つのモデルをみてきました．ここでは，『入門編』5.4節でも説明したモデル比較を行い，愛着の変化を最も説明できるモデルを選択しましょう．

『入門編』5.4節ではanova関数を用いてモデル比較を行いました．anova関数の出力のうち，尤度比検定はネストしたモデルどうしで求めるものですが，long.model3とlong.model4からlong.model7，long.model4とlong.model5からlong.model7，long.model5とlong.model6はネストしていません．したがって，ここでのモデル比較は情報量規準 (AICとBIC) によって行うのが望ましいといえます．

また，anova関数によってBICを求めることはできますが，計算に使用している標本サイズは表2.1の個人–時点データの行数です．この場合は500人の従業員がそれぞれ5回測定されていますから標本サイズは2500になります．しかしながら，BICの計算に使用する標本サイズとしては個人の数 (ここでは従業員数である500) が望ましいという意見もあり (Raftely, 1995)，ここではその考え方に

3.5 モデル比較

則った BIC を再計算します.このための R スクリプトは以下になります.AIC 関数の引数にモデルの分析結果のオブジェクトを与えることで,そのモデルの AIC や自由度を計算することができます.

```
> #AIC を求めて取り出す
> aic<-AIC(long.model1, long.model2, long.model3, long.model4,
> long.model5, long.model6, long.model7)$AIC
> #各モデルのパラメータ数を取り出す
> np<-AIC(long.model1, long.model2, long.model3, long.model4,
> long.model5, long.model6, long.model7)$df
> #AIC とパラメータ数から逸脱度を計算する
> dev<-aic-2*np
>
> #BIC の計算
> bic<-dev+log(500)*np
>
> #AIC と BIC を並べて表記
> cbind(aic, bic)
```

R の出力は以下のとおりです.

```
            aic      bic
[1,] 18314.80 18327.45
[2,] 17809.69 17834.98
[3,] 17809.80 17843.52
[4,] 17817.14 17859.29
[5,] 17801.86 17844.01
[6,] 17792.69 17834.84
[7,] 17793.64 17856.86
```

行番号は各モデルに該当します.AIC および BIC から傾きの即時変化を含むモデル (lomg.model6) が最も望ましいといえます.傾きの即時変化を含むモデルでは,傾きの即時変化の固定効果は p 値が 0.079 で有意ではありませんでしたが,AIC および BIC の観点からはこのモデルが採択されました.

したがって,このモデルの固定効果の推定値を用いることで,入社時の愛着は 39 程度であり,従業員の愛着は 5 年ごとに平均的に 0.83 上昇し,管理職に昇進

すると5年ごとの愛着の上昇が1.27プラスされるといえます.

3.6 本章のまとめ

1. 測定時点を表す Time_{ij} の二乗や，切片や傾きが即時変化するモデルなど，非線形モデルを縦断データに当てはめることもできる.
2. 切片や傾きの即時変化を表すモデルを当てはめる際には，変化のタイミングを規定する新たな説明変数が必要となる．新たな説明変数として，本章では個人 j が時点 i において管理職であるか否かを表す ad_{ij} と，個人 j が管理職になってからの時点 i までの経過年数を表す管理職期間 post.ad_{ij} を扱った.
3. 縦断データに対するマルチレベルモデルでは，説明変数に具体的な値を代入するとパラメータのもつ意味が分かりやすくなる.
4. モデル選択のための指標として情報量規準を用いることができる.

○付録1　誤差間共分散の設定

2.2節で説明した無条件平均モデルにおいて，(2.1) 式に (2.3) 式を代入すると,

レベル1：
$$\text{en}_{ij} = \gamma_{00} + [u_{0j} + r_{ij}] \tag{3.43}$$

となります.

また，2.3節で説明した無条件成長モデルにおいて，(2.6) 式に (2.8) 式と (2.9) 式を代入すると,

レベル1：
$$\begin{aligned}\text{en}_{ij} &= \gamma_{00} + u_{0j} + (\gamma_{10} + u_{1j})\text{Time}_{ij} + r_{ij} \\ &= \gamma_{00} + \gamma_{10}\text{Time}_{ij} + [u_{0j} + u_{1j}\text{Time}_{ij} + r_{ij}]\end{aligned} \tag{3.44}$$

となります．これらはレベル1とレベル2の方程式の合成モデルです.

(3.43) 式および (3.44) 式において，[ ] 内は合成モデルの誤差項に当たります．これらの誤差項には個人 j についての共通項 u_{0j} や u_{1j} が含まれているため (共通項 u_{0j} と u_{1j} がそれぞれ同じ個人について繰り返し現れるため)，誤差項どうしが相関をもつことになります．たとえば，(3.43) 式において，$u_{0j} + r_{1j}$ と $u_{0j} + r_{2j}$ は同じ個人 j の1回目 ($i=1$) と2回目 ($i=2$) の測定値に関する誤差項であり，u_{0j} を共有していることから相関を持ちます.

添え字 i は時点を表しているので,この相関のことを自己相関と呼びます.縦断データにおけるマルチレベルモデルでは,誤差項の共変動に対して特別な構造を当てはめることがあります.付録1ではこのことについて説明します.

(3.43) 式の $u_{0j} + r_{ij}$ や,(3.44) 式の $u_{0j} + u_{1j}\text{Time}_{ij} + r_{ij}$ など,合成モデルの誤差項に当たる個所を ϵ_{ij} と表すことにします.ここで問題としているのは ϵ_{ij} の共分散行列です.ϵ_{ij} を構成する要素 (u_{0j}, u_{1j}, r_{ij}) はすべて平均が 0 の正規分布に従うので [*3)]ϵ_{ij} も平均が 0 の正規分布に従うことになります.

表2.1のデータに対して (3.43) 式や (3.44) 式のモデルを当てはめたときの ϵ_{ij} を要素としてもつベクトルを $\epsilon = (\epsilon_{11}, \epsilon_{12}, \epsilon_{13}, \epsilon_{14}, \epsilon_{15}, \epsilon_{21}, \epsilon_{22}, \epsilon_{23}, \epsilon_{24}, \epsilon_{25}, \ldots, \epsilon_{5001}, \epsilon_{5002}, \epsilon_{5003}, \epsilon_{5004}, \epsilon_{5005})'$ としたとき,ϵ は以下の正規分布に従います.

$$\epsilon \sim N \left[\mathbf{0}, \begin{bmatrix} \Sigma_\epsilon & \mathbf{0} & \cdots & \mathbf{0} \\ \mathbf{0} & \Sigma_\epsilon & \cdots & \mathbf{0} \\ \vdots & \vdots & \ddots & \vdots \\ \mathbf{0} & \mathbf{0} & \cdots & \Sigma_\epsilon \end{bmatrix} \right] \qquad (3.45)$$

ここで,平均ベクトルの $\mathbf{0}$ はサイズが 2500×1 の零ベクトル,Σ_ϵ は以下の要素を持つサイズが 5×5 の行列,共分散行列内の $\mathbf{0}$ はサイズが 5×5 の零行列です.

$$\Sigma_\epsilon = \begin{bmatrix} \sigma_{\epsilon 1}^2 & \sigma_{\epsilon 12} & \sigma_{\epsilon 13} & \sigma_{\epsilon 14} & \sigma_{\epsilon 15} \\ \sigma_{\epsilon 21} & \sigma_{\epsilon 2}^2 & \sigma_{\epsilon 23} & \sigma_{\epsilon 24} & \sigma_{\epsilon 25} \\ \sigma_{\epsilon 31} & \sigma_{\epsilon 32} & \sigma_{\epsilon 3}^2 & \sigma_{\epsilon 34} & \sigma_{\epsilon 35} \\ \sigma_{\epsilon 41} & \sigma_{\epsilon 42} & \sigma_{\epsilon 43} & \sigma_{\epsilon 4}^2 & \sigma_{\epsilon 45} \\ \sigma_{\epsilon 51} & \sigma_{\epsilon 52} & \sigma_{\epsilon 53} & \sigma_{\epsilon 54} & \sigma_{\epsilon 5}^2 \end{bmatrix} \qquad (3.46)$$

つまり,合成モデルの誤差項については,個人間では誤差間に共変動はなく [*4)],個人内では異なる時点間で誤差に共変動が仮定されています.付録1で問題にするのは,Σ_ϵ の構造です.

Σ_ϵ は個人内の異なる時点間における誤差の共分散を表しています.この共分散としてたとえば,(3.47) 式で示す自己相関構造を考えることができます.

[*3)] Time_{ij} は与えられたものとします.
[*4)] u_{0j}, u_{1j}, r_{ij} はすべての添え字の組み合わせについて独立にそれぞれが同一の分布に従っていると仮定しています.

$$\Sigma_\epsilon = \begin{bmatrix} \sigma_\epsilon^2 & \sigma_\epsilon^2 r_\epsilon & \sigma_\epsilon^2 r_\epsilon^2 & \sigma_\epsilon^2 r_\epsilon^3 & \sigma_\epsilon^2 r_\epsilon^4 \\ \sigma_\epsilon^2 r_\epsilon & \sigma_\epsilon^2 & \sigma_\epsilon^2 r_\epsilon & \sigma_\epsilon^2 r_\epsilon^2 & \sigma_\epsilon^2 r_\epsilon^3 \\ \sigma_\epsilon^2 r_\epsilon^2 & \sigma_\epsilon^2 r_\epsilon & \sigma_\epsilon^2 & \sigma_\epsilon^2 r_\epsilon & \sigma_\epsilon^2 r_\epsilon^2 \\ \sigma_\epsilon^2 r_\epsilon^3 & \sigma_\epsilon^2 r_\epsilon^2 & \sigma_\epsilon^2 r_\epsilon & \sigma_\epsilon^2 & \sigma_\epsilon^2 r_\epsilon \\ \sigma_\epsilon^2 r_\epsilon^4 & \sigma_\epsilon^2 r_\epsilon^3 & \sigma_\epsilon^2 r_\epsilon^2 & \sigma_\epsilon^2 r_\epsilon & \sigma_\epsilon^2 \end{bmatrix} \quad (3.47)$$

これを相関行列に変換すると以下になります．

$$R_\epsilon = \begin{bmatrix} 1 & r_\epsilon & r_\epsilon^2 & r_\epsilon^3 & r_\epsilon^4 \\ r_\epsilon & 1 & r_\epsilon & r_\epsilon^2 & r_\epsilon^3 \\ r_\epsilon^2 & r_\epsilon & 1 & r_\epsilon & r_\epsilon^2 \\ r_\epsilon^3 & r_\epsilon^2 & r_\epsilon & 1 & r_\epsilon \\ r_\epsilon^4 & r_\epsilon^3 & r_\epsilon^2 & r_\epsilon & 1 \end{bmatrix} \quad (3.48)$$

(3.47) 式の共分散行列は，各時点で誤差分散は等しく，1 時点離れるごとに誤差間共分散が r_ϵ $(0 < r_\epsilon < 1)$ をかけた分だけ小さくなる構造になっています．また，(3.48) 式の相関行列は，1 時点離れるごとに誤差間相関が r_ϵ をかけた分だけ小さくなる構造になっています．ここで，r_ϵ は誤差自己相関と呼ばれます．

(3.47) 式の共分散行列は対角要素に平行に上下 1 時点離れた個所は $\sigma_\epsilon^2 r_\epsilon$，2 時点離れた個所は $\sigma_\epsilon^2 r_\epsilon^2$，3 時点離れた個所は $\sigma_\epsilon^2 r_\epsilon^3$，4 時点離れた個所は $\sigma_\epsilon^2 r_\epsilon^4$ になっており，左上から右下にかけての対角要素に平行に同じ共分散の要素が含まれる帯対角の構造をしていることが特徴です．相関行列も同様に帯対角の構造をしています．

誤差は説明変数によって説明できなかった部分ですが，個人内では時点間で相関があり，かつその相関は時点が離れるに従って弱くなると考えるのは自然です．そこで，縦断データの分析では，誤差間共分散に (3.47) 式の自己相関構造をしばしば仮定します．

表 2.1 のデータに対する無条件成長モデルにおいて，誤差に自己相関構造を仮定した分析を R で行ってみましょう．そのためには，これまで扱ってきたパッケージ lmerTest ではなく，パッケージ nlme を利用します．まず，パッケージ nlme によって無条件成長モデルを分析する方法を説明しましょう．

```
> #パッケージの読み込み
> library(nlme)
> #関数 lme による無条件成長モデルの分析
```

```
> long.model8<-lme(en1~time1, random=~time1|sub, data=long.data,
+ method="ML")
> summary(long.model8)
> #summary(long.model2)と同じ結果になる.
```

マルチレベルモデルで分析するための関数は lme です．en1~time1 は目的変数が en1，説明変数が time1 であることを表しています．切片を含めると 1+time1 となりますが，1 は省略することができます．切片と傾きが個人 sub ごとに異なることを表すのが，random=~time1|sub です．ここでも，切片の 1 は省略しています．method="ML"は制限付き最尤推定法ではなく，通常の最尤推定法を使用することを表します．分析結果は示しませんが，無条件成長モデルの結果 summary(long.model2) と一致します．

それでは，無条件成長モデルにおいて，誤差に自己相関構造を仮定してみましょう．そのための R スクリプトは以下です．correlation=corAR1() を含めることで誤差に自己相関構造を仮定することができます．誤差間相関を取り出すには，corMatrix(long.model9$modelStruct$corStruct)[[1]] とします．さらにこれを共分散に変換した数値を出力することもできます．

```
> #誤差共分散に自己相関を仮定したモデル
> long.model9<-lme(en1~time1, random=~time1|sub, correlation=corAR1(),
> data=long.data, method="ML")
> summary(long.model9)
> ecor <- corMatrix(long.model9$modelStruct$corStruct)[[1]]
> #誤差相関行列
> print(round(ecor,2))
> #誤差共分散行列
> round(ecor*long.model9$sigma^2,2)
```

誤差相関行列 (R_ϵ) と誤差共分散行列 (Σ_ϵ) の推定値を示します．仮定した自己相関構造になっていることが分かります．また，誤差相関行列をみると，このデータでは，同じ個人であっても異なる時点間ではほぼ相関がないことも分かります．

```
> #誤差相関行列
> print(round(ecor,2))
      [,1]  [,2]  [,3]  [,4]  [,5]
[1,]  1.00 -0.06  0.00  0.00  0.00
[2,] -0.06  1.00 -0.06  0.00  0.00
[3,]  0.00 -0.06  1.00 -0.06  0.00
[4,]  0.00  0.00 -0.06  1.00 -0.06
[5,]  0.00  0.00  0.00 -0.06  1.00
> #誤差共分散行列
> round(ecor*long.model9$sigma^2,2)
      [,1]  [,2]  [,3]  [,4]  [,5]
[1,] 46.42 -2.92  0.18 -0.01  0.00
[2,] -2.92 46.42 -2.92  0.18 -0.01
[3,]  0.18 -2.92 46.42 -2.92  0.18
[4,] -0.01  0.18 -2.92 46.42 -2.92
[5,]  0.00 -0.01  0.18 -2.92 46.42
```

無条件成長モデルの誤差共分散行列に自己相関を仮定しないモデル (long.model2 および long.model8) と仮定したモデル (long.model9) ではどちらの方が適合度がよいでしょうか．両モデルの情報量規準を求めてみます．

```
> #AIC を求めて取り出す
> aic<-AIC(long.model2, long.model9)$AIC
> #各モデルのパラメータ数を取り出す
> np<-AIC(long.model2, long.model9)$df
> #AIC とパラメータ数から逸脱度を計算する
> dev<-aic-2*np
> #BIC の計算
> bic<-dev+log(500)*np
> #AIC と BIC を並べて表記
> cbind(aic, bic)
          aic      bic
[1,] 17809.69 17834.98
[2,] 17809.28 17838.78
```

AIC についてはほぼ同じで，BIC については仮定しないモデルの方がよくなっています．したがって，誤差共分散行列に自己相関を仮定する必要はなさそうです．関数 lme では，誤差間共分散行列に対して，corAR1 に代えて corCompSymm

とすれば複合対称的構造，corSymm とすれば構造を仮定しない (共分散行列のすべての要素をパラメータとして推定する) モデルを仮定することができます[*5]．
また，関数 lme の引数に weights=varIdent と書くと，時点ごとに異なる分散を仮定することができます．

最後に，誤差間共分散に特別な構造を仮定しない場合 (long.model1 から long.model8 はすべて仮定していません)，誤差間共分散はどのような値になるのか説明します．無条件成長モデルにおける合成モデルの誤差は (3.44) 式のように，$u_{0j} + u_{1j}\text{Time}_{ij} + r_{ij}$ でした．u_{0j}, u_{1j}, r_{ij} はすべて期待値が 0 なので，

$$\begin{aligned}
&V[u_{0j} + u_{1j}\text{Time}_{ij} + r_{ij}] \\
&= E[(u_{0j} + u_{1j}\text{Time}_{ij} + r_{ij} - E[u_{0j} + u_{1j}\text{Time}_{ij} + r_{ij}])^2] \\
&= E[(u_{0j} + u_{1j}\text{Time}_{ij} + r_{ij})^2] \\
&= \tau_{00} + 2\tau_{10}\text{Time}_{ij} + \tau_{11}\text{Time}_{ij}^2 + \sigma^2
\end{aligned} \quad (3.49)$$

となります．これが時点 Time_{ij}^2 における誤差分散です．

また，時点 j と時点 k の間の誤差共分散については同様の計算により，

$$\begin{aligned}
&Cov[u_{0j} + u_{1j}\text{Time}_{ij} + r_{ij}, u_{0k} + u_{1k}\text{Time}_{ik} + r_{ik}] \\
&= \tau_{00} + \tau_{10}(\text{Time}_{ij} + \text{Time}_{ik}) + \tau_{11}\text{Time}_{ij}\text{Time}_{ik}
\end{aligned} \quad (3.50)$$

になります．推定値を当てはめることで，無条件成長モデルの合成モデルにおける誤差相関行列は以下になります．

```
> #合成されたレベル 1 の誤差分散の計算
> tau00<-as.numeric(VarCorr(long.model8)[1])
> tau11<-as.numeric(VarCorr(long.model8)[2])
> sig2<-as.numeric(VarCorr(long.model8)[3])
> tau10<-as.numeric(VarCorr(long.model8)[8])*sqrt(tau00*tau11)
>
> resVar<-matrix(0,5,5)
> for(i in 1:5)
+ {
+ for(j in 1:5)
+ {
+ resVar[i,j]<-tau00+tau10*((i-1)+(j-1))+tau11*(i-1)*(j-1)
```

[*5] 詳しくは Singer & Willett (2003, 菅原監訳, 2012) をご覧ください．

```
+ }
+ }
```

```
> for(i in 1:5)
+ {
+ resVar[i,i]<-sig2+tau00+2*tau10*(i-1)+tau11*(i-1)^2
+ }
>
> round(cov2cor(resVar),2)
     [,1] [,2] [,3] [,4] [,5]
[1,] 1.00 0.12 0.13 0.14 0.14
[2,] 0.12 1.00 0.33 0.38 0.40
[3,] 0.13 0.33 1.00 0.53 0.57
[4,] 0.14 0.38 0.53 1.00 0.67
[5,] 0.14 0.40 0.57 0.67 1.00
```

○付録2　縦断データ分析における欠測データへの対処

縦断データの収集上の困難は，測定対象としている個人の脱落が頻繁に起きる点にあります．脱落が生じると，脱落時以降のデータが収集できなくなってしまうため，データが欠測してしまいます．

たとえば，表2.1において1人目が3時点目まで，2人目が4時点目までしか測定されていないとすると，表3.1のようなデータになってしまいます[*6]．NAが欠測を表しています．この場合，どのように分析を行えばよいのでしょうか．

欠測が発生する理由は無数にありますが，Rubin (1976) は欠測データが生じるメカニズムを3つに分類しました．それらは Missing Completely At Random (MCAR), Missing At Random (MAR), Missing Not At Random (MNAR) です．

MCARは，欠測するかどうかはデータに依存しない場合です．たとえば，欠測個所を無作為に割り振った場合と同様に考えられるとき，欠測メカニズムはMCARになります．MARは，欠測するかどうかは，観測されたデータにのみ依存する場合です．たとえば，前回の病院での検査結果が良好だったため今回は検

[*6] 管理職からの降格はないと仮定したデータなので，一度でも変数「管理職」が1になればその後も1のままであり仮定の上では欠測にはなりませんが，ここでは変数「管理職」と変数「管理職期間」は欠測にしました．

表 3.1　縦断データ (脱落が生じている)

個人レベル (添え字 j)		時点レベル (添え字 ij)			
従業員 ID	性別	時点	愛着	管理職	管理職期間
sub	sex2	time1	en1	ad1	post.ad1
1	1	0	25	0	0
1	1	1	53	1	0
1	1	2	51	1	1
1	1	3	NA	NA	NA
1	1	4	NA	NA	NA
2	1	0	46	0	0
2	1	1	39	0	0
2	1	2	47	1	0
2	1	3	67	1	1
2	1	4	NA	NA	NA
3	0	0	43	0	0
3	0	1	42	0	0
3	0	2	33	0	0
3	0	3	48	0	0
3	0	4	41	0	0
⋮	⋮	⋮	⋮	⋮	⋮
500	1	0	46	0	0
500	1	1	45	0	0
500	1	2	37	0	0
500	1	3	44	0	0
500	1	4	38	0	0

査をしなかった場合が該当します．これは，前回の検査結果にのみ依存して今回の検査結果の欠測が決まっているからです．最後に，MNAR は，欠測した値に依存して欠測が発生している場合です．たとえば，体重が重いから体重を報告しない場合が該当します．本来の体重の測定値 (これが欠測した値です) に依存して欠測しているからです．

　欠測データへの対処は，3 種類のうちどのメカニズムによって欠測が発生しているかによって異なります．MCAR と MAR の場合には，完全情報最尤推定法や多重代入法が使用されます．MNAR の場合には選択モデルやパターン混合モデル [*7] を用います．．

　ここでは表 2.1 のデータを MCAR のメカニズムで欠測させた上で，完全情報最尤推定法によって推定値を求めてみましょう．縦断データに対するマルチレベルモデルでは，完全情報最尤推定法は特別な方法ではありません．完全情報最尤

[*7] 詳しくは星野 (2009) や高井ほか (2016) をご覧ください

推定法とは，得られているデータをすべて利用して最尤推定法によって推定を行うことを指します．したがって，欠測している個所はデータがないものとして無視して分析を行えばよいのです．

たとえば，表 3.1 のように 1 人目の従業員の 4 時点目と 5 時点目，2 人目の従業員の 5 時点目のデータが欠測している場合には，1 人目の従業員については 3 時点目まで，2 人目の従業員については 4 時点目までのデータを利用することになります．これは，集団–個人のデータにおいて，集団内の個人の数が異なるデータを分析することと同じです．

表 2.1 のデータを乱数によって欠測させた上で，無条件成長モデルで分析を行うための R スクリプトは以下のとおりです．

```
> #MCAR による欠測データの作成
> set.seed(10)
> #2000 行をランダムに抽出
> aa<-sample(nrow(long.data),2000)
> #抽出した行番号を昇順にソートして，該当する行番号のデータを long.data.mis とする．
> long.data.mis<-long.data[sort(aa),]
>
> #無条件成長モデル
> long.model10<-lmer(en1~time1+(time1|sub), data=long.data.mis,
+ REML=FALSE)
> summary(long.model10)
```

表 3.2 に，欠測させない場合 long.model2 と欠測させた場合 long.model10 の結果を示しました．全体の 80% (= 2000/2500) のデータであっても，推定値がうまく復元できていることが分かります．

表 3.2 無条件成長モデルの推定値

欠測	γ_{00}	γ_{10}	τ_{00}	$\tau_{01} = \tau_{10}$	τ_{11}	σ^2
なし	38.916	0.978	4.928	2.202	6.851	48.676
あり	38.991	0.932	4.734	1.789	7.036	49.524

文　献

1) 星野崇宏 (2009). 調査観察データの統計科学―因果推論・選択バイアス・データ融合. 岩波書店.
2) Raftery, A. E. (1995). Bayesian Model Selection in Social Research, *Sociological Methodology*, **2**, pp.111–163.
3) Rubin, D. B. (1976). Inference and missing data, *Biometrika*, **63**, 581–592.
4) Schafer, J. L. & Graham, J. W. (2002). Missing Data: Our View of the State of the Art, *Psychological Methods*, **7**(2), pp.147–177.
5) Singer, J. D. & Willet, J. B. (2003). Applied longitudinal data analysis: Modeling change and event occurrence. Oxford University Press. [菅原ますみ 監訳 (2012). 縦断データの分析 I ―変化についてのマルチレベルモデリング. 朝倉書店.]
6) 高井啓二・星野崇宏・野間久史 (2016). 欠測データの統計科学―医学と社会科学への応用. 岩波書店.

4

構造方程式モデリングによる
マルチレベルデータの分析

　構造方程式モデリング (structural equation modeling, 以降 SEM と略記) は，潜在変数と観測変数[*1]を使った因果モデルの分析を目的として，社会科学諸分野で広く使用されています．本章では，SEM によってマルチレベルモデルの分析を行うための方法について解説します[*2]．SEM とマルチレベルモデルは，異なる統計モデルですが，マルチレベルモデルは SEM における確認的因子分析モデルの特殊な場合として捉えることが可能です (Bauer, 2003；Curran, 2003；Mehta & Neale, 2005)．ここでは，本書の姉妹書である『入門編』で説明されたランダム効果の分散分析モデル (『入門編』4.2 節)，ランダム切片・傾きモデル (『入門編』5.2 節)，切片・傾きに関する回帰モデル (『入門編』5.3 節)，および本書 2.3 節で説明された無条件成長モデルについて，SEM で分析する方法を説明します[*3]．

　これらのモデルを SEM で分析した推定結果は，マルチレベルモデルの推定結果と一致します．したがって，SEM による方法をあえて学ぶ意義はないように思うかもしれません．しかしながら，SEM は因子分析モデル，多母集団分析，潜在混合モデルなど様々なモデルを包含しています．また，順序カテゴリカル変数，名義変数，カウントデータなどを扱うことも可能です．したがって，SEM によってマルチレベルモデルを表現することで，たとえば順序カテゴリカル変数が目的

[*1] 観測変数は，データとして直接観測される変数です．表 1.1 や表 2.1 の変数は観測変数です．一方，潜在変数は直接観測されない変数です．因子分析の因子は潜在変数に当たります．

[*2] 本章では SEM についての基本的な知識 (特に確認的因子分析) はあるものとして説明します．SEM の基本的な知識については尾崎・荘島 (2014) などをご覧ください．

[*3] なお，マルチレベルモデルを SEM で分析する方法として，共分散行列を集団内の共分散行列と集団間の共分散行列に分解して，それぞれの共分散行列にモデルを当てはめ，集団内と集団間の 2 母集団分析を行う方法 (Muthén, 1994) もあります．これらについては豊田 (2000)，狩野・三浦 (2002)，清水 (2014) などで説明されています．しかしながら，この方法はデータに欠測がある場合に対応が難しかったり，傾きのランダム効果が推定できないため，現在は本書で説明される方法がよく使われます．

変数の場合のマルチレベルモデルを実行することが可能になります．これらの発展的なモデルについては次章で説明します．

また，SEM で分析するもう 1 つの利点に，適合度指標が利用できるということがあります (『入門編』5.4 節)．通常のマルチレベルモデルでも AIC や BIC などの情報量規準を求めることはできます．しかしこれらは同じデータを他のモデルに当てはめたときの相対的なモデルの良し悪しを判断するためのものであり，よいモデルであるための基準をもつ指標ではありません．一方，SEM では CFI，RMSEA，SRMR などに代表される，よいモデルであるための基準をもった適合度指標があります．適合度指標についても次章で説明します．

『入門編』も含め，本書はこれまでフリーソフト R のパッケージ lmerTest によって分析方法を説明してきました．SEM については広範囲なモデル表現が可能なパッケージ lavaan がありますが，lmerTest で分析対象とするデータそのままでは分析できません．lavaan で分析するためにはデータ構造を変えるためのデータハンドリングが必要となります．複雑なマルチレベルモデルを実行する場合ほど複雑なデータハンドリングが必要となるため，パッケージ lavaan で分析するのは実用的ではありません．そこで，本書では SEM の商用ソフトウェア Mplus を推奨します．Mplus は数行のコマンドを書くだけで，複雑なデータハンドリングをせずに複雑なマルチレベルモデルを分析することが可能です．しかしながら，Mplus のコマンドは簡潔であるがゆえに，Mplus による方法のみを示すと SEM とマルチレベルモデルの数理的関係が見えにくくなってしまいます．そこで，本章では，『入門編』4 章と 5 章のモデルをパッケージ lavaan で分析する方法を示しながら，SEM とマルチレベルモデルの関係を説明し，次章で Mplus による方法を示すことにします[*4]．

4.1　SEM によるランダム効果の分散分析モデル

まず，最も単純なランダム効果の分散分析モデル (『入門編』4.2 節) を SEM で分析する方法について説明します．y_{ij} を集団 j に属する個人 i の変数 y の値としたとき，モデル式は以下のようになります．

レベル 1：
$$y_{ij} = \beta_{0j} + r_{ij} \tag{4.1}$$

[*4] 逆にいえば，本章では SEM とマルチレベルモデルの数理的関係を論じているので，Mplus によってマルチレベルモデルの分析を行うことが主たる目的の読者は本章を読み飛ばしても構いません．

$$r_{ij} \sim N(0, \sigma^2) \tag{4.2}$$

レベル2：

$$\beta_{0j} = \gamma_{00} + u_{0j} \tag{4.3}$$

$$u_{0j} \sim N(0, \tau_{00}) \tag{4.4}$$

マルチレベルモデルを SEM の枠組みで表現する際には，a) ランダム切片やランダム傾きを確認的因子分析における因子として扱う，b) これらの因子から目的変数 y_{ij} への因子負荷量を固定母数とする，c) 観測対象の単位を集団レベルにする，という3つが必要です．

まず，a) ランダム切片やランダム傾きを確認的因子分析における因子として扱う，というのは (4.1) 式でいえば，ランダム切片 β_{0j} を因子として扱うということです．すると，因子の添え字は j なので，必然的に c) のように因子を測定する観測対象の単位が集団レベルになります．β_{0j} を因子として捉えると，(4.1) 式は観測変数を y_{ij} とした因子負荷量が1の確認的因子分析と等しくなります．r_{ij} はレベル1の誤差です．観測対象の単位が集団レベル j なので，個人を表す添え字 i は因子分析において変数を表す添え字と捉え直すことができます．これについては以下で具体的に説明します．また，(4.3) 式は因子 β_{0j} がその平均 γ_{00} と平均からの差 u_{0j}（レベル2の誤差）に分解されていることを意味します．

このモデルをパス図で表したのが図 4.1 です[*5)]．SEM の通常のパス図では β_{0j} のようなパスを1本も受けていない外生的因子については誤差項は仮定しませんが，ここではマルチレベルモデルとの対応を分かりやすくするために誤差項 u_{0j} を示しています．y_{ij} と β_{0j} についてこのパス図からモデルを記述すると[*6)]，$y_{ij} = \beta_{0j} + r_{ij}$，$\beta_{0j} = \gamma_{00} + u_{0j}$ となり，(4.1) 式と (4.3) 式に一致します．図 4.1 左上の1は，値が1ばかりの変数を意味します．γ_{00} はこの変数から β_{0j} へのパス係数であり，因子 β_{0j} の平均を表します．さらに，r_{ij} の右肩に示されている分散は i によらず σ^2，u_{0j} の右肩に示されている分散は τ_{00} になっています．これらは (4.2) 式と (4.4) 式に一致します．なお，ここではすべての集団について所属する個人の数が n 人で等しい状況で考えていきます．

[*5)] 通常，SEM のパス図は観測対象を表す添え字 j はつけませんが，ここでは観測対象が集団レベル j であることを強調するために j をつけています．この図は集団 j におけるモデルを表しているともいえます．

[*6)] パス図において，単方向矢印を受けているのが目的変数，単方向矢印を発しているのが説明変数です．

4.1 SEM によるランダム効果の分散分析モデル

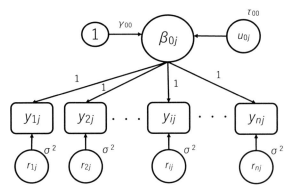

図 4.1 ランダム効果の分散分析モデルのパス図

表 4.1 マルチレベルモデル

個人 i	集団 j	変数 y_{ij}
1	1	y_{11}
2	1	y_{21}
3	1	y_{31}
1	2	y_{12}
2	2	y_{22}
3	2	y_{32}

表 4.2 SEM

集団 j	個人 1	個人 2	個人 3
1	y_{11}	y_{21}	y_{31}
2	y_{12}	y_{22}	y_{32}

図 4.1 のモデルを SEM に適用するためにはデータ構造を変える必要があります．それを説明したのが表 4.1 と表 4.2 です．説明を分かりやすくするために，2 つの集団それぞれに 3 人の個人がいる状況を想定しています．表 4.1 は『入門編』でも度々登場したデータ形式であり，各行は個人を表しています．

一方，表 4.2 は各行が集団を表しています．したがって，このデータの観測対象の単位は集団になります．また，個人 1 は集団内の 1 人目の変数 y の値，個人 2 は集団内の 2 人目の変数 y の値，個人 3 は集団内の 3 人目の変数 y の値を表しています．ただし，集団内で誰が 1 人目 (あるいは 2 人目，3 人目) であるかは任意なので，表 4.2 のデータは同じ行内 (同じ集団内) において交換可能となっています [*7]．

[*7] 交換可能でよい理由は，添え字にかかわらず図 4.1 において因子負荷量が 1 で等しく，各観測変数の誤差分散が σ^2 で等しい点にあります．このとき，パラメータで構成される平均ベクトルは表 4.2 の個人 1 から個人 3 で等しくなり，分散も表 4.2 の個人 1 から個人 3 で等しくなり，共分散は個人 1 と個人 2，個人 2 と個人 3，個人 3 と個人 1 の間それぞれで等しくなります．

4.1.1 lmerTest によるランダム効果の分散分析モデル

『入門編』でしばしば登場した学校データに対して分析をしてみましょう．学校データは 50 校それぞれから 100 人の生徒のデータを収集したことを想定していますが，次に示す lavaan による分析スクリプトを簡潔にするために，50 校それぞれから 15 人の生徒のデータを収集したことを想定したデータに作り直して分析します．

まずデータの準備をしましょう．以下の R スクリプトでは，学校データがオブジェクト data1 として読み込まれ，学校内の生徒番号 s.sID が 16 未満の生徒だけを取り出しています．さらに，今後の分析で必要となる 1, 2, 3, 4, 7, 9 列目の変数だけを取り出し，オブジェクト data1r としています．data1r[1:17,] とすると，このデータの 1 行目から 17 行目が以下のように出力されます．s.sID をみると 15 の次が 1 になっており，同じ学校の中で 15 人を取り出したデータであることが分かります．

```
> data1<-read.csv("学校データ.csv")
>
> #lmerTest データ
> data1r<-subset(data1, s.sID<16)[c(1,2,3,4,7,9)]
> data1r[1:17,]
    studentID s.sID pre1 post1 pre2.m schoolID
1           1     1   47   150  52.49        1
2           2     2   53   114  52.49        1
3           3     3   46   106  52.49        1
4           4     4   63   133  52.49        1
5           5     5   54   122  52.49        1
6           6     6   46   117  52.49        1
7           7     7   55   143  52.49        1
8           8     8   57   127  52.49        1
9           9     9   56   148  52.49        1
10         10    10   50   130  52.49        1
11         11    11   62   139  52.49        1
12         12    12   54   133  52.49        1
13         13    13   47   120  52.49        1
14         14    14   36   109  52.49        1
15         15    15   60   147  52.49        1
101       101     1   36    96  41.81        2
102       102     2   43   105  41.81        2
```

4.1 SEM によるランダム効果の分散分析モデル

このデータを関数 lmer で分析するためのスクリプトは以下のとおりです．表 4.3 の R (lmer) の行に関数 lmer による推定値を示しました[*8]．

```
> #Anova model by MLM
> library(lmerTest)
> anovamodel<-lmer(post1~(1|schoolID),data=data1r,REML=FALSE)
> summary(anovamodel)
-- 一部省略 --
    AIC     BIC   logLik deviance df.resid
  5900.5  5914.3 -2947.2  5894.5     747
-- 一部省略 --
Random effects:
 Groups   Name        Variance Std.Dev.
 schoolID (Intercept)  61.42    7.837
 Residual             132.02   11.490
Number of obs: 750, groups:  schoolID, 50

Fixed effects:
            Estimate Std. Error t value
(Intercept)  126.420      1.185   106.7

Fixed effects:
            Estimate Std. Error   df  t value Pr(>|t|)
(Intercept)  126.420      1.185 50.000  106.7   <2e-16 ***
```

表 4.3 ランダム効果の分散分析モデルの結果比較

ソフトウェア	$\hat{\gamma}_{00}$	$\hat{\tau}_{00}$	$\hat{\sigma}^2$
R (lmer)	126.420	61.42	132.02
R (lavaan)	126.420	61.42	132.02

4.1.2 lavaan によるランダム効果の分散分析モデル

次に SEM による推定を行います．SEM による推定が一体何を行っているかを知るためには，パッケージ lavaan を使って分析するとよく分かります[*9]．ただ

[*8] lmer による推定結果が小数点以下 2 桁目まで で示されている場合には，lavaan の推定結果も小数点以下 2 桁目まで で記載しています．これは本章のこの後の表でも同じです．

[*9] パッケージ lavaan については，豊田 (2014)，山田 (2015)，山田ほか (2015) などをご覧ください．

し，パッケージ lavaan による分析では，表 4.1 から表 4.2 のように観測対象を集団にするデータ変換を行う必要があります．data1r を以下のように変換して data2 を作成します．head(data2) として最初の 6 行をみてみましょう．

```
> #lavaan データ
> data2<-matrix(0,nrow<-50,ncol<-15)
> for(j in 1:50)
+ {
+ for(i in 1:15)
+ {
+ data2[j,i]<-data1r[15*(j-1)+i,4]
+ }
+ }
>
> data2<-data.frame(data2)
> colnames(data2)<-c("x1","x2","x3","x4","x5","x6","x7","x8","x9","x10",
+ "x11","x12","x13","x14","x15")
> head(data2)
   x1  x2  x3  x4  x5  x6  x7  x8  x9 x10 x11 x12 x13 x14 x15
1 150 114 106 133 122 117 143 127 148 130 139 133 120 109 147
2  96 105 114  95 131  88 105 113 117 114 114 108 113 105 132
3 130 149 125 115 115 115 123 108 100 114 120 110 128 127 119
4 133 146 155 149 148 150 129 129 151 164 137 142 147 145 140
5 136 143 130 137 155 118 117 130 137 134 142 127 132 135 127
6 136 120 130 143 121 122 108 147 125 111 153 117 117 105 125
```

1 行目に注目すると，数値が 150, 114, 106, . . ., 147 と続いています．この数値は data1r の post1 の 1 行目, 2 行目, 3 行目から 15 行目と同じです．1 つめの学校の 1 人目, 2 人目, 3 人目から 15 人目の post1 の値が x1, x2, x3, . . ., x15 の 1 行目の値になっているということです．そして，data2 の 2 行目は data1r の 2 つめの学校に所属する 15 人の値になっています．したがって，x1 から x15 は各学校に所属する 1 番目から 15 番目の生徒の post1 の値を表しています．R スクリプトで data2[j,i]<-data1r[15*(j-1)+i,4] となっている個所は，data1r の 4 列目 (post1) について，j 番目の学校に所属する 1 番目から 15 番目の生徒 (i の繰り返しが 1 から 15 であることに対応します) の値を取り出して，それを data2 の j 行 i 列目に配置していることを意味します．

なお，以下のスクリプトでも実行できますが，4.2 節で述べるアンバランスな

4.1 SEM によるランダム効果の分散分析モデル

場合はこのような簡潔なスクリプトにはできません.

```
> data2<-matrix(data1r$post1,nrow=50,byrow=TRUE)
> data2<-as.data.frame(data2)
> colnames(data2)<-paste0("x",1:15)
> head(data2)
```

関数 lavaan によるスクリプトは以下です.このスクリプトは図 4.1 の確認的因子分析を表現しています.fint =~ は因子 fint を =~ 以下の観測変数 (ここでは x1 から x15) で測定することを意味します.各観測変数の前の 1* は図 4.1 のように,因子負荷量を 1 に固定することを意味します.x1~~e*x1 は観測変数 x1 の誤差分散を表しています.e* は,この誤差分散に e というラベルを付与することを意味します.すべての観測変数の誤差分散について e* となっていることから,図 4.1 のように誤差分散には等値制約が課されていることが分かります.fint~~fint は因子の分散を推定することを意味します.fint~1 は因子平均を推定することを意味します.逆に,スクリプトには明示されていませんが,観測変数の切片は 0 に固定されます.

```
> library(lavaan)
> anova.sem <- '
+ fint =~ 1*x1+1*x2+1*x3+1*x4+1*x5+1*x6+1*x7+1*x8+1*x9+1*x10
+ +1*x11+1*x12+1*x13+1*x14+1*x15;
+ x1~~e*x1;x2~~e*x2;x3~~e*x3;x4~~e*x4;x5~~e*x5;
+ x6~~e*x6;x7~~e*x7;x8~~e*x8;x9~~e*x9;x10~~e*x10;
+ x11~~e*x11;x12~~e*x12;x13~~e*x13;x14~~e*x14;x15~~e*x15;
+ fint~~fint;
+ fint~1;
+ '
>
> fit.anova.sem <- lavaan(anova.sem, data=data2)
> summary(fit.anova.sem, fit.measure=T)
```

lavaan による推定結果は以下のとおりです.AIC や BIC などの適合度指標の

下にパラメータの推定値が掲載されています[*10]．Intercepts は切片あるいは平均を表します．ここでは fint の平均つまり，図 4.1 では β_{0j} の平均 γ_{00} を表します．Variances は分散です．ここでは，各観測変数の誤差分散を表しており，図 4.1 の σ^2 を表しています．f の分散は図 4.1 の τ_{00} を表しています．

```
-- 一部省略 --
  Loglikelihood user model (H0)              -2947.239
  Loglikelihood unrestricted model (H1)      -2864.072

  Number of free parameters                          3
  Akaike (AIC)                                5900.478
  Bayesian (BIC)                              5906.214
-- 一部省略 --
Intercepts:
                   Estimate  Std.Err  z-value  P(>|z|)
    fint            126.420    1.185  106.673    0.000
-- 一部省略 --
Variances:
                   Estimate  Std.Err  z-value  P(>|z|)
    .x1       (e)   132.023    7.057   18.708    0.000
    .x2       (e)   132.023    7.057   18.708    0.000
-- 一部省略 --
    f                61.423   14.053    4.371    0.000
```

lavaan のパラメータの推定値を表 4.3 に示しました．lmer による推定結果と一致していることが分かります．このように，観測対象の単位を集団にして，ランダム切片を因子と捉え，因子負荷量を 1 に固定した確認的因子分析モデルがランダム効果の分散分析モデルと等しいことが分かります．より数学的な証明については付録 1 に記載しました．

[*10] RMSEA や SRMR などの SEM の分野で用いられる適合度指標も掲載されていますが，これらのについては次章で説明します．AIC の上に掲載されている Loglikelihood user model (H0) は分析したモデルの対数尤度，Loglikelihood unrestricted model (H1) は分散と共分散をそのままパラメータとして推定するモデルの対数尤度です．lavaan で，AIC は Loglikelihood user model (H0) の -2 倍にパラメータ数（ここでは 3）の 2 倍を加えた値，BIC は Loglikelihood user model (H0) の -2 倍にパラメータ数（ここでは 3）の log (観測対象の数) を加えた値です．ここでは観測対象の数は 50 です．

4.2 SEMによるランダム効果の分散分析モデル (アンバランスな場合)

次に，同じランダム効果の分散分析モデルですが，集団ごとに個人の数が異なる場合を扱います．これは学校によってデータが得られている生徒数が異なる場合であり，アンバランスデータと呼びます．各学校から同数の生徒のデータが得られているとは限らないので，アンバランスデータの分析がマルチレベルモデルおよび SEM で可能なことは実用上とても重要です．

4.2.1 lmerTest によるランダム効果の分散分析モデル (アンバランスな場合)

それでは学校データを使って，まず学校によって生徒数が異なるデータをつくってみましょう．以下では，ランダム効果の分散分析モデルで使用した data1r をまず data1r.mis とし，0 から 1 の一様乱数が 0.2 未満のとき data1r.mis の 4 列目である post1 に欠測を表す NA を代入しています．つまり，data1r.mis は全体の約 20%の post1 が欠測になっているデータです．

```
> data1r.mis<-data1r
> set.seed(100)
> for(i in 1:nrow(data1r))
+ {
+ if(runif(1)<0.2) {data1r.mis[i,4]<-NA;}
+ }
>
> head(data1r.mis)
  studentID s.sID pre1 post1 pre2.m schoolID
1         1     1   47   150  52.49        1
2         2     2   53   114  52.49        1
3         3     3   46   106  52.49        1
4         4     4   63    NA  52.49        1
5         5     5   54   122  52.49        1
6         6     6   46   117  52.49        1
```

この data1r.mis を関数 lmer で分析してみましょう．関数 lmer では欠測を表す NA がある場合，その観測対象をデータから除外して分析します．これはリストワイズ削除といいます．ここでは，post1 についてデータが得られている観測

対象のみを使って分析することになります．表 4.4 の R (lmer) の行に lmer の推定結果を示しました．マルチレベルモデルでは集団ごとに個人の数が異なったとしても，このようにデータが得られた個人のみを対象として分析することができます．

```
> anovamodel.mis<-lmer(post1~(1|schoolID),data=data1r.mis,REML=FALSE)
> summary(anovamodel.mis)
-- 一部省略 --
     AIC      BIC   logLik deviance df.resid
  4954.0   4967.3  -2474.0   4948.0      625
-- 一部省略 --
Random effects:
 Groups   Name        Variance Std.Dev.
 schoolID (Intercept)  64.12   8.008
 Residual             132.40  11.507
Number of obs: 628, groups:  schoolID, 50

Fixed effects:
            Estimate Std. Error    df  t value Pr(>|t|)
(Intercept)  126.528      1.224 49.927   103.4   <2e-16 ***
```

表 4.4 ランダム効果の分散分析モデルの結果比較 (アンバランスな場合)

パッケージ	$\hat{\gamma}_{00}$	$\hat{\tau}_{00}$	$\hat{\sigma}^2$
R (lmer)	126.528	64.12	132.40
R (lavaan)	126.528	64.12	132.40

4.2.2　lavaan によるランダム効果の分散分析モデル (アンバランスな場合)

同じことを lavaan でも実行してみましょう．ここでは，欠測のある data1r.mis について，観測対象が学校になるようにデータ変換を行っています．1 つめの学校は 13 人，2 つめの学校は 14 人からデータが得られており，学校ごとにデータ数が異なることが分かります．

```
> data2.mis<-matrix(0,nrow<-50,ncol<-15)
> for(j in 1:50)
+ {
+ for(i in 1:15)
```

4.2 SEM によるランダム効果の分散分析モデル (アンバランスな場合)

```
+ {
+ data2.mis[j,i]<-data1r.mis[15*(j-1)+i,4]
+ }
+ }
>
> data2.mis<-data.frame(data2.mis)
> colnames(data2.mis)<-c("x1","x2","x3","x4","x5","x6","x7","x8","x9",
+ "x10","x11","x12","x13","x14","x15")
> head(data2.mis)
   x1  x2  x3  x4  x5  x6  x7  x8  x9 x10 x11 x12 x13 x14 x15
1 150 114 106  NA 122 117 143 127 148  NA 139 133 120 109 147
2  96 105 114  95 131  88 105 113 117 114  NA 108 113 105 132
3 130 149 125 115 115 115  NA 108 100  NA 120 110 128 127 119
4 133 146 155 149 148 150  NA 129 151 164 137  NA 147 145 140
5 136 143 130 137 155 118 117 130 137 134 142 127 132 135 127
6 136 120 130 143  NA 122 108 147 125  NA 153 117 117 105 125
```

NA がある場合, lmer のように NA を含んだ観測対象[11]を削除してしまうと, 分析対象となるデータがほとんど残りません. たとえば上記の 6 つの学校の中では 5 番目の学校しか残りません. そこで, NA 以外の, 観測されたデータのみを使って最尤推定法を実行します. これは, 関数 lavaan に missing="fiml" というオプションを付けることで実行されます. fiml は Full Information Maximum Likelihood の略であり, これに Estimation をつけて完全情報最尤推定法と呼ばれます. 完全情報最尤推定法は欠測箇所を除いた利用可能なデータすべてを使った推定方法であり, SEM によるアンバランスデータに対するマルチレベルモデルの分析で重要な役割を果たします.

分析モデルは前節で説明した (バランスのとれた, つまり学校ごとの生徒数が等しい場合の) ランダム効果の分散分析モデルと同じです. 前節と違う点はデータと missing="fiml" オプションをつけることです. 結果は以下のとおりです. 結果の見方は 4.1.2 項と同じです.

```
> fit.anova.sem.mis <- lavaan(anova.sem, data=data2.mis, missing="fiml")
> summary(fit.anova.sem.mis, fit.measure=T)
>
```

---

[11] マルチレベルモデル (lmer) における観測対象は個人, SEM (lavaan) における観測対象は集団です. この注がついている観測対象は集団のことです.

```
-- 一部省略 --
  Loglikelihood user model (H0)              -2473.997
  Loglikelihood unrestricted model (H1)      -2344.209

  Number of free parameters                          3
  Akaike (AIC)                                4953.995
  Bayesian (BIC)                              4959.731
-- 一部省略 --
Intercepts:
                   Estimate  Std.Err  z-value  P(>|z|)
    f               126.528    1.224  103.400    0.000
-- 一部省略 --
Variances:
                   Estimate  Std.Err  z-value  P(>|z|)
   .x1        (e)   132.401    7.788   17.000    0.000
   .x2        (e)   132.401    7.788   17.000    0.000
-- 一部省略 --
    f                64.123   14.989    4.278    0.000
```

表 4.4 に lavaan のパラメータ推定値を示しました．lmer の推定結果と一致していることが分かります．集団内の対象者数が集団ごとに等しいとは限りませんから，アンバランスな場合であっても SEM で分析可能であることは重要といえます．lmer と lavaan の分析結果が一致した理由の 1 つは，両者とも利用可能なデータをすべて使った分析方法になっていることにあります．

4.3 SEM によるランダム切片・傾きモデル

次に，マルチレベルモデルの中でも代表的なランダム切片・傾きモデル (『入門編』5.2 節) を SEM で分析する方法について説明します．モデル式は以下のとおりです．

レベル 1：
$$y_{ij} = \beta_{0j} + \beta_{1j} x_{ij} + r_{ij} \tag{4.5}$$

$$r_{ij} \sim N(0, \sigma^2) \tag{4.6}$$

レベル 2：
$$\beta_{0j} = \gamma_{00} + u_{0j} \tag{4.7}$$

$$\beta_{1j} = \gamma_{10} + u_{1j} \tag{4.8}$$

$$(u_{0j}, u_{1j})' \sim \mathrm{MVN}(\mathbf{0}, T) \tag{4.9}$$

4.3 SEM によるランダム切片・傾きモデル

表 4.5 ランダム切片・傾きモデルの場合のデータ形式 (マルチレベルモデル)

個人 i	集団 j	変数 y_{ij}	変数 x_{ij}
1	1	y_{11}	$x_{11}(=0)$
2	1	y_{21}	$x_{21}(=0)$
3	1	y_{31}	$x_{31}(=1)$
1	2	y_{12}	$x_{12}(=1)$
2	2	y_{22}	$x_{22}(=0)$
3	2	y_{32}	$x_{32}(=1)$

表 4.6 ランダム切片・傾きモデルの場合のデータ形式 (SEM)

集団 j	$x_{ij}=0$			$x_{ij}=1$		
	個人 1	個人 2	個人 3	個人 1	個人 2	個人 3
1	y_{11}	y_{21}	NA	NA	NA	y_{31}
2	NA	y_{22}	NA	y_{12}	NA	y_{32}

$$T = \begin{bmatrix} \tau_{00} & \tau_{10} \\ \tau_{01} & \tau_{11} \end{bmatrix} \qquad (4.10)$$

話を簡単にするために x_{ij} は 0, 1 の 2 値であるとします．ここでは，パス図よりも先にデータ形式についてみてみましょう．表 4.5 にマルチレベルモデルの場合のデータ形式を示しました．各行は集団 j に所属する個人 i を表しています．

表 4.6 は表 4.5 を SEM で扱う形式に変換したものです．ランダム効果の分散分析モデルの場合と同じように，各行は集団を表しています．しかしながら，各集団に所属する個人は 3 人のデータですが，表 4.6 には集団 j の列以外に (3 列ではなく) 6 列，つまり 6 つの変数があります．はじめの 3 列は $x_{ij}=0$ の場合，後の 3 列は $x_{ij}=1$ の場合に該当します．そして，y_{ij} を表 4.5 から表 4.6 に置き換えたとき，該当しない箇所には NA と書かれています．たとえば，個人 $i=1$，集団 $j=1$ のとき，$y_{ij}=y_{11}$，$x_{ij}=x_{11}=0$ なので，$x_{11}=1$ の場合の y_{11} は NA になっています．

表 4.6 の形式のデータを SEM で分析するためのモデルを図 4.2 に示しました．このパス図で特徴的なことは，目的変数 y_{ij} の下にカッコつきで $x_{ij}=0$ あるいは $x_{ij}=1$ と示されていることです．これは，$x_{ij}=0$ の場合の y_{ij} や，$x_{ij}=1$ の場合の y_{ij} を指しています．

そして，因子 β_{0j} からの因子負荷量はすべての目的変数に対して 1 であるのに対して，因子 β_{1j} からの因子負荷量は $x_{ij}=1$ となっている目的変数にのみ 1 となっています．$x_{ij}=0$ となっている目的変数に対してはパスがありませんので，これは因子負荷量が 0 であることを意味します．

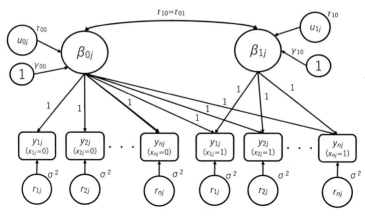

図 4.2 ランダム切片・傾きモデルのパス図

ここで,因子 β_{0j} はランダム切片,因子 β_{1j} はランダム傾きを表しますが,その理由を説明します。$x_{ij}=0$ と $x_{ij}=1$ の場合それぞれで (4.5) 式を示してみると,

$$y_{ij} = \beta_{0j} + r_{ij} \quad (x_{ij}=0) \tag{4.11}$$

$$y_{ij} = \beta_{0j} + \beta_{1j} + r_{ij} \quad (x_{ij}=1) \tag{4.12}$$

となります。$x_{ij}=0$ の場合には y_{ij} が因子 β_{0j} から影響を受けており,因子負荷量は 1 であると捉えることができます。一方,$x_{ij}=1$ の場合には y_{ij} が因子 β_{0j} と β_{1j} から影響を受けており,ともに因子負荷量は 1 であると捉えることができます。

因子 β_{0j} はすべての観測変数に同じ影響を与えるので切片因子と捉えることができます。一方,$x_{ij}=0$ の場合に比べ,$x_{ij}=1$ の場合は y_{ij} が β_{1j} 大きくなっています。したがって,因子 β_{1j} は説明変数 x_{ij} に関する傾き因子と捉えることができます。SEM によるマルチレベルモデルでは,因子負荷量を適切な固定母数にすることで因子の性質を決めているといえます。また,β_{0j} と β_{1j} が因子であることから,γ_{00} と γ_{10} は因子平均であり,それぞれ切片と傾きの固定効果を表します。

4.3.1 lmerTest によるランダム切片・傾きモデル

それでは学校データを分析してみましょう。ここでは各学校で 1 人目から 15 人目を対象として分析します。以下の R スクリプトにおいて,`pre1.01=`

4.3 SEM によるランダム切片・傾きモデル

(data1r$pre1-mean(data1r$pre1)>0)*1 により，各生徒の data1r$pre1 の値が全体平均 mean(data1r$pre1) よりも大きなときに 1，そうでないときに 0 が付与された新たな変数 pre1.01 をつくり出しています．この pre1.01 をレベル 1 のモデルにおける説明変数としてランダム切片・傾きモデルの推定を行っています．

```
> data1<-read.csv("学校データ.csv")[c(1,2,3,4,7,9)]
> data1r<-subset(data1, s.sID<16)
> data1r.ris<-data.frame(data1r,pre1.01=(data1r$pre1-mean(data1r$pre1)>0)
+ *1)
>
> #ランダム切片・ランダム傾きモデル by MLM
> rismodel<-lmer(post1~pre1.01+(1+pre1.01|schoolID),data=data1r.ris,
> REML=FALSE)
> summary(rismodel)
-- 一部省略 --
     AIC      BIC   logLik deviance df.resid
  5714.7   5742.4  -2851.4   5702.7      744
-- 一部省略 --
Random effects:
 Groups   Name        Variance Std.Dev. Corr
 schoolID (Intercept) 28.49    5.338
          pre1.01     14.89    3.859    0.42
 Residual             101.61   10.080
Number of obs: 750, groups:  schoolID, 50

Fixed effects:
             Estimate Std. Error       df t value Pr(>|t|)
(Intercept) 120.6557     0.9196  50.3100  131.21  < 2e-16 ***
pre1.01      12.1975     0.9931  45.4400   12.28 4.44e-16 ***
```

表 4.7 の R (lmer) の行に lmer の推定結果を示しました．u_{0j} と u_{1j} の共分散 τ_{10} の推定値は，u_{0j} と u_{1j} の相関 0.42 に u_{0j} の標準偏差 5.338 と u_{1j} の標準偏差 3.859 をかけて求めました．

表 4.7 ランダム切片・傾きモデルの結果比較

パッケージ	$\hat{\gamma}_{00}$	$\hat{\gamma}_{10}$	$\hat{\tau}_{00}$	$\hat{\tau}_{10}$	$\hat{\tau}_{11}$	$\hat{\sigma}^2$
R (lmer)	120.656	12.198	28.49	8.652	14.89	101.61
R (lavaan)	120.656	12.197	28.49	8.701	14.89	101.61

lmer によってランダム効果の推定値を求めることもできます．ランダム切片・傾きモデルにおけるランダム効果は (4.7) 式の u_{0j} と (4.8) 式の u_{1j} です．これらはランダム切片とランダム傾きそれぞれの誤差項です．ランダム効果を推定するというのは，各集団 j における誤差項の値を求めることを意味します．このための R スクリプトは以下のとおりです．

```
> #ランダム効果の推定 by MLM
> randest<-ranef(rismodel)$schoolID
> head(randest)
  (Intercept)     pre1.01
1    0.858529   0.2757622
2  -10.090632  -2.7315143
3   -1.993673  -4.3455120
4    8.778902   4.1212791
5    7.860111   3.3433656
6    1.679219   2.3586209
```

関数 lmer のオブジェクトに対して関数 ranef を適用することで推定できます．はじめの 6 つの学校の u_{0j} と u_{1j} の値は上記 (それぞれ，Intercept と pre1.01) のようになりました．たとえば，2 つめの学校は u_{0j} が相対的に小さく (−10.090632)，したがって $\gamma_{00}+u_{0j}$ で計算されるランダム切片もとても小さいことが分かります．

4.3.2　lavaan によるランダム切片・傾きモデル

lavaan で分析するためには表 4.6 の形式のデータに変換する必要があります．そのための R スクリプトは以下です．まず先ほど作成したレベル 1 の説明変数 pre1.01 (0,1 データです) が 1 の個所に NA を入れたデータ data1r.ris0 と，pre1.01 が 0 の個所に NA を入れたデータ data1r.ris1 をつくります．そしてそれぞれを使って data2.ris0[j,i] と data2.ris1[j,i] をつくっています．data2.ris0[j,i] は，表 4.6 と同じように集団 j の個人 i のレベル 1 の説明変数 pre1.01 が 0 ならば i 行 j 列目に該当する個人の目的変数 post1 の値が入り，pre1.01 が 1 ならば j 行 i 列目に NA が入ったデータです．一方，data2.ris1[j,i] は，表 4.6 と同じように集団 j の個人 i のレベル 1 の説明変数 pre1.01 が 1 ならば j 行 i 列目に該当する個人の目的変数 post1 の値が入り，pre1.01 が 0 ならば j 行 i 列目に NA が入ったデータです．

4.3 SEM によるランダム切片・傾きモデル

head(data2.ris)[,1:15] はこのデータの 1 列目から 15 列目，つまり pre1.01 が 0 の場合に post1 の値が入り，そうでない場合に NA の入ったデータを 6 行目まで示しています．head(data2.ris)[,16:30] はこのデータの 16 列目から 30 列目，つまり pre1.01 が 1 の場合に post1 の値が入り，そうでない場合に NA の入ったデータを 6 行目まで示しています．head(data2.ris)[,1:15] と head(data2.ris)[,16:30] を重ね合わせてみると，一方に数値が入っている場合に他方は NA になっています．

```
> #pre1.01 が 1 の個所に NA を入れたデータ data1r.ris0 と
> #pre1.01 が 0 の個所に NA を入れたデータ data1r.ris1 を作る
> data1r.ris0<-data.frame(data1r.ris, (1-data1r.ris$pre1.01)^NA-1)
> data1r.ris1<-data.frame(data1r.ris, data1r.ris$pre1.01^NA)
>
> data2.ris0<-matrix(0,nrow<-50,ncol<-15)
> for(j in 1:50)
+ {
+ for(i in 1:15)
+ {
+ data2.ris0[j,i]<-data1r.ris0[15*(j-1)+i,4]*(1-data1r.ris0[15*(j-1)+i,8])
+ }
+ }
>
> data2.ris1<-matrix(0,nrow<-50,ncol<-15)
> for(j in 1:50)
+ {
+ for(i in 1:15)
+ {
+ data2.ris1[j,i]<-data1r.ris1[15*(j-1)+i,4]*data1r.ris1[15*(j-1)+i,8]
+ }
+ }
>
> data2.ris<-data.frame(data2.ris0,data2.ris1)
> colnames(data2.ris)<-c("x1","x2","x3","x4","x5","x6","x7","x8","x9",
+ "x10","x11","x12","x13","x14","x15","x16","x17","x18","x19","x20",
+ "x21","x22","x23","x24","x25","x26","x27","x28","x29","x30")
> head(data2.ris)[,1:15]
    x1  x2  x3  x4  x5  x6  x7  x8  x9 x10 x11 x12 x13 x14 x15
1  150  NA 106  NA  NA 117  NA  NA  NA 130  NA  NA 120 109  NA
2   96 105  NA  95 131  88 105 113  NA 114 114 108 113 105  NA
3  130 149 125 115 115 123  NA 100  NA 120 110 128 127 119
4   NA 146  NA  NA  NA  NA 129 129  NA  NA  NA  NA  NA  NA  NA
5  136  NA 130 137  NA 118 117 130 137 134  NA 127 132 135 127
```

```
6 136 120   NA   NA 121 122 108 147 125 111   NA 117 117 105 125
> head(data2.ris)[,16:30]
  x16 x17 x18 x19 x20 x21 x22 x23 x24 x25 x26 x27 x28 x29 x30
1  NA 114  NA 133 122  NA 143 127 148  NA 139 133  NA  NA 147
2  NA  NA 114  NA  NA  NA  NA 117  NA  NA  NA  NA  NA  NA 132
3  NA  NA  NA  NA  NA 108  NA 114  NA  NA  NA  NA  NA  NA  NA
4 133  NA 155 149 148 150  NA 151 164 137 142 147 145 140
5  NA 143  NA 155  NA  NA  NA 142  NA  NA  NA  NA  NA  NA  NA
6  NA  NA 130 143  NA  NA  NA  NA  NA 153  NA  NA  NA  NA  NA
```

パッケージ lavaan による分析スクリプトは以下のとおりです．このモデルには図 4.2 のように切片因子と傾き因子があります．それらを fint と fslope として，因子負荷量を 1 にして因子分析モデルを記述します．切片因子 fint は図 4.2 のようにすべての観測変数に対して因子負荷量が 1 のパスがあるため，観測変数 x1 から x30 の背後に因子を仮定します．傾き因子 fslope は図 4.2 のように $x_{ij}=1$ の観測変数に対してのみ因子負荷量が 1 のパスがあります．$x_{ij}=1$ の観測変数は x16 から x30 が該当するため，これら 15 個の観測変数の背後に因子を仮定します．

また，fint~~fint と fslope~~fslope は切片因子と傾き因子の分散を推定すること，fint~~fslope は切片因子と傾き因子の共分散を推定することを表します．fint~1 は切片因子の平均を推定すること，fslope~1 は傾き因子の平均を推定することを表します．このデータにも NA が含まれていますから，アンバランスデータの分析の場合と同じように，関数 lavaan に missing="fiml" オプションをつけて推定する必要があります．分析スクリプトの下に推定結果を示しました．

```
> library(lavaan)
> ris.sem <- '
+ fint =~ 1*x1+1*x2+1*x3+1*x4+1*x5+1*x6+1*x7+1*x8+1*x9+1*x10
+ +1*x11+1*x12+1*x13+1*x14+1*x15+1*x16+1*x17+1*x18+1*x19+1*x20
+ +1*x21+1*x22+1*x23+1*x24+1*x25+1*x26+1*x27+1*x28+1*x29+1*x30;
+ fslope =~ 1*x16+1*x17+1*x18+1*x19+1*x20
+ +1*x21+1*x22+1*x23+1*x24+1*x25+1*x26+1*x27+1*x28+1*x29+1*x30;
+ x1~~e*x1;x2~~e*x2;x3~~e*x3;x4~~e*x4;x5~~e*x5;
+ x6~~e*x6;x7~~e*x7;x8~~e*x8;x9~~e*x9;x10~~e*x10;
+ x11~~e*x11;x12~~e*x12;x13~~e*x13;x14~~e*x14;x15~~e*x15;
+ x16~~e*x16;x17~~e*x17;x18~~e*x18;x19~~e*x19;x20~~e*x20;
+ x21~~e*x21;x22~~e*x22;x23~~e*x23;x24~~e*x24;x25~~e*x25;
```

4.3 SEM によるランダム切片・傾きモデル

```
+ x26~~e*x26;x27~~e*x27;x28~~e*x28;x29~~e*x29;x30~~e*x30;
+ fint~~fint; fslope~~fslope; fint~~fslope;
+ fint~1; fslope~1;
+ '
> fit.ris.sem <- lavaan(ris.sem, data=data2.ris, missing="fiml")
> summary(fit.ris.sem, fit.measure=T)
```

```
> fit.anova.sem.mis <- lavaan(anova.sem, data=data2.mis, missing="fiml")
> summary(fit.anova.sem.mis, fit.measure=T)
-- 一部省略 --
  Loglikelihood user model (H0)                -2851.364
  Loglikelihood unrestricted model (H1)        -2070.055

  Number of free parameters                            6
  Akaike (AIC)                                  5714.729
  Bayesian (BIC)                                5726.201
-- 一部省略 --
Covariances:
                   Estimate  Std.Err  z-value  P(>|z|)
  fint ~~
    fslope            8.701    6.447    1.350    0.177

Intercepts:
                   Estimate  Std.Err  z-value  P(>|z|)
    fint            120.656    0.924  130.569    0.000
    fslope           12.197    1.000   12.194    0.000
-- 一部省略 --
Variances:
                   Estimate  Std.Err  z-value  P(>|z|)
   .x1        (e)   101.606    5.612   18.105    0.000
   .x2        (e)   101.606    5.612   18.105    0.000
-- 一部省略 --
    fint             28.491    8.257    3.451    0.001
    fslope           14.894   10.167    1.465    0.143
```

表 4.7 にパッケージ lavaan の結果を示しました．パッケージ lmerTest の結果とほぼ一致していることが分かります．したがって，ランダム切片・傾きモデルについても SEM で表現することが可能であることといえます．

パッケージ lmerTest と同じように，パッケージ lavaan によってランダム効果の推定を行ってみます．ランダム切片やランダム傾きは SEM では因子に相当

するので，パッケージ lavaan によるランダム効果の推定は，因子得点の推定をすればよいことが分かります．R スクリプトは以下のとおりです．関数 lavaan のオブジェクトに関数 predict を適用することで因子得点を推定することができます．ただし，この因子得点は (4.7) 式の u_{0j} と (4.8) 式の u_{1j} ではなく，これらに固定効果を足した β_{0j} と β_{1j} を表します．そこで，β_{0j} と β_{1j} から固定効果の推定値 120.656 と 12.197 をそれぞれ引くことで，ランダム効果の推定値を求めることができます．パッケージ lmerTest の結果とほぼ一致しています．

```
> #lavaan による因子得点の推定
> head(predict(fit.ris.sem))
        fint     fslope
[1,] 121.5142 12.473247
[2,] 110.5651  9.465937
[3,] 118.6620  7.851964
[4,] 129.4346 16.318787
[5,] 128.5158 15.540871
[6,] 122.3349 14.556107
>
> #lavaan によるランダム効果の推定
> head(cbind(predict(fit.ris.sem)[,1]-120.656, predict(fit.ris.sem)[,2]
+ -12.197))
            [,1]        [,2]
[1,]   0.8582283  0.2762467
[2,] -10.0909114 -2.7310632
[3,]  -1.9939747 -4.3450361
[4,]   8.7785774  4.1217874
[5,]   7.8597991  3.3438710
[6,]   1.6789205  2.3591072
```

4.3.3 レベル 1 の説明変数が複数の場合

これまではレベル 1 の説明変数は 1 つでしたが，説明変数が複数ある場合にはどうすればよいでしょうか．たとえば，レベル 1 の説明変数 x_{1ij} と x_{2ij} があり，ともに 0, 1 の 2 値変数であるとします．SEM のモデルにはランダム切片を表す因子とともに，ランダム傾きを表す 2 つの因子 β_{1j} と β_{2j} が登場します．β_{1j} は x_{1ij} のランダム傾き，β_{2j} は x_{2ij} のランダム傾きです．

各集団で n 人の対象者がいる場合，SEM のモデルの観測変数はレベル 1 の説明変数がないモデルでは観測変数の数は n 個でした．レベル 1 の説明変数が 1 つ

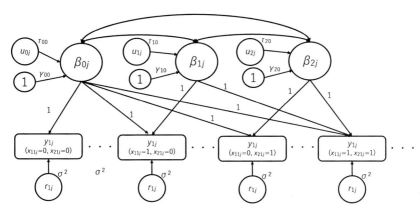

図 4.3 レベル 1 の説明変数が 2 つの場合のパス図

のモデルでは観測変数の数は $2n$ 個でした．各個人について，x_{1ij} が 0, 1 のケースを用意するからです．さらに，レベル 1 の説明変数が 2 つのモデルでは観測変数の数は $4n$ 個になります．各個人について，x_{1ij} と x_{2ij} の組み合わせについて 4 通りのケース (0,0 と 0,1 と 1,0 と 1,1) を用意するからです．

そして，$x_{1ij} = 0$，$x_{2ij} = 0$ の観測変数に対しては，β_{1j} からの因子負荷量は 0，β_{2j} からの因子負荷量も 0 に固定されます．同様にして，$x_{1ij} = 0$，$x_{2ij} = 1$ の観測変数に対しては，β_{1j} からの因子負荷量は 0，β_{2j} からの因子負荷量は 1 に固定されます．$x_{1ij} = 1$，$x_{2ij} = 0$ の観測変数に対しては，β_{1j} からの因子負荷量は 1，β_{2j} からの因子負荷量は 0 に固定されます．最後に，$x_{1ij} = 1$，$x_{2ij} = 1$ の観測変数に対しては，β_{1j} からの因子負荷量は 1，β_{2j} からの因子負荷量も 1 に固定されます．

レベル 1 の説明変数が 2 つの場合のパス図は図 4.3 のとおりです．図が煩雑になるのを避けるために，集団 j の 1 人目の目的変数 y_{1j} のみパス図に表示しました．実際には図 4.3 の $\cdots$ に y_{2j} から y_{nj} が存在します．

このように，レベル 1 の説明変数が 0, 1 の 2 値のとき，SEM のモデルに登場する観測変数は，対象者数 $\times 2^{説明変数の数}$ になります．このようなデータ変換は複雑なため，本書では次章で説明する Mplus というソフトウェアの利用を推奨します．

4.3.4 x_{ij} が連続変数の場合

本節で x_{ij} が 2 値という状況で説明したのは，2 値であれば表 4.6 は個人 1 か

ら個人3を $x_{ij} = 0$ と $x_{ij} = 1$ の場合で2通り考えて，変数の数を2倍にすればよいだけからです．同じように，図4.2のパス図も観測変数の数は $2n$ になるだけです．しかし，x_{ij} が3値ならば3倍，4値ならば4倍，……となるため，x_{ij} が連続変数の場合は現実的には分析が困難になってしまいます．

これに対処するために，集団ごとの尤度[*12)]を定義して，尤度の中に x_{ij} を含めるという方法があります (Mehta & Neale, 2005)[*13)]．データ変換について工夫するのではなく，推定方法を工夫することで対処可能ということです．集団 j における目的変数ベクトル $\boldsymbol{y}_j$ が多変量正規分布に従うという仮定のもと，集団 j についての対数尤度の -2 倍は，

$$-2\log L_j = n\log(2\pi) + \log|\Sigma_j| + (\boldsymbol{y}_j - \boldsymbol{\mu}_j)'\Sigma_j^{-1}(\boldsymbol{y}_j - \boldsymbol{\mu}_j) \quad (4.13)$$

となります．L_j は集団 j の尤度，Σ_j は集団 j の共分散行列，$\boldsymbol{\mu}_j$ は目的変数の平均ベクトルです．ここで，集団 j に所属する k 番目の個人と l 番目の個人について，モデルのパラメータで表現される分散と共分散がどのようになるか調べてみましょう．k 番目の個人の分散は Σ_j の k 行 k 列目の要素，l 番目の個人の分散は Σ_j の l 行 l 列目の要素，k 番目の個人と l 番目の個人の共分散は Σ_j の l 行 k 列目の要素と k 行 l 列目の要素になります．

集団 j に所属する k 番目の個人と l 番目の個人についてのモデルは以下になります．

$$y_{kj} = \beta_{0j} + \beta_{1j}x_{kj} + r_{kj} \quad (4.14)$$

$$y_{lj} = \beta_{0j} + \beta_{1j}x_{lj} + r_{lj} \quad (4.15)$$

k 番目の個人の分散 $V(y_{kj})$ は，x_{kj} が定数であることを考慮すると，

$$\begin{aligned}V(y_{kj}) &= V(\beta_{0j}) + V(\beta_{1j}x_{kj}) + V(r_{kj}) \\ &= V(\beta_{0j}) + V(\beta_{1j})x_{kj}^2 + V(r_{kj}) \\ &= \tau_{00} + \tau_{11}x_{kj}^2 + \sigma^2\end{aligned} \quad (4.16)$$

になります．

[*12)] SEM では観測変数が多変量正規分布に従っているという仮定のもとで尤度を構成し，これを最大化するパラメータの値を求めます．

[*13)] この方法において，x_{ij} は definition variable と呼ばれます．definition variable は SEM のソフトウェア Mplus，R のパッケージ OpenMx で扱うことができます．

同様にして l 番目の個人の分散 $V(y_{lj})$ は $\tau_{00} + \tau_{11}x_{lj}^2 + \sigma^2$ になります．また，k 番目の個人と l 番目の個人の共分散は，

$$\begin{aligned}&Cov(y_{kj}, y_{lj})\\&= V(\beta_{0j}) + Cov(\beta_{0j}, \beta_{1j})x_{kj} + Cov(\beta_{0j}, \beta_{1j})x_{lj} + V(\beta_{1j})x_{kj}x_{lj}\\&= \tau_{00} + \tau_{10}(x_{kj} + x_{lj}) + \tau_{11}x_{kj}x_{lj}\end{aligned} \quad (4.17)$$

となります．

このように共分散行列の要素に集団内の個人ごとに異なる値 x_{ij} が含まれるため，(4.13) 式のように尤度は集団 j ごとに構成する必要があります．そして，全集団について (4.13) 式の和をとり，$\sum_j(-2\log L_j)$ を最小化するパラメータを推定すれば，x_{ij} が連続変数であったとしても SEM でマルチレベルモデルの分析を行うことができます．

4.3.5 アンバランスデータの扱い

集団ごとの尤度を構成するというアイデアによって，アンバランスデータの扱いも可能になります．集団 j に含まれる個人の数が n ではなく n_j ならば，(4.13) 式は以下のように書き換えられます．

$$-2\log L_j = n_j \log(2\pi) + \log|\Sigma_j| + (\boldsymbol{y}_j - \boldsymbol{\mu}_j)'\Sigma_j^{-1}(\boldsymbol{y}_j - \boldsymbol{\mu}_j) \quad (4.18)$$

(4.13) 式の n が n_j になりました．そして，見た目上の変化はありませんが，$\boldsymbol{y}_j$ は集団 j についてデータが得られた個人に関する目的変数ベクトルと考えます．$n_j = 7$ ならば，$\boldsymbol{y}_j$ は長さが 7 のベクトルになります．それにあわせて Σ_j は 7×7 の共分散行列，$\boldsymbol{\mu}_j$ は長さが 7 の平均ベクトルになります．そして，全集団について (4.18) 式の和をとり，$\sum_j(-2\log L_j)$ を最小化するパラメータを推定します．このように欠測のない利用可能なデータをすべて使って最尤推定を行う方法が完全情報最尤推定法であり，lavaan の fiml では 4.2 節のアンバランスデータをこのようにして分析することができます．

4.4 SEM による切片・傾きに対する回帰モデル

次に，『入門編』の 5.3 節で説明した切片・傾きに関する回帰モデルを SEM で分析する方法について説明します．ここでは，切片・傾きに対するレベル 2 の説明変数を $\bar{x}_{.j} - \bar{x}_{..}$ とします．これは集団 j の平均 $\bar{x}_{.j}$ を全体平均 $\bar{x}_{..}$ で中心化し

た値です.なお,x_{ij} は $0, 1$ の 2 値とします.モデル式は以下のとおりです.

レベル 1:
$$y_{ij} = \beta_{0j} + \beta_{1j}x_{ij} + r_{ij} \tag{4.19}$$
$$r_{ij} \sim N(0, \sigma^2) \tag{4.20}$$

レベル 2:
$$\beta_{0j} = \gamma_{00} + \gamma_{01}(\bar{x}_{.j} - \bar{x}_{..}) + u_{0j} \tag{4.21}$$
$$\beta_{1j} = \gamma_{10} + \gamma_{11}(\bar{x}_{.j} - \bar{x}_{..}) + u_{1j} \tag{4.22}$$
$$(u_{0j}, u_{1j})' \sim \mathrm{MVN}(\mathbf{0}, T) \tag{4.23}$$
$$T = \left[\begin{array}{cc} \tau_{00} & \tau_{10} \\ \tau_{01} & \tau_{11} \end{array}\right] \tag{4.24}$$

パス図は図 4.4 のようになります.図 4.2 との違いは,切片・傾きに関する説明変数 $\bar{x}_{.j} - \bar{x}_{..}$ が登場し,β_{0j} と β_{1j} を説明していることです.ここで,説明変数 $\bar{x}_{.j} - \bar{x}_{..}$ は集団レベルの変数です.つまり,$\bar{x}_{.j} - \bar{x}_{..}$ は集団 j ごとに異なる値であるため,SEM で分析対象となるデータ行列の中で $\bar{x}_{.j} - \bar{x}_{..}$ は j 行目に登場することになります.

マルチレベルモデルの場合と SEM の場合とでデータ形式の違いをみてみましょう.表 4.8 がマルチレベルモデルの場合です.変数 $\bar{x}_{.j} - \bar{x}_{..}$ は集団ごとに値が異なっているため,集団レベルの変数です.一方,表 4.9 が SEM の場合です.上

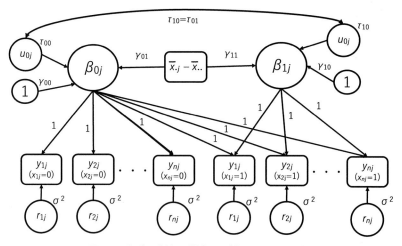

図 4.4 切片・傾きに関する回帰モデルのパス図

4.4 SEM による切片・傾きに対する回帰モデル

表 4.8 切片・傾きモデルに関する回帰モデルの場合のデータ形式 (マルチレベルモデル)

個人 i	集団 j	変数 y_{ij}	変数 x_{ij}	変数 $\bar{x}_{.j} - \bar{x}_{..}$
1	1	y_{11}	$x_{11}(=0)$	$\bar{x}_{.1} - \bar{x}_{..}$
2	1	y_{21}	$x_{21}(=0)$	$\bar{x}_{.1} - \bar{x}_{..}$
3	1	y_{31}	$x_{31}(=1)$	$\bar{x}_{.1} - \bar{x}_{..}$
1	2	y_{12}	$x_{12}(=1)$	$\bar{x}_{.2} - \bar{x}_{..}$
2	2	y_{22}	$x_{22}(=0)$	$\bar{x}_{.2} - \bar{x}_{..}$
3	2	y_{32}	$x_{32}(=1)$	$\bar{x}_{.2} - \bar{x}_{..}$

表 4.9 切片・傾きモデルに関する回帰モデルの場合のデータ形式 (SEM)

集団 j	$x_{ij}=0$			$x_{ij}=1$			$\bar{x}_{.j} - \bar{x}_{..}$
	個人 1	個人 2	個人 3	個人 1	個人 2	個人 3	
1	y_{11}	y_{21}	NA	NA	NA	y_{31}	$\bar{x}_{.1} - \bar{x}_{..}$
2	NA	y_{22}	NA	y_{12}	NA	y_{32}	$\bar{x}_{.2} - \bar{x}_{..}$

で述べたように，変数 $\bar{x}_{.j} - \bar{x}_{..}$ はデータ行列の中で j 行目に登場しています．前節で個人レベルの説明変数 x_{ij} が登場したときにはデータ形式の構成がやや複雑でした．しかしながら，SEM で分析対象となるデータは集団が観測対象となるため，集団レベルの変数を SEM で分析対象となるデータに含めるのは難しくありません．

4.4.1 lmerTest による切片・傾きに関する回帰モデル

それではパッケージ lmerTest により切片・傾きに関する回帰モデルの推定を行ってみましょう．前節で分析対象としたデータフレーム data1r.ris にはレベル 1 の説明変数 pre1.01 が含まれていました．以下ではまず pre1.01 について学校平均を求め (pre2.01)，全体平均で中心化した変数 pre2.01.mdev を新たなデータフレーム data1r.cross に含めています．この pre2.01.mdev が図 4.4 の $\bar{x}_{.j} - \bar{x}_{..}$ に相当する集団レベルの変数です．

```
> #pre1.01 の集団平均の計算
> pre2.01<-ave(data1r.ris$pre1.01, data1r.ris$schoolID)
>
> #プレテストの学校平均の偏差化
> #切片と傾きに関する回帰モデルの説明変数になる
> pre2.01.mdev<-pre2.01-mean(pre2.01)
> data1r.cross<-data.frame(data1r.ris, pre2.01.mdev)
```

分析結果は以下のとおりです．表 4.10 の R (lmer) の行に lmer による切片・傾きに関する回帰モデルの推定結果を示しました．

```
> #切片・傾きに関する回帰モデル by MLM
> crosslevel<-lmer(post1~pre1.01+pre2.01.mdev+pre1.01:pre2.01.mdev+
> (1+pre1.01|schoolID),data=data1r.cross,REML=FALSE)
> summary(crosslevel)
-- 一部省略 --
     AIC      BIC   logLik deviance df.resid
  5711.1   5748.1  -2847.6   5695.1      742
-- 一部省略 --
Random effects:
 Groups   Name        Variance Std.Dev. Corr
 schoolID (Intercept) 24.20    4.919
          pre1.01     11.94    3.456    0.45
 Residual             101.82   10.090
Number of obs: 750, groups:  schoolID, 50

Fixed effects:
                    Estimate Std. Error      df t value Pr(>|t|)
(Intercept)         120.9490     0.8942 61.6400 135.259  < 2e-16 ***
pre1.01              11.7203     0.9802 48.6300  11.957 4.44e-16 ***
pre2.01.mdev         10.3351     3.8904 61.5700   2.657    0.010 *
pre1.01:pre2.01.mdev  1.7356     4.5625 67.7400   0.380    0.705
```

表 4.10 切片・傾きに関する回帰モデルの結果比較

パッケージ	$\hat{\gamma}_{00}$	$\hat{\gamma}_{01}$	$\hat{\gamma}_{10}$	$\hat{\gamma}_{11}$	$\hat{\tau}_{00}$	$\hat{\tau}_{10}$	$\hat{\tau}_{11}$	$\hat{\sigma}^2$
R (lmer)	120.949	10.335	11.720	1.736	24.20	7.65	11.94	101.82
R (lavaan)	120.949	10.335	11.720	1.736	24.20	7.66	11.94	101.82

4.4.2 lavaan による切片・傾きに関する回帰モデル

これまでと同じように，まず lavaan で分析するためのデータを作成します．以下のスクリプトでは，1 から 750 まで 15 個とびの数値のベクトルをオブジェクト a としています．そして，先ほど作成した中心化された学校平均 pre2.mdev について pre2.mdev[a] とすることで，pre2.mdev について 15 個とびの値が得られます．各学校内では 15 人の生徒がいますから，pre2.mdev[a] とすることで各学校の 1 番目の生徒の中心化された学校平均が得られます．学校平均は学校内の生

4.4 SEM による切片・傾きに対する回帰モデル

徒で同じ値をもっているので，pre2.mdev[a] は各学校の中心化された学校平均になります．

```
> a<-seq(1, 750, by = 15)
> data2.cross<-data.frame(data2.ris0,data2.ris1,pre2.01.mdev[a])
> colnames(data2.cross)<-c("x1","x2","x3","x4","x5","x6","x7","x8","x9",
  "x10","x11","x12","x13","x14","x15","x16","x17","x18","x19","x20",
  "x21","x22","x23","x24","x25","x26","x27","x28","x29","x30","mdev")
```

スクリプトは以下になります．ランダム切片・回帰モデルと異なる点は，fint~1+mdev と fslope~1+mdev です．これらは，各因子の切片 (fint~1 と fslope~1) と図 4.3 の $\bar{x}_{\cdot j} - \bar{x}$ から β_{0j} へのパス (fint~mdev) と，β_{1j} へのパス (fslope~mdev) をそれぞれ表しています．

```
> library(lavaan)
> cross.sem <- '
+ fint =~ 1*x1+1*x2+1*x3+1*x4+1*x5+1*x6+1*x7+1*x8+1*x9+1*x10
+ +1*x11+1*x12+1*x13+1*x14+1*x15+1*x16+1*x17+1*x18+1*x19+1*x20
+ +1*x21+1*x22+1*x23+1*x24+1*x25+1*x26+1*x27+1*x28+1*x29+1*x30;
+ fslope =~ 1*x16+1*x17+1*x18+1*x19+1*x20+1*x21+1*x22
+ +1*x23+1*x24+1*x25+1*x26+1*x27+1*x28+1*x29+1*x30;
+ fint ~ 1+mdev;
+ fslope ~ 1+mdev;
+ x1~~e*x1;x2~~e*x2;x3~~e*x3;x4~~e*x4;x5~~e*x5;
+ x6~~e*x6;x7~~e*x7;x8~~e*x8;x9~~e*x9;x10~~e*x10;
+ x11~~e*x11;x12~~e*x12;x13~~e*x13;x14~~e*x14;x15~~e*x15;
+ x16~~e*x16;x17~~e*x17;x18~~e*x18;x19~~e*x19;x20~~e*x20;
+ x21~~e*x21;x22~~e*x22;x23~~e*x23;x24~~e*x24;x25~~e*x25;
+ x26~~e*x26;x27~~e*x27;x28~~e*x28;x29~~e*x29;x30~~e*x30;
+ fint~~fint; fslope~~fslope; fint~~fslope;
+ '
>
> fit.cross.sem <- lavaan(cross.sem, data=data2.cross, missing="fiml",
> fixed.x=T)
```

分析結果は下記のとおりです．Regressions は回帰モデルになっている個所の推定値を表します．fint~mdev が mdev から fint へのパス係数，fslope~mdev が

mdev から fslope へのパス係数です．Covariances はモデルの共分散の推定値です．fint の誤差と fslope の誤差の誤差間共分散が 7.662 であることが分かります．Intercepts と Variances の説明はこれまでと同様です．表 4.10 に lavaan による切片・傾きに関する回帰モデルの推定結果を示しました．lmerTest の結果とほぼ一致していることが分かります．

```
> fit.anova.sem.mis <- lavaan(anova.sem, data=data2.mis, missing="fiml")
> summary(fit.anova.sem.mis, fit.measure=T)
-- 一部省略 --
  Loglikelihood user model (H0)              -2845.944
  Loglikelihood unrestricted model (H1)      -2061.834

  Number of free parameters                         8
  Akaike (AIC)                                5707.888
  Bayesian (BIC)                              5723.184
-- 一部省略 --
Regressions:
                   Estimate  Std.Err  z-value  P(>|z|)
  fint ~
    mdev             10.335    3.920    2.636    0.008
  fslope ~
    mdev              1.736    4.603    0.377    0.706

Covariances:
                   Estimate  Std.Err  z-value  P(>|z|)
 .fint ~~
   .fslope            7.662    6.072    1.262    0.207
Intercepts:
                   Estimate  Std.Err  z-value  P(>|z|)
   .fint           120.949    0.896  135.058    0.000
   .fslope          11.720    0.984   11.906    0.000
-- 一部省略 --
Variances:
                   Estimate  Std.Err  z-value  P(>|z|)
   .x1       (e)   101.818    5.632   18.079    0.000
   .x2       (e)   101.818    5.632   18.079    0.000
-- 一部省略 --
   .fint            24.197    7.150    3.384    0.001
   .fslope          11.944    9.526    1.254    0.210
```

4.5 マルチレベルモデルによる縦断データの分析と潜在曲線モデル

SEM でマルチレベルモデルが表現可能であることを示す最後の例として，縦断データ分析を扱います．マルチレベルモデルによる縦断データ分析の基本については第 2 章で説明しました．本節では，そこで登場した無条件成長モデルが SEM で表現可能であることを示します．従業員の愛着の変化を調べた表 2.1 のデータをマルチレベルモデルと SEM によって分析します．このデータを表 4.11 に再掲しました．このデータは 500 人の従業員について 5 時点で愛着 (en1) が測定されたものです．

このデータに適用する無条件成長モデルは以下のとおりです．

レベル 1：
$$\mathrm{en}_{ij} = \beta_{0j} + \beta_{1j}\mathrm{Time}_{ij} + r_{ij} \tag{4.25}$$
$$r_{ij} \sim N(0, \sigma^2) \tag{4.26}$$

レベル 2：
$$\beta_{0j} = \gamma_{00} + u_{0j} \tag{4.27}$$
$$\beta_{1j} = \gamma_{10} + u_{1j} \tag{4.28}$$

表 4.11 縦断データ (個人–時点データ，表 2.1 を再掲)

個人レベル (添え字 j)		時点レベル (添え字 ij)			
従業員 ID	性別	時点	愛着	管理職	管理職期間
sub	sex2	time1	en1	ad1	post.ad1
1	1	0	25	0	0
1	1	1	53	1	0
1	1	2	51	1	1
1	1	3	53	1	2
1	1	4	58	1	3
2	1	0	46	0	0
2	1	1	39	0	0
2	1	2	47	1	0
2	1	3	67	1	1
2	1	4	53	1	2
3	0	0	43	0	0
3	0	1	42	0	0
3	0	2	33	0	0
3	0	3	48	0	0
3	0	4	41	0	0
⋮	⋮	⋮	⋮	⋮	⋮

表 4.12 縦断データモデルの結果比較

ソフトウェア	$\hat{\gamma}_{00}$	$\hat{\gamma}_{10}$	$\hat{\tau}_{00}$	$\hat{\tau}_{10}$	$\hat{\tau}_{11}$	$\hat{\sigma}^2$
R (lmer)	38.916	0.978	4.928	2.202	6.851	48.676
R (lavaan)	38.916	0.978	4.928	2.201	6.851	48.676

$$(u_{0j}, u_{1j})' \sim \mathrm{MVN}(\mathbf{0}, T) \tag{4.29}$$

$$T = \begin{bmatrix} \tau_{00} & \tau_{10} \\ \tau_{01} & \tau_{11} \end{bmatrix} \tag{4.30}$$

このモデルは個人 j の時点 i における愛着 en_{ij} を目的変数とし，それに対して時点 Time_{ij} の影響を調べるものです．β_{0j} が個人ごとに異なる切片，β_{1j} が個人ごとに異なる傾きを表します．lmerTest による分析スクリプトについては第 2 章をみてください．分析結果は表 4.12 の R (lmer) の行のようになりました．

このモデルは (4.5) 式から (4.10) 式と比べれば分かるように，ランダム切片・傾きモデルと同じなので，SEM による分析のためには表 4.5 から表 4.6 のようなデータ変換が必要となります．表 4.5 や表 4.6 における集団 j は表 4.11 では個人 j に相当します．したがって，データ変換後は各行が個人を表すようになります．また，表 4.5 や表 4.6 における説明変数 x_{ij} は縦断データの場合は時点 Time_{ij} になります．表 4.6 では説明変数 x_{ij} の値ごとに目的変数の値を並べました．したがって，ここでは各時点 Time_{ij} における目的変数 en_{ij} の値を並べることになります．

第 2 章で扱ったデータの読み込みと，SEM で分析するためのデータへの変換のためのスクリプトは以下になります．このスクリプトによるデータ変換方法は基本的には 4.3 節と同じです．SEM で分析対象となるデータ data8sem の 1 行目は，25, 53, 51, 53, 58 となっており，これは表 4.12 の 1 人目の個人の 5 時点における愛着得点と同じです．2 行目は表 4.12 の 2 人目の個人の 5 時点における愛着得点と同じです．3 行目以降も同様です．これで各行が各個人を表す個人レベルデータができました．

```
> data8<-read.csv("縦断データ.csv")
> data8sem<-matrix(0,nrow<-500,ncol<-5)
> for(j in 1:500)
+ {
+ for(i in 1:5)
+ {
```

```
+ data8sem[j,i]<-data8[5*(j-1)+i,2]
+ }
+ }
> colnames(data8sem)<-c("en0","en1","en2","en3","en4")
> head(data8sem)
     en0 en1 en2 en3 en4
[1,]  25  53  51  53  58
[2,]  46  39  47  67  53
[3,]  43  42  33  48  41
[4,]  49  46  36  38  27
[5,]  42  24  38  13   9
[6,]  35  35  39  44  39
```

　分析のためのパス図は図 4.5 になります．このモデルは SEM の分野で潜在曲線モデル (latent curve model) と呼ばれています．このパス図で特徴的なことは，これまでと同じように因子負荷量が固定母数になっていることです．これまでは固定母数として 1 と 0 (これまでのモデルでは，因子負荷量が 0 の場合はパスは示していません) が使われてきましたが，ここでは 2 や 3 といった固定母数が使われています．これは，(4.25) 式において傾きを表す因子 β_{0j} の係数は Time_{ij} になっており，SEM の観点からすると Time_{ij} の値自体 (ここでは 0, 1, 2, 3, 4) が因子負荷量になっているからです．

　分析結果は以下のとおりです．表 4.12 に lavaan による無条件成長モデルの推

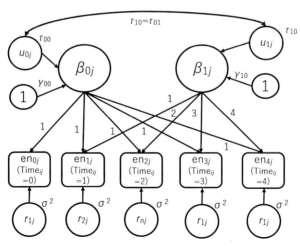

図 4.5　潜在曲線モデルのパス図

定結果を示しました．lmerTest の結果とほぼ一致していることが分かります．

```
> library(lavaan)
> lcm.sem <- '
> fint =~ 1*en0+1*en1+1*en2+1*en3+1*en4;
> fslope =~ 1*en1+2*en2+3*en3+4*en4;
> en0~~e*en0;en1~~e*en1;en2~~e*en2;en3~~e*en3;en4~~e*en4;
> fint~~fint; fslope~~fslope; fint~~fslope;
> fint~1; fslope~1;
> '
> fit.lcm.sem <- lavaan(lcm.sem, data=data8sem)
> summary(fit.lcm.sem, fit.measure=T)
-- 一部省略 --
  Loglikelihood user model (H0)              -8898.845
  Loglikelihood unrestricted model (H1)      -8891.779

  Number of free parameters                          6
  Akaike (AIC)                               17809.690
  Bayesian (BIC)                             17834.977
-- 一部省略 --
Covariances:
                 Estimate  Std.Err  z-value  P(>|z|)
  fint ~~
    fslope          2.201    1.020    2.159    0.031

Intercepts:
                 Estimate  Std.Err  z-value  P(>|z|)
    fint           38.916    0.261  148.944    0.000
    fslope          0.978    0.153    6.390    0.000
-- 一部省略 --
Variances:
                 Estimate  Std.Err  z-value  P(>|z|)
   .en0      (e)   48.676    1.777   27.386    0.000
   .en1      (e)   48.676    1.777   27.386    0.000
-- 一部省略 --
    fint            4.928    2.408    2.047    0.041
    fslope          6.851    0.762    8.989    0.000
```

第 2 章で，個人–時点データと個人レベルデータの違いについて説明しました．本章におけるデータ変換を表 4.11 の個人–時点データに行った結果，個人レベルデータになりました．分析対象となるデータは，通常のマルチレベルモデルでは

個人-時点データですが，SEM では個人レベルデータになるということです．

4.6 中心化について

レベル 1 の説明変数の中心化については『入門編』第 6 章で説明しました．中心化には，変数 x についての全データを使った平均を各 x_{ij} から引く全体平均中心化 (CGM)，変数 x についての集団 j の平均をその集団に所属する個人の x_{ij} から引く集団平均中心化 (CWC)，そして中心化しないという 3 つの選択肢があります．

本章のここまでの議論では，レベル 1 の説明変数 x_{ij} について 3 種類のうちのいずれであるかは明記してきませんでした．逆にいえば，3 種類のうちのいずれであっても，ここまでの議論は成立します．つまり，SEM によってマルチレベルモデルを表現する場合でも x_{ij} の中心化の考え方はマルチレベルモデルの場合と同じということです．レベル 1 の説明変数をどのように中心化しても，`lmerTest` と `lavaan` の結果は一致します．これについては次章で Mplus について説明する際に例示します．

4.7 本章のまとめ

1. マルチレベルモデルを SEM で表現するためには，a) ランダム切片やランダム傾きを確認的因子分析における因子として扱う，b) これらの因子から観測変数 y_{ij} への因子負荷量を固定母数にする，c) 観測対象の単位を集団レベルにする，という 3 つが必要である．
2. 因子がランダム切片やランダム傾きを表すような因子負荷量の値を固定母数とする．
3. レベル 1 の説明変数を含んだモデルであったり，集団ごとの個人の数が異なるアンバランスデータの場合には，完全情報最尤推定法によって推定することができる．
4. 第 2 章で説明した縦断データ分析のモデルは，SEM では潜在曲線モデルと呼ばれ，時点を表す変数 Time_{ij} の値自体が固定母数となる．

○付録1　マルチレベルモデルと SEM との同一性

ここでは，ランダム切片・傾きモデルを例にして，マルチレベルモデルがSEMで表現可能であり，推定値が一致することを数理的に説明します．なお，各集団内の標本サイズが n で等しい場合に限定して話を進めます．

(1) マルチレベルモデルの場合の平均ベクトルと共分散行列

ランダム切片・傾きモデルは以下で表現されます．

レベル1：
$$y_{ij} = \beta_{0j} + \beta_{1j}x_{ij} + r_{ij} \tag{4.31}$$
$$r_{ij} \sim N(0, \sigma^2) \tag{4.32}$$

レベル2：
$$\beta_{0j} = \gamma_{00} + u_{0j} \tag{4.33}$$
$$\beta_{1j} = \gamma_{10} + u_{1j} \tag{4.34}$$
$$(u_{0j}, u_{1j})' \sim \mathrm{MVN}(\mathbf{0}, T) \tag{4.35}$$
$$T = \begin{bmatrix} \tau_{00} & \tau_{10} \\ \tau_{01} & \tau_{11} \end{bmatrix} \tag{4.36}$$

(4.33) 式と (4.34) 式を (4.31) 式に代入すると以下になります．

$$y_{ij} = \gamma_{00} + u_{0j} + (\gamma_{10} + u_{1j})x_{ij} + r_{ij} \tag{4.37}$$
$$= (\gamma_{00} + \gamma_{10}x_{ij}) + (u_{0j} + u_{1j}x_{ij}) + r_{ij} \tag{4.38}$$

γ_{00} と γ_{10} はスカラーであり，u_{0j} と u_{1j} と r_{ij} はすべて正規分布に従うことが仮定されているため，y_{ij} は正規分布に従うことが仮定されます．

ここで，任意の集団 j 内の y_{ij} を並べたベクトルを $\boldsymbol{y}_j = (y_{1j}, y_{2j}, \ldots, y_{nj})'$，集団 j 内の r_{ij} を並べたベクトルを $\boldsymbol{r}_j = (r_{1j}, r_{2j}, \ldots, r_{nj})'$ とします．さらに $\boldsymbol{\gamma} = (\gamma_{00}, \gamma_{10})'$，$\boldsymbol{u}_j = (u_{0j}, u_{1j})'$ とし，計画行列 X を導入すると，

$$\boldsymbol{y}_j = X\boldsymbol{\gamma} + X\boldsymbol{u}_j + \boldsymbol{r}_j \tag{4.39}$$

となります．たとえば，集団内の標本サイズが3の場合，以下になります．

$$\begin{bmatrix} y_{1j} \\ y_{2j} \\ y_{3j} \end{bmatrix} = \begin{bmatrix} 1 & x_{1j} \\ 1 & x_{2j} \\ 1 & x_{3j} \end{bmatrix} \begin{bmatrix} \gamma_{00} \\ \gamma_{10} \end{bmatrix} + \begin{bmatrix} 1 & x_{1j} \\ 1 & x_{2j} \\ 1 & x_{3j} \end{bmatrix} \begin{bmatrix} u_{0j} \\ u_{1j} \end{bmatrix} + \begin{bmatrix} r_{1j} \\ r_{2j} \\ r_{3j} \end{bmatrix} \tag{4.40}$$

計画行列 X の要素は 1 と x_{ij} です.

先に述べたように y_{ij} は正規分布に従うため, $\boldsymbol{y}_j$ は多変量正規分布に従うことになります. マルチレベルモデルの推定法として関数 lmer で採用している最尤推定法を使う場合, $\boldsymbol{y}_j$ が多変量正規分布に従うという仮定を利用して尤度を構成するため, 多変量正規分布の平均ベクトルと共分散行列を求めてみると, 以下のようになります.

$$\boldsymbol{y}_j \sim \text{MVN}(X\boldsymbol{\gamma}, XTX' + \Sigma_r) \tag{4.41}$$

$X\boldsymbol{\gamma}$ が平均ベクトル, $XTX' + \Sigma_r$ が共分散行列です. Σ_r は r_{ij} の共分散行列です.

(2) SEM の場合の平均ベクトルと共分散行列

SEM の場合についても, 推定に必要となる平均ベクトルと共分散行列を求めてみましょう. SEM では観測変数に多変量正規分布の仮定をおいて尤度を求めるため, マルチレベルモデルの場合と同様, モデルのパラメータで表現される平均ベクトルと共分散行列がどのような形になっているか調べてみましょう. 図 4.2 のパス図を式で表すと以下になります.

$$y_{ij} = \mu_y + \Lambda \boldsymbol{\beta}_j + e_{ij} \tag{4.42}$$

ここで $\boldsymbol{\beta}_j = (\beta_{0j}, \beta_{1j})'$, Λ は計画行列, μ_y は y の平均です.

マルチレベルモデルの場合と同じように, 任意の集団 j 内の y_{ij} を並べたベクトルを $\boldsymbol{y}_j = (y_{1j}, y_{2j}, \ldots, y_{nj})'$, 要素が μ_y ばかりのベクトルを $\boldsymbol{\mu_y}$, 集団 j 内の e_{ij} を並べたベクトルを $\boldsymbol{e}_j = (e_{1j}, e_{2j}, \ldots, e_{nj})'$ とします. すると, 以下が成り立ちます.

$$\boldsymbol{y}_j = \boldsymbol{\mu_y} + \Lambda \boldsymbol{\beta}_j + \boldsymbol{e}_j \tag{4.43}$$

たとえば, 集団内の標本サイズが 3 の場合, 以下になります.

$$\begin{bmatrix} y_{1j} \\ y_{2j} \\ y_{3j} \end{bmatrix} = \begin{bmatrix} \mu_y \\ \mu_y \\ \mu_y \end{bmatrix} + \begin{bmatrix} 1 & x_{1j} \\ 1 & x_{2j} \\ 1 & x_{3j} \end{bmatrix} \begin{bmatrix} \beta_{0j} \\ \beta_{1j} \end{bmatrix} + \begin{bmatrix} e_{1j} \\ e_{2j} \\ e_{3j} \end{bmatrix} \tag{4.44}$$

計画行列 Λ の要素は 1 と x_{ij} であり, 重要なこととして (4.39) 式および (4.40) 式における $X = \Lambda$ になります.

(4.43) 式から，$\boldsymbol{y}_j$ は以下の平均ベクトルと共分散行列をもつ多変量正規分布に従うことが分かります．

$$\boldsymbol{y}_j \sim \mathrm{MVN}(\boldsymbol{\mu}_y + \Lambda\boldsymbol{\mu}_\beta, \Lambda\Psi\Lambda' + \Theta) \tag{4.45}$$

ここで，因子 β_0 の平均 $\mu_{\beta 0}$ と因子 β_1 の平均 $\mu_{\beta 1}$ を要素にもつ $\boldsymbol{\mu}_\beta = (\mu_{\beta 0}, \mu_{\beta 1})'$ は因子平均ベクトル，Ψ は因子間共分散行列，Θ は誤差 $\boldsymbol{e}_j$ の共分散行列です．

(3) SEM とマルチレベルモデルの平均ベクトルと共分散行列の比較

ここで，(4.41) 式と (4.45) 式を比較すると，$\boldsymbol{\mu}_y = \boldsymbol{0}$，$\Lambda = X$，$\boldsymbol{\mu}_\beta = \boldsymbol{\gamma}$，$\Psi = T$，$\Theta = \Sigma_r$ とすれば，パラメータで表現される平均ベクトルと共分散行列は SEM とマルチレベルモデルで等しくなることが分かります．また，SEM では $\mu_y = 0$ として観測変数の切片を 0 にして推定していることや，γ_{00} と γ_{10} が因子平均として推定されていることも 4.3 節の説明と一致します．

ただし，共分散行列は x_{ij} を含んでいるため，通常の SEM のように単一の共分散行列にはなりません．4.3.4 項で説明したように，集団ごとの尤度を用いてパラメータ推定を行うことになります．この単一の共分散行列ではないという点が，Muthén の方法においてランダム傾きを扱うことができない理由です[14]．逆に，ランダム切片モデルの場合には，x_{ij} がモデルに登場しないため，単一の共分散行列を構成することができるため，Muthén の方法で分析することができます．

文　献

1) Bauer, D.J. (2003). Estimating multilevel linear models as structural equation models. *Journal of Educational and Behavioral Statistics*, **28**, pp.135–167.
2) Curran, P.J. (2003). Have multilevel models been structural equation models all along? *Multivariate Behavioral Research*, **38**, pp.529–569.
3) 狩野裕・三浦麻子 (2002). AMOS, EQS, CALIS によるグラフィカル多変量解析—目で見る共分散構造分析—増補版．現代数学社．
4) Mehta, P. D. & Neale, M. C. (2005). People are variables too: multilevel structural equations modeling. *Psychological Methods*, **10**, pp.259–284.
5) Muthén, B.O. (1994). Multilevel covariance structure analysis. *Sociological Methods and Research*, **22**, pp.376–398.
6) 尾崎幸謙・荘島宏二郎 (2014). パーソナリティ心理学のための統計学—構造方程式モデリング．誠信書房．

[*14)] Muthén の方法については本書では説明していません．

7) 清水裕士 (2014). 個人と集団のマルチレベル分析. ナカニシヤ出版.
8) 豊田秀樹 (2000). 共分散構造分析 [応用編]—構造方程式モデリング. 朝倉書店.
9) 山田剛史 (編著) (2015). R による心理学研究法入門. 北大路書房.
10) 山田剛史・村井潤一郎・杉澤武俊 (2015). R による心理データ解析. ナカニシヤ出版.

5

Mplus によるマルチレベルデータの分析

　前章では，SEM によってマルチレベルデータが分析可能であることを示しました．R で SEM のパッケージ lavaan を使えば，マルチレベルモデルのパッケージ lmerTest と同じ分析結果を得ることができます．しかしながら，3 つの問題があります．1 つめは，パッケージ lavaan で分析するためには，通常のマルチレベルデータを変換する必要があったことです．2 つめは，レベル 1 の説明変数が連続的な値をとったり，レベル 1 の説明変数が複数ある場合には，このデータ変換が複雑になることです．3 つめは，このような複雑なデータ変換を正しく行ったとしても，パッケージ lmerTest と同じ推定値が得られるだけなので，パッケージ lavaan で分析する利点が適合度指標が求まること以外にはないことです[*1]．

　そこで本章では SEM の商用ソフトウェア Mplus を使ったマルチレベルデータの分析方法について説明します[*2]．複雑なデータ変換は必要ありませんし，モデルの記述も簡単なので，パッケージ lavaan よりも容易にマルチレベルデータの分析が可能になります．Mplus による推定結果は，lavaan および lmerTest とほぼ一致します．Mplus を使えば，これまでに示したモデル以外にも，データの階層性を考慮した因子分析を実行したり，目的変数が順序カテゴリカルの場合や，名義変数の場合の分析を行ったり，多母集団分析や潜在混合モデルと組み合わせて使用するなど，様々な拡張モデルの分析も可能になります．本章では，前章で扱ったすべてのモデルを Mplus で分析する方法について説明し，その後発展的なモデルについて説明します．

[*1] とはいえ，RMSEA や SRMR など，SEM で使われる適合度指標の値を求めることができるのはとても大きいことです．AIC や BIC に加えてこれらを用いてモデルの採択・不採択の判断や，モデル改善を行うことができます．また，Mplus は有料ですが，R は無料で使用できます．
[*2] バージョン 8 を使用しています．

5.1 Mplus によるランダム効果の分散分析モデル

まず，前章で分析した学校データの目的変数 post1 に対するランダム効果の分散分析モデルを Mplus で記述してみましょう．モデル式は (4.1) 式から (4.4) 式のとおりです．データは，各学校からはじめの 15 人を取り出した data1r.txt です[*3]．これは前章の R のデータフレーム data1r と同じ内容です．ただし，Mplus で扱うデータファイルには変数名を入れてはいけません．したがって，data1r.txt は R のデータフレーム data1r の 1 行目 (変数名の入った行) を除いたものになっています．

lavaan で分析したときには，各行が集団を表すように data1r に対して変換を行う必要がありました．Mplus は lavaan と同じ SEM のソフトウェアですが，このような面倒な変換は必要ありません．

```
TITLE: random intercept model
DATA: FILE = data1r.txt;
VARIABLE: NAMES = stuID ssID pre1 post1
         pre2m schoolID;
         USEVARIABLES ARE post1 schoolID;
         CLUSTER = schoolID;
ANALYSIS: TYPE = TWOLEVEL;
```

Mplus のスクリプトは，":" (コロン) によってコマンドに分けられています．以下，各コマンド[*4]の説明です．

- TITLE コマンド　　何を書いても構いませんが，分析モデルの内容について書いておくと，後で見返したときに何を行っているのかすぐに分かるため便利です．
- DATA コマンド　　FILE = の後に分析対象となるデータファイル名を書きま

[*3] 外部ファイルとして data1r.txt を用意しておきます．
[*4] Mplus には他にも DEFINE コマンド，MODEL CONSTRAINT コマンド，OUTPUT コマンド，SAVEDATA コマンド，PLOT コマンド，MONTECARLO コマンドがあります．DEFINE コマンド，MODEL CONSTRAINT コマンド，OUTPUT コマンド，SAVEDATA コマンドについては後で登場します．また，5.7 節以降で扱う職務満足度と組織コミットメントに関する人工データは MONTECARLO コマンドによって作成しています．

す．Mplus の分析スクリプト (拡張子が .inp のファイルになります) と
データファイルは同じフォルダに入れておきます．

VARIABLE コマンド　　NAMES = の後にデータファイルに含まれる変数名を書きます．また，USEVARIABLES ARE の後に，データファイルに含まれる変数の中で，分析に使う変数名を書きます．さらに，CLUSTER = の後に，集団を表す変数名を書きます．ただし，これらの変数名に使用できるのは，半角英文字，数値，"_"(アンダーバー) だけです．R のデータフレームの変数名に含めることができるピリオドを変数名に使用することはできません．変数名の 1 文字目は文字である必要があり，変数名の長さは 8 文字までです．

ANALYSIS コマンド　　分析モデルを記述します．

　なお，各コマンド内ではまとまった命令ごとに ";"(セミコロン) を付けます．たとえば，先のスクリプトの VARIABLE コマンド内では，NAMES, USEVARIABLES, CLUSTER のそれぞれの命令の終わりにセミコロンが付いています．

　上記に沿って前ページの Mplus スクリプトの説明をすると以下になります．FILE = data1r.txt なので，ここでは data1r.txt を分析対象としています．NAMES をみると，このデータには stuID から schoolID までの 6 つの変数が含まれており，USEVARIABLES をみると，その中で post1 と schoolID を分析に使うことが分かります．CLUSTER をみると，集団を表す変数は schoolID になっています．分析モデルは TYPE = TWOLEVEL です．これは，レベルが 2 つのモデルであることを表します．このように，目的変数と集団を表す変数を示し，TYPE = TWOLEVEL とするだけで，ランダム効果の分散分析モデル[*5] で分析することができます．ランダム効果の分散分析モデルの記述は TYPE = TWOLEVEL だけで十分ですが，より複雑なモデルになると書くべきことが増えていきます．それについては次節以降で説明します．

　分析結果は以下になります．Mplus の分析結果は Within Level (レベル 1) と Between Level (レベル 2) に分かれています．Within の Variances は目的変数のレベル 1 の分散 (σ^2) の推定値 (Estimate)，標準誤差 (S.E.)，検定統計量 (Est./S.E.)，p 値 (Two-Tailed P-value) です．Between の Variances は目的変数のレベル 2 の分散 (τ_{00}) を表します．Between の Means は目的変数のレベル 2 のモデルにおける平均 (γ_{00}) です．

[*5] モデルについては (4.1) 式から (4.4) 式をみてください．

表 5.1 に 3 つのソフトウェア (パッケージ) の分析結果を示しました [6]．3 つのソフトウェアではほぼ同じ推定値が求まっています [7]．

```
                                           Two-Tailed
                 Estimate    S.E.   Est./S.E.   P-Value
Within Level
  Variances
    POST1        132.014    7.851    16.816     0.000

Between Level
  Means
    POST1        126.420    1.185   106.673     0.000
  Variances
    POST1         61.507   12.079     5.092     0.000
```

表 5.1 ランダム効果の分散分析モデルの結果比較

ソフトウェア	$\hat{\gamma}_{00}$	$\hat{\tau}_{00}$	$\hat{\sigma}^2$
R (lmer)	126.420	61.42	132.02
R (lavaan)	126.420	61.42	132.02
Mplus	126.420	61.51	132.01

5.2 Mplus によるランダム効果の分散分析モデル (アンバランスな場合)

集団内の個人の数が異なるアンバランスデータの場合でも Mplus で推定することが可能です．以下に Mplus のスクリプトを示しました．前節との違いは，VARIABLE コマンドで MISSING = ALL(-100) が加わっていることです．これは，すべての変数について，−100 という数値が入っている個所は欠測を表しているという意味です．ALL がすべての変数についてという意味になります．datamis.txt の欠測個所には −100 が入っています．Mplus では欠測を表すときに，数値，"."

---

[6] lmer による推定結果が小数点以下 2 桁目までで示されている場合には，lavaan と Mplus の推定結果も小数点以下 2 桁目までで記載しています．これは本章のこの後の表でも同じです．

[7] Mplus ではマルチレベルモデル推定には MLR (maximum likelihood with robust standard errors) がデフォルトで用いられています．この推定法によって求まる標準誤差や χ^2 値はデータの非正規性を考慮しています．また，アンバランスデータの分析に適しています．

(ピリオド), "*"(アスタリスク), 空白のいずれかを使います. R のように NA という文字を使用することはできません.

```
TITLE: random intercept model with missing data
DATA: FILE = data1rmis.txt;
VARIABLE: NAMES = stuID ssID pre1 post1
          pre2m schoolID;
          USEVARIABLES ARE post1 schoolID;
          MISSING = ALL(-100);
          CLUSTER = schoolID;
ANALYSIS: TYPE = TWOLEVEL;
```

推定値を表 5.2 に示しました. 前章の結果とほぼ一致していることが分かります. Mplus では欠測データを含む場合, 前章でも述べた完全情報最尤推定法によってパラメータの推定を行っています [8].

表 5.2 ランダム効果の分散分析モデルの結果比較 (アンバランスな場合)

パッケージ	$\hat{\gamma}_{00}$	$\hat{\tau}_{00}$	$\hat{\sigma}^2$
R (lmer)	126.528	64.12	132.40
R (lavaan)	126.528	64.12	132.40
Mplus	126.529	64.26	132.39

5.3　Mplus によるランダム切片・傾きモデル

ランダム切片・傾きモデルのスクリプトは以下になります. 使用する変数は post1 (目的変数), pre101 (レベル 1 の説明変数 [9]), schoolID (集団 ID) です. ここでは, WITHIN = pre101 という記述があります. WITHIN = の後には, レベル 1 のモデルのみに登場する変数を記述します. pre101 は, レベル 1 の方程式において目的変数 post1 に対する説明変数であり, レベル 2 のモデルには登場しないので, このように書いておきます [10]. ANALYSISL: に RANDOM とあります. これは, ランダム傾きを含むモデルの場合に記述します.

---

[8]　前の脚注で述べたように推定法は MLR です. これは完全情報最尤推定法を実行しています.
[9]　4.3.1 項の pre1.01 と同じ変数です. pre1 の値が全体平均よりも大きな場合に 1, 小さな場合に 0 となっている変数です.
[10]　モデルについては (4.5) 式から (4.10) 式をみてください.

5.3 Mplus によるランダム切片・傾きモデル

```
TITLE: random intercept and slope model
DATA: FILE = data1r.ris.txt;
VARIABLE: NAMES = stuID ssID1 pre1 post1
          pre2m schoolID pre101;
          USEVARIABLES ARE post1 pre101 schoolID;
          WITHIN = pre101;
          CLUSTER = schoolID;
ANALYSIS: TYPE = TWOLEVEL RANDOM;
MODEL:
%WITHIN%
post1_s | post1 on pre101;
%BETWEEN%
post1 with post1_s;
SAVEDATA: FILE IS randeffect.csv;
          SAVE = FSCORES;
```

さらに，ここでは MODEL: という記述があります．これは":"(コロン)以降にモデルが示されているという意味です．%WITHIN%パートにレベル1，%BETWEEN%パートにレベル2のモデルが記述されます．%WITHIN%パートの post1 on pre101 は，目的変数が post1，説明変数が pre101 の回帰モデルを意味します．そして，post1_s | post1 on pre101 とすることで，その傾きは集団ごとに変動するランダム項(ランダム傾き)であり，ランダム傾きには post1_s という名前を付けることになります．

また，ANALYSIS コマンドの TYPE に RANDOM が加わっています．Mplus でランダム傾きを含むモデルを分析するときには，| でランダム傾きを表すとともに，RANDOM が必要です．

%BETWEEN%パートでは，post1 with post1_s という記述があります．with はその前後の変数間の共分散を推定することを表しています．with の左の post1 はレベル1の変数ですが，%WITHIN%パートのモデルで post1 は目的変数になっています．このとき，%BETWEEN%パートの post1 は，目的変数 post1 のランダム切片を表します．したがって，post1 with post1_s はランダム切片とランダム傾きの間の共分散を推定することを表します．

推定値・標準誤差は以下のように求まりました．Within Level の Residual Variances は目的変数の誤差分散 (σ^2) を表します．Between Level の POST1 WITH POST1_S はこれら2変数の共分散 Means は各変数のレベル2のモデルの平均 (γ_{00})

と (γ_{10}), Variances は各変数のレベル 2 の分散 (τ_{00}) と (τ_{10}) を表します.

```
                                            Two-Tailed
                  Estimate    S.E.   Est./S.E.  P-Value
Within Level
  Residual Variances
    POST1         101.660    5.803    17.518    0.000

Between Level
  POST1    WITH
    POST1_S        8.863     5.829     1.520    0.128
  Means
    POST1        120.657     0.917   131.637    0.000
    POST1_S       12.195     0.993    12.282    0.000
  Variances
    POST1         28.472     7.192     3.959    0.000
    POST1_S       14.408     7.744     1.861    0.063
```

表 5.3 に Mplus の結果を示しました. ここでも lmer, lavaan とほぼ同じ推定値が求まっていることが分かります.

表 5.3 ランダム切片・傾きモデルの結果比較

パッケージ	$\hat{\gamma}_{00}$	$\hat{\gamma}_{10}$	$\hat{\tau}_{00}$	$\hat{\tau}_{10}$	$\hat{\tau}_{11}$	$\hat{\sigma}^2$
R (lmer)	120.656	12.198	28.49	8.652	14.89	101.61
R (lavaan)	120.656	12.197	28.49	8.701	14.89	101.61
Mplus	120.657	12.195	28.47	8.863	14.41	101.66

4.3.1 項では関数 ranef によってランダム効果を推定しました. 続く 4.3.2 項では関数 lavaan によってランダム切片とランダム傾きの因子得点を推定し, そこから固定効果の推定値を引くことでランダム効果を推定しました. ここでは Mplus で因子得点を推定してみましょう.

Mplus のスクリプトの最後には, SAVEDATA コマンドがあります. SAVEDATA コマンドを使えば Mplus の推定結果を外部ファイルに出力することができます. ここでは Mplus による因子得点の推定値を外部ファイルに出力しています. 出力されるファイル名を FILE IS の後に書きます. ここでは randeffect.csv です. このファイルが Mplus スクリプトとデータが保存されているフォルダに出力されます. 因子得点を出力するためには SAVE = FSCORES とします.

5.3 Mplus によるランダム切片・傾きモデル

randeffect.csv の出力結果の一部を以下に示しました．各列は左から順に，post1 の値，pre101 の値，傾き因子の因子得点 (β_{1j})，β_{1j} の標準誤差，切片因子の因子得点 (β_{0j})，β_{0j} の標準誤差，schoolID となっています．関数 lavaan と同じように，ランダム効果ではなく，ランダム切片とランダム傾きの因子得点が推定されるため，ランダム効果を求めるためにはここから固定効果を引く必要があります．引き算した結果は示しませんが，lmer や lavaan とかなり近い値になっています[*11]．

```
150.000  0.000  12.474  2.545  121.514  2.432  1
114.000  1.000  12.474  2.545  121.514  2.432  1
----------------- 一部省略 -----------------
147.000  1.000  12.474  2.545  121.514  2.432  1
 96.000  0.000   9.407  2.945  110.580  2.289  2
105.000  0.000   9.407  2.945  110.580  2.289  2
----------------- 一部省略 -----------------
```

なお，『入門編』4.3 節で説明したランダム効果を伴う共分散分析モデル (RANCOVA モデル) を分析する場合には，以下のようにします．ランダム切片・傾きモデルとの違いは，ANALYSIS から RANDOM を削除し，%WITHIN%パートのモデルから post1_s |を削除していることです．こうすることで，傾きはランダム項ではなくなります．また，傾きはランダム項ではないので，ランダム切片とランダム傾きの共分散は%BETWEEN%モデルに記述しません．

```
TITLE: random intercept and not random slope model
DATA: FILE = data1r.ris.txt;
VARIABLE: NAMES = stuID ssID1 pre1 post1
          pre2m schoolID pre101;
          USEVARIABLES ARE post1 pre101 schoolID;
          WITHIN = pre101;
          CLUSTER = schoolID;
ANALYSIS: TYPE = TWOLEVEL;
MODEL:
%WITHIN%
```

[*11] Mplus と lavaan は回帰法によって因子得点を推定しています．

```
post1 on pre101;
```

5.4 Mplusによる切片・傾きに関する回帰モデル

切片・傾きに関する回帰モデル[*12)]のスクリプトは以下です．ランダム切片・傾きモデルとの違いをみていきます．まず，データファイル data1r.cross.txt には pre201 が含まれています．これはレベル 2 のモデルにおける切片・傾きに対する説明変数です．これを USEVARIABLES ARE に含めておき，使用を宣言しておきます．BETWEEN = の後には，レベル 2 のモデルでのみ使用する変数名を書きます．pre201 はレベル 2 のモデルでのみ使われるので，BETWEEN = pre201 としておきます．

%BETWEEN%パートの post1 on pre201 と post1_s on pre201 はそれぞれ，ランダム切片 post1 とランダム傾き post1_s を目的変数，レベル 2 の変数 pre201 を説明変数とした回帰モデルを表します．post1 with post1_s は前節でも登場しましたが，本節では意味が異なります．ここでは，ランダム切片 post1 の誤差とランダム傾き post1_s の誤差の間の誤差間共分散を指します．Mplus ではある変数 X が回帰モデルの目的変数である場合，X with Y とすると，これは変数 X の誤差と変数 Y との共分散を推定することを表します．

```
TITLE: random intercept and slope as outcome model
DATA: FILE = data1r.cross.txt;
VARIABLE: NAMES = stuID ssID1 pre1 post1
          pre2m schoolID pre101 pre201;
          USEVARIABLES ARE post1 pre101 pre201 schoolID;
          WITHIN = pre101;
          BETWEEN = pre201;
          CLUSTER = schoolID;
ANALYSIS: TYPE = TWOLEVEL RANDOM;
MODEL:
%WITHIN%
post1_s | post1 on pre101;
%BETWEEN%
```

[*12)] モデルは (4.19) 式から (4.24) 式をみてください．

5.4 Mplusによる切片・傾きに関する回帰モデル

```
post1 on pre201;
post1_s on pre201;
post1 with post1_s;
```

推定値と標準誤差および検定結果は以下のようになりました.

```
                                          Two-Tailed
                 Estimate    S.E.   Est./S.E.  P-Value
Within Level
  Residual Variances
    POST1         101.858   5.832    17.466    0.000

Between Level
 POST1_S   ON
    PRE201          1.753   4.953     0.354    0.723
 POST1     ON
    PRE201         10.370   3.804     2.726    0.006
 POST1     WITH
    POST1_S         7.813   6.149     1.271    0.204
 Intercepts
    POST1         120.961   0.853   141.831    0.000
    POST1_S        11.694   0.996    11.741    0.000
 Residual Variances
    POST1          24.168   6.126     3.945    0.000
    POST1_S        11.646   7.375     1.579    0.114
```

表 5.4 に Mplus の結果を示しました. ここでも lmer, lavaan とほぼ同じ推定値が求まっていることが分かります.

表 5.4 切片・傾きに関する回帰モデルの結果比較

パッケージ	$\hat{\gamma}_{00}$	$\hat{\gamma}_{01}$	$\hat{\gamma}_{10}$	$\hat{\gamma}_{11}$	$\hat{\tau}_{00}$	$\hat{\tau}_{10}$	$\hat{\tau}_{11}$	$\hat{\sigma}^2$
R (lmer)	120.949	10.335	11.720	1.736	24.20	7.65	11.94	101.82
R (lavaan)	120.949	10.335	11.720	1.736	24.20	7.66	11.94	101.82
Mplus	120.961	10.370	11.694	1.753	24.17	7.81	11.65	101.86

5.5 Mplusによる潜在曲線モデル

Mplusによって潜在曲線モデル[13]の分析を行うことも可能です．潜在曲線モデルの分析を行うには，lmerTestで扱ったデータの形式を変換する必要があります．これは前章でlavaanで分析する際に行った個人–時点データから個人レベルデータへの変換と同じです．個人–時点データの具体例については表2.1，個人レベルデータについては表2.2をご覧ください．この変換をMplusはいくつかのコマンドを書くことで実行してくれます．

以下のスクリプトではlongitudinal.txtが読み込まれています．このデータは第2章，第3章，第4章で扱った縦断データ.csvと同じ内容です[14]．縦断データ.csvのデータ形式はMplusではロングフォーマットと呼ばれます．表2.1の個人–時点データはロングフォーマットです．これは，1行が1人の個人のある時点のデータに当たるものです．一方，前章のlavaanや本節で分析対象とするのはMplusではワイドフォーマットと呼ばれるデータです．表2.2の個人レベルデータはワイドフォーマットです．これは，1行が1人の個人のデータに当たるものです．各時点における値は異なる変数として扱われます．たとえば，縦断データ.csvのように目的変数について5時点のデータがある場合には，これらが5つの変数として扱われます．変数(時点)の数が増えると横長の形式になるため，ワイドフォーマットと呼ばれます．

ロングフォーマットからワイドフォーマットに変換するためには[15]，DATA LONGTOWIDE コマンドを指定します．LONG = の後にロングフォーマットの変数の中でワイドフォーマットに変換したい変数名を書きます．ここでは5時点で収集されているen1(愛着の得点)がそれに当たります．そして，WIDE = の値にワイドフォーマットに変換後の変数名を書きます．ここでは，en10-en14がそれに当たります．これは，en10 en11 en12 en13 en14と書いても構いません．IDVARIABLE = sub はロングフォーマットにおいて個人IDを表す変数名を指定します．最後に，REPETITION = time1 は測定時点を表す変数名を指定します．

次のVARIABLEコマンドでは，NAMES = の後に，元のロングフォーマットの変数名を書きます．USEVARIABLES ARE の後にワイドフォーマットでの変数名を書

---

[13] モデルについては (4.25) 式から (4.30) 式をみてください．
[14] ただし1行目から変数名を除外しています．
[15] ワイドフォーマットのデータを読み込めば，当然ですがこのような変換は不要です．

きます．ここには WIDE = で指定したものと同じ変数名を書きます．

潜在曲線モデルの記述は MODEL コマンドにおいて以下のように書かれています．i s | en10@0 en11@1 en12@2 en13@3 en14@4 は図 4.5 のように，en10 から en14 まで観測変数の背後に 2 つの因子 i (切片因子) と s (傾き因子) があることを表しています．そして，en10@0 en11@1 en12@2 en13@3 en14@4 は傾き因子から en14 までの各観測変数に対する因子負荷量が 0，1，2，3，4 に固定されていることを表します．切片因子からの因子負荷量についてはモデルに記述がありませんが，因子負荷量は各観測変数に対して 1 に固定されています．

en10-en14 (resvar) は各観測変数の誤差分散について等しい値であるという制約を課していることを意味します．すべての誤差分散に resvar という名前を付けることでこれを表現します．なお，この制約を課さなくともパラメータの推定は可能ですが，制約を課すことですべてのパラメータの推定値がマルチレベルモデル (無条件成長モデル) の場合と等しくなります[*16]．

```
TITLE: lateng growth curve analysis with data transformation
DATA: FILE = longitudinal.txt;
DATA LONGTOWIDE: LONG = en1;
WIDE = en10-en14;
IDVARIABLE = sub;
REPETITION = time1;
VARIABLE: NAMES = sub en1 time1 ad1 postad1 sex2;
USEVARIABLES ARE en10 en11 en12 en13 en14;
MODEL: i s | en10@0 en11@1 en12@2 en13@3 en14@4;
en10-en14 (resvar);
```

推定値は以下のようになります．表 5.5 に Mplus の結果を示しました．ここでも lmer, lavaan とほぼ同じ推定値が求まっていることが分かります．

```
S        WITH
    I                2.202     1.020     2.159     0.031
Means
```

[*16] このことは，縦断データに対するマルチレベルモデルでは，各時点の誤差分散が等しいという制約を課していることを意味します．

```
           I             38.916      0.261     148.944     0.000
           S              0.978      0.153       6.390     0.000
    -- 一部省略 --
    Variances
           I              4.927      2.408       2.046     0.041
           S              6.850      0.762       8.989     0.000

    Residual Variances
           EN10          48.677      1.777      27.386     0.000
           EN11          48.677      1.777      27.386     0.000
           EN12          48.677      1.777      27.386     0.000
           EN13          48.677      1.777      27.386     0.000
           EN14          48.677      1.777      27.386     0.000
```

表 5.5 縦断データモデルの結果比較

ソフトウェア	$\hat{\gamma}_{00}$	$\hat{\gamma}_{10}$	$\hat{\tau}_{00}$	$\hat{\tau}_{10}$	$\hat{\tau}_{11}$	$\hat{\sigma}^2$
R (lmer)	38.916	0.978	4.928	2.202	6.851	48.676
R (lavaan)	38.916	0.978	4.928	2.201	6.851	48.676
Mplus	38.916	0.978	4.927	2.202	6.850	48.677

5.6 レベル1の説明変数の中心化

レベル1の説明変数の中心化については,『入門編』の第6章で説明しました. その考え方は SEM によるマルチレベルモデルでも同じです. 中心化には集団平均中心化 (CWC) と全体平均中心化 (CGM) の2種類があります. CWC は, レベル1の説明変数 x_{ij} から所属する集団 j の平均 $\bar{x}_{.j}$ を引くことです $(x_{ij} - \bar{x}_{.j})$. CWC 後の説明変数は, 集団 j に所属する個人 i の得点が, 集団 j の平均よりも大きな程度を表しています. 一方, CGM は, レベル1の説明変数 x_{ij} から全データの平均 $\bar{x}_{..}$ を引くことです $(x_{ij} - \bar{x}_{..})$. CGM 後の説明変数は, 集団 j に所属する個人 i の得点が, 全データの平均よりも大きな程度を表しています.『入門編』の第6章では, 2つの中心化の使い方について説明しました.

以下は,『入門編』第6章の付録1で分析した職場データに対するランダム切片・傾きモデルの Mplus スクリプトです. ただし, レベル1の説明変数には CWC を行い, レベル2の説明変数として集団平均 (work2cgm) を用いています. 分析結果は『入門編』の表6.6の CWC のケースに一致します. Mplus では中心化は DEFINE コマンドにより簡単に実行することができます. DEFINE: CENTER work1 (GROUPMEAN)

とすると，これは変数 work1 について集団平均中心化を行うことを意味します．もし CGM を行いたいならば，DEFINE: CENTER work1 (GRANDMEAN) とします．中心化しない場合には DEFINE コマンドを書く必要はありません．なお，DEFINE コマンドを使わずに，データに中心化を行った変数を含めておき，それを説明変数に使っても構いません．

```
TITLE: ch6 by mplus (cwc)
DATA: FILE = ch6mplus.txt;
VARIABLE: NAMES = worker hap1 work1 company
        size2 work1cgm work1cwc work2cgm;
        USEVARIABLES ARE hap1 work1 company work2cgm;
        WITHIN = work1;
        BETWEEN = work2cgm;
        CLUSTER = company;
DEFINE: CENTER work1 (GROUPMEAN);
ANALYSIS: TYPE = TWOLEVEL RANDOM;
MODEL:
%WITHIN%
hap1_s | hap1 on work1;
%BETWEEN%
hap1 on work2cgm;
hap1 with hap1_s;
```

5.7 マルチレベル探索的因子分析

因子分析は，複数の観測変数の背後に少数の因子を仮定し，因子によって観測変数間の共変関係[*17)]を説明する手法です．心理学の研究では，外向性や自尊心などの構成概念を測定する目的で，それらを測定する複数の項目についてデータ収集を行います．このデータに対して因子分析を行い，因子の数や，どのような名前の因子を仮定できるか検討します．

マルチレベルモデルの枠組みで因子分析を実行するというのは，複数の観測変数間の共変関係を説明する因子を，集団内と集団間の 2 つのレベルで求めることを意味します．これは，個人レベルの変数間の共変関係を説明する因子と，集団

[*17)] 相関と共分散の両方を表すことばとして，ここでは共変関係あるいは共変動ということばを使っています．

レベルの変数間の共変関係を説明する因子を求めるということです．表 5.6 に示したのは，本節以降で扱う職務満足度と組織コミットメントに関するデータ[*18]です．このデータは職務満足度と組織コミットメントと業績評価の 3 つに関して，ある企業から無作為に選ばれた各チームに所属する社員から収集されたものです．変数 y_1 から y_4 は職務満足度を測定する 4 項目，変数 y_5 から y_8 は組織コミットメントを測定する 4 項目，変数 y_9 は各社員の業績評価です．これら 9 つの変数が個人レベルの変数です．size は集団レベルの変数であり，後述するチームサイズが 3 人あるいは 5 人の場合に 1，10 人の場合に 2 が割り振られています．w も集団レベルの変数であり，ここではチームの平均年齢を標準化した値を表します．g はチーム (集団) を表す変数です．チームサイズは，3 人の場合が 50 チーム，5 人の場合が 10 チーム，10 人の場合が 30 チームあります．したがって，チーム数は 90 ($= 50 + 10 + 30$)，社員数は 500 ($= 150 + 50 + 300$) です．

表 5.6 職務満足度と組織コミットメントに関するデータ

y_1	y_2	y_3	y_4	y_5	y_6	y_7	y_8	y_9	size	w	g
-2.88	0.21	-1.87	-0.11	1.03	0.44	0.16	0.64	-0.38	1	0.09	1
0.71	-0.78	0.36	-0.62	0.25	0.24	0.39	-0.10	0.07	1	0.09	1
-1.97	-1.91	-1.96	-1.10	-1.97	-2.88	-1.14	-1.01	-1.08	1	0.09	1
0.53	-0.23	0.79	-0.11	-3.57	-0.81	-1.09	-2.48	-1.14	1	0.00	2
-1.47	-2.22	-1.28	-0.02	-2.09	-0.58	-1.80	-1.58	-3.04	1	0.00	2
⋮	⋮	⋮	⋮	⋮	⋮	⋮	⋮	⋮	⋮	⋮	⋮
-3.34	-1.14	-2.48	-3.91	-0.87	-2.31	-2.42	-2.35	-4.63	2	0.55	90
-0.53	-1.67	-0.62	-1.67	-1.85	-1.71	-2.22	-0.57	1.31	2	0.55	90

このデータから知りたいことは，職務満足度に対する組織コミットメントからの影響です．組織に対する忠誠心が高いほど，職務満足度は高いでしょうか．このことを確認するために，y_1 から y_4 の背後に職務満足度因子，y_5 から y_8 の背後に組織コミットメント因子を想定して，因子間で回帰分析を行ってみましょう．そのために，まず因子分析を行うことにします．しかしながら，このデータはチーム–社員という階層性をもっているので，表 5.6 の y_1 から y_4 と y_5 から y_8 に対してレベルを考慮せずに因子分析を行ってはいけません．マルチレベルモデルの考え方と同じように，変数間の共変動を集団内と集団間で区別して因子分析を行

[*18] これも人工データです．通常，このような心理学的データはリッカート法で収集されるため小数やマイナスの値にはなりませんが，ここでは人工データを発生させているため小数やマイナスを含んでいます．

う必要があります．これがマルチレベル因子分析です．

また，変数間の共変動を集団内と集団間で区別して因子分析を行うことで，職務満足度を測定する4項目に関する集団内の共変動を説明する因子や，同じ4項目に関する集団間の共変動を説明する因子を抽出することができます．もし集団内の分析で1因子が当てはまるならば，同じチーム内では職務満足度4項目はある程度高い相関関係にあり，4項目は1つの因子で説明できることになります．また，集団間の分析で1因子が当てはまるならば，職務満足度4項目それぞれのチームごとの値は，ある程度高い相関関係にあり，4項目は1つの因子で説明できることになります．

因子分析には探索的因子分析と確認的因子分析の2つがあります．観測変数の背後に想定される因子について仮説がない場合には探索的因子分析を行い，因子数や観測変数と因子の関係について探索的に調べます．一方，仮説がある場合には，その仮説が正しいか確認・検証するために確認的因子分析を行います．ここでは仮説はありますが，説明のためにマルチレベル探索的因子分析を行ってみましょう．

Mplus のスクリプトは以下のとおりです．使用する変数は職務満足度と組織コミットメントを測定する y1 から y8 と，チームを表す clus です．ANALYSIS コマンドでは，TWOLEVEL で2つのレベルの分析であること，EFA で探索的因子分析であることを表しています．マルチレベル探索的因子分析では，各レベルにおける因子数を決める必要があります．ここでは，1 3 UW としてチーム内では1因子から3因子まで，1 3 UB としてチーム間でも1因子から3因子まで調べます．こうすることで，3×3＝9通りの結果を一度に求めることができます．

```
TITLE: two-level EFA (multilevelEFA.inp)
DATA: FILE IS multilevelFA.txt;
VARIABLE: NAMES ARE y1-y9 size w team;
        USEVARIABLES ARE y1-y8 team;
        CLUSTER = team;
ANALYSIS: TYPE = TWOLEVEL EFA 1 3 UW 1 3 UB;
```

表5.7は各観測変数の級内相関係数を示したものです．これは上記の Mplus の分析結果に出力されます．各観測変数とも級内相関係数の値が0.2から0.3程度ということは，各観測変数のランダム切片の分散がそれなりに存在するというこ

表 5.7 観測変数の級内相関係数の推定値

y_1	y_2	y_3	y_4	y_5	y_6	y_7	y_8
0.298	0.307	0.246	0.233	0.245	0.248	0.215	0.204

とです.通常の因子分析は観測変数間の共変動を説明する因子を抽出することを目的にしています.マルチレベル因子分析のうち,集団間の因子分析はこのランダム切片間の共変動に対して因子分析を行うことを意味します.集団内の因子分析は,各観測変数に関する集団内の個人差の共変動[*19]に対して因子分析を行うことを意味します.

SEM で分析する利点の一つに,RMSEA, CFI, SRMR などに代表される,よいモデルであることを示す数値的基準をもった適合度指標が求まるということがあります.第 4 章や『入門編』第 5 章で説明した AIC や BIC は他のモデルと比べて当該モデルの方が適合が良いかを知るための相対的指標ですが,RMSEA, CFI, SRMR などは当該モデルがデータに当てはまっているかを調べることができます.他のモデルと比べると当該モデルの方が適合はよいけれども,当該モデルのデータに対する当てはまりはよくないということはあり得ますので,よいモデルであることを示す数値的基準をもった指標をチェックすることは重要です.

表 5.8 は各レベルの因子数ごとの適合度指標の値を表したものです.たとえば w2-b1 は集団内で 2 因子,集団間で 1 因子を仮定することを意味します.各レベルで 1 因子から 3 因子を仮定したので,合計で 9 通りの結果が求まるはずですが,集団間で 3 因子を仮定した場合は推定が収束しなかったので,表 5.8 には 6 通りの結果を掲載しています.

SEM では RMSEA は 0.05 以下,CFI[*20] は 0.95 以上,SRMR は 0.05 以下の場合にモデルとデータの適合がよいと判断されます.SRMRw は集団内における

表 5.8 因子数ごとの適合度比較

適合度指標	w1-b1	w2-b1	w3-b1	w1-b2	w2-b2	w3-b2
AIC	13376	13142	13139	13305	13092	13088
BIC	13544	13340	13362	13503	13319	13341
RMSEA	0.122	0.060	0.061	0.116	0.010	0.000
CFI	0.824	0.965	0.971	0.870	0.999	1.000
SRMRw	0.129	0.038	0.035	0.098	0.019	0.011
SRMRb	0.527	0.203	0.204	0.041	0.011	0.011

[*19] たとえば,変数 y_1 が集団内でプラスの値であるほど,変数 y_2 についても集団内でプラスの値である場合には,この 2 変数の集団内の個人差には正の共変動が存在することになります.
[*20] Ryu & West (2009) では各レベルごとに CFI を求める方法が説明されています.

SRMR, SRMRb[*21)] は集団間における SRMR を表します．たとえば w2-b1 の場合の SRMRw は良好ですが，SRMRb は大きな値を示しています．これは，集団内の共変動は 2 因子で十分に説明することができますが，集団間の共変動は 1 因子では説明することが難しいことを表しています．

表 5.8 から，w2-b2 と w3-b2 の場合の適合度がよさそうです．w3-b2 の場合の方が BIC 以外は良好ですが，w2-b2 の場合と大きな違いはありません．因子分析は少数の因子で共変動を説明することが目的なので，ここではより因子数の少ない w2-b2 の場合で結果をみていくことにします．

表 5.9 に因子パターン行列と因子間相関行列を示しました[*22)]．なお，Mplus ではデフォルト設定で斜交ジオミン回転を行います．因子パターン行列をみると，各レベルとも単純構造になっていることが分かります[*23)]．つまり，第 1 因子は y_1 から y_4 にのみ大きな因子負荷量，第 2 因子は y_5 から y_8 にのみ大きな因子負荷量を示しています．したがって，各レベルとも第 1 因子は職務満足度，第 2 因

表 5.9　マルチレベル探索的因子分析の因子パターン行列と因子間相関行列

観測変数	集団内		集団間	
	第 1 因子	第 2 因子	第 1 因子	第 2 因子
y_1	0.714	−0.029	0.998	−0.003
y_2	0.726	−0.003	1.037	−0.063
y_3	0.603	0.066	0.925	0.093
y_4	0.631	0.071	0.994	0.009
y_5	−0.003	0.714	−0.006	1.005
y_6	0.081	0.665	−0.061	1.034
y_7	−0.041	0.781	0.036	0.964
y_8	0.020	0.684	0.028	0.977
因子間相関				
	1	0.523	1	0.664
	0.523	1	0.664	1

[*21)] マルチレベルモデルの適合度指標のうち，レベルごとに求まる指標は Mplus では SRMR のみです．レベルごとに求まらない指標は，各レベルを通しての適合度を表していますが，レベル 1 とレベル 2 の標本サイズではレベル 1 の方が大きいので，レベルごとに求まらない指標はレベル 1 とレベル 2 を通しての当てはまりというよりは，レベル 1 の当てはまりを強く表す指標になっています．したがって，SRMRb はレベル 2 のモデルの当てはまりを表しているという意味で重要です．

[*22)] Mplus の結果の EXPLORATORY FACTOR ANALYSIS WITH 2 WITHIN FACTOR(S) AND 2 BETWEEN FACTOR(S) の，WITHIN LEVEL RESULTS と BETWEEN LEVEL RESULTS それぞれの GEOMIN ROTATED LOADINGS と GEOMIN FACTOR CORRELATIONS に示されています．

[*23)] 分析結果は観測変数が 1 つの因子から影響を受ける単純構造になっていますが，ジオミン回転は観測変数が複数の因子から影響を受けることを許容したモデルを探索するために使用することができます．

子は組織コミットメントを表していると考えられます.また,因子間相関は集団内 (0.523),集団間 (0.664) ともにやや高めの値になりました.

以上から,y_1 から y_4 についてチーム内で相対的に値が大きい従業員は職務満足度が高く,y_5 から y_8 についてチーム内で相対的に値が大きい従業員は組織コミットメントが高いといえます.また,y_1 から y_4 について高い値をもつチームはチームの職務満足度が高く (チームのメンバーの平均的な職務満足度が高い),y_5 から y_8 について高い値をもつチームはチームの組織コミットメントが高い (チームのメンバーの平均的な組織コミットメントが高い) といえます.また,因子間相関からは,チーム内で相対的に職務満足度が高い従業員は組織コミットメントも相対的に高く,職務満足度が高いチームは組織コミットメントも高いといえます.

5.8 マルチレベル確認的因子分析

前節に続いて,ここではマルチレベル確認的因子分析を説明します.マルチレベル探索的因子分析によって示された各レベルで 2 因子のモデルがデータに当てはまっているか,マルチレベル確認的因子分析で再度調べてみましょう.

5.8.1 マルチレベル確認的因子分析

観測変数 y1 に関する各レベルのモデルは以下になります.(5.1) 式で,集団 j に所属する個人 i の観測変数 y1 $= y_{1ij}$ を,集団内の変数 y_{1ijw} と集団間の変数 y_{1jb} と分解し,それぞれに対して,(5.2) 式と (5.3) 式で確認的因子分析モデルを構成しています.a_{1w} が集団内の因子負荷量,f_{ijw} が集団 j 内の個人 i の因子得点,r_{1ij} が集団内モデルの誤差,γ_{100} が集団レベルの切片,a_{1b} が集団間の因子負荷量,f_{jb} が集団 j の因子得点,u_{1j} が集団間モデルの誤差です.k 番目の観測変数 yk に関するモデルは (5.1) 式と (5.2) 式と (5.3) 式の 1 を k に変更した式で表されます.

$$y_{1ij} = y_{1ijw} + y_{1jb} \tag{5.1}$$

$$y_{1ijw} = a_{1w} \times f_{ijw} + r_{1ij} \tag{5.2}$$

$$y_{1jb} = \gamma_{100} + a_{1b} \times f_{jb} + u_{1j} \tag{5.3}$$

Mplus のスクリプトは以下のとおりです.%WITHIN%パートに集団内の因子分析モデル,%BETWEEN%に集団間の因子分析モデルを記述します.fw1 BY y1@1 y2-y4 は,変数 y1 から y4 によって因子 fw1 を測定することを意味します.確認的因

分析ではモデルの識別のために，通常は1つめの観測変数への因子負荷量を1に固定します．それが y1@1 です．Mplus では誤差分散は自動で推定されます．観測変数の誤差分散は，たとえば y1 については (5.2) 式の r_{1ij} の分散のことです．また，Mplus では外生的な因子間の共分散 (ここでは fw1 と fw2 の共分散です) も自動で推定されます．

%BETWEEN%では y1-y4@0 および y5-y8@0 として，集団レベルの誤差分散を0に固定しています．これは，y1 については (5.3) 式の u_{1j} の分散を0に固定することを意味します．今回の分析では，%BETWEEN%で集団レベルの誤差分散を推定すると「分散や誤差分散の推定値がマイナスになっているかもしれない」などの警告が出力されました．また，その場合の集団レベルの誤差分散の推定値は0.02以下であり，ほぼ0と考えることができます．そこで，y1-y4@0 および y5-y8@0 とすることにしました．集団内のモデルと同じように，fb1 と fb2 の共分散も自動で推定されます．OUTPUT コマンドで stand とすることで標準化推定値を求めることができます．

```
TITLE: two-level CFA (multilevelCFA.inp)
DATA: FILE IS multilevelFA.txt;
VARIABLE: NAMES ARE y1-y9 size w clus;
USEVARIABLES ARE y1-y8 clus;
CLUSTER = clus;
ANALYSIS: TYPE = TWOLEVEL;
MODEL:
  %WITHIN%
fw1 BY y1@1 y2-y4;
fw2 BY y5@1 y6-y8;
  %BETWEEN%
fb1 BY y1@1 y2-y4*1;
y1-y4@0;
fb2 BY y5@1 y6-y8*1;
y5-y8@0;
OUTPUT:stand;
```

推定の結果，RMSEA = 0.027，CFI = 0.994，SRMRw = 0.026，SRMRb =

表 5.10 因子負荷行列と因子間相関行列

観測変数	集団内	集団間
y_1	0.687	1.000
y_2	0.716	1.000
y_3	0.644	1.000
y_4	0.678	1.000
y_5	0.711	1.000
y_6	0.717	1.000
y_7	0.747	1.000
y_8	0.694	1.000
因子間相関	0.564	0.648

0.030であり，このモデルはデータとよく適合しているといえます[*24)]．

標準化推定値は表5.10のようになりました[*25)]．集団内および集団間の列には8つの因子負荷量の数値がありますが，はじめの4つ (y_1 から y_4) は職務満足度因子からの因子負荷量，後の4つ (y_5 から y_8) は組織コミットメント因子からの因子負荷量です．集団間の因子負荷量がすべて1.000になっているのは，Mplusのスクリプトにおいて集団間の誤差分散を0に固定したからです．標準化推定値は，説明変数 (ここでは因子) と目的変数 (ここでは観測変数) の分散を1にした場合の推定値です．因子の分散と観測変数の分散が1で，誤差分散が0なので，因子負荷量は1になります．因子間相関は集団内において0.564，集団間において0.648でした．

表5.10の結果は，表5.9で示したマルチレベル探索的因子分析の結果とよく似ています．因子間相関からは，チーム内で相対的に職務満足度が高い従業員は組織コミットメントも相対的に高く，職務満足度が高いチームは組織コミットメントも高いといえます．

5.8.2 マルチレベル確認的因子分析による因子の級内相関係数の推定

マルチレベル確認的因子分析モデルを使うことで因子の級内相関係数の推定を行うことができます (Mehta & Neale, 2005)．このためには，同じ観測変数に対して集団内と集団間で因子負荷量を等しくする必要があります．因子負荷量が等しければ，観測変数の背後に同じ意味をもつ因子を集団内と集団間で想定するこ

[*24)] 表5.8のw2-b2の適合度と異なる値になるのは，探索的因子分析はすべての因子からすべての観測変数に影響を仮定するのに対して，確認的因子分析では観測変数の背後に仮定される因子にのみ影響を仮定するからです．

[*25)] Mplusのアウトプットの STDYX Standardization に示されています．

5.8 マルチレベル確認的因子分析

とができます．逆に，因子負荷量が等しくなければ，集団内と集団間で異なる因子を想定することになります．級内相関係数を求めるということは集団内と集団間の分散の比較を行うということですから，異なる意味をもつ因子どうしで分散の比較をしても結果に意味を与えることができません．

Mplus のスクリプトは以下のとおりです．fw1 BY y2 (1) および fb1 BY y2 (1) とすることで，これらの因子負荷量を等値にすることができます．y2 以外についても同様です．fw1 (vw1); fw2 (vw2); とすることで，集団内の 2 つの因子の分散に，それぞれ vw1 および vw2 という名前を付けることができます．集団間の 2 つの因子の分散には vb1 および vb2 という名前が付いています．名前を付けた理由は，MODEL CONSTRAINT コマンドにおいて，これらを使って級内相関係数を計算したいからです．NEW(ICC1 ICC2) とすることで，新たに ICC1 と ICC2 と名前を付けた結果を求めることを宣言します．そして，ICC1 = vb1/(vw1+vb1) とすることで，1 つめの因子の級内相関係数を計算することができます．ICC2 についても同様です．

```
TITLE: ICC for a factor (multilevelCFA_2.inp)
DATA: FILE IS multilevelFA.txt;
VARIABLE: NAMES ARE y1-y9 size w clus;
          USEVARIABLES ARE y1-y8 clus;
          CLUSTER = clus;
ANALYSIS: TYPE = TWOLEVEL;
MODEL:
  %WITHIN%
fw1 BY y1@1;
fw1 BY y2 (1);
fw1 BY y3 (2);
fw1 BY y4 (3);
fw2 BY y5@1;
fw2 BY y6 (4);
fw2 BY y7 (5);
fw2 BY y8 (6);
fw1 (vw1); fw2 (vw2);
  %BETWEEN%
fb1 BY y1@1;
fb1 BY y2 (1);
fb1 BY y3 (2);
fb1 BY y4 (3);
fb2 BY y5@1;
fb2 BY y6 (4);
```

```
fb2 BY y7 (5);
fb2 BY y8 (6);
y1-y4@0;
y5-y8@0;
fb1 (vb1); fb2 (vb2);
MODEL CONSTRAINT: NEW(ICC1 ICC2);
ICC1 = vb1/(vw1+vb1);
ICC2 = vb2/(vw2+vb2);
OUTPUT:stand;
```

分析の結果,ICC1 は 0.441,ICC2 は 0.364 となりました.2 つの因子ともに集団内のバラつきほどではありませんが,ある程度大きな集団間のバラつきをもっていることが分かりました.つまり,職務満足度と組織コミットメントはチーム間で違いがあるということです.似た結果は,表 5.7 でもすでに得られていますが,表 5.7 は各観測変数の級内相関係数を示しています.これら 2 つの結果は,確認的因子分析をマルチレベルモデルの文脈で行ったことの適切さを表しているといえます.

5.9 マルチレベル SEM

5.7 節と 5.8 節の分析により,職務満足度と組織コミットメントに関するデータのうち y_1 から y_8 の背後には各レベルともに 2 因子が仮定できることが分かりました.そして,各レベルとも,2 因子間には正の相関がありました.ここでは,各レベルにおいて因子と観測変数を使ったパス解析モデルを分析してみましょう.この分析モデルのことを本書ではマルチレベル SEM と呼びます[26].

ここでは,これまでに使わなかった各従業員の業績評価を表す y9 をモデルに入れてみましょう.そして,組織コミットメントは職務満足度と業績評価に影響を与え,職務満足度は業績評価に影響を与えるモデルを各レベルで仮定します.モデルを図 5.1 に示しました[27].集団内と集団間でこのモデルを分析すると考えてください[28].Mplus のスクリプトは以下になります.%BETWEEN%の y9 on fb1 fb2

---

[26] SEM によるマルチレベルデータの分析という意味では,本章で扱っている Mplus による分析はすべてマルチレベル SEM であるということもできます.

[27] 職務満足度と組織コミットメントそれぞれを測定する観測変数は省きました.

[28] Mplus で WITHIN と BETWEEN に異なるモデルを記述すれば,集団内と集団間で異なるモデルを分析することができます.

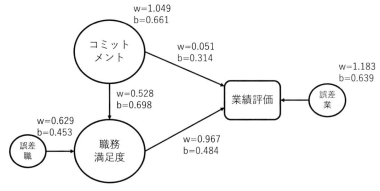

図 5.1 マルチレベル SEM のパス図

は，変数 y9 (業績評価) のランダム切片を目的変数，fb1 (職務満足度因子の平均) と fb2 (組織コミットメント因子の平均) を説明変数とした回帰モデルを表しています．

```
TITLE: two-level SEM
DATA: FILE IS multilevelFA.txt;
VARIABLE: NAMES ARE y1-y9 w clus;
USEVARIABLES ARE y1-y9 clus;
CLUSTER = clus;
ANALYSIS: TYPE = TWOLEVEL;
MODEL:
    %WITHIN%
    fw1 BY y1@1 y2-y4;
    fw2 BY y5@1 y6-y8;
    fw1 on fw2;
    y9 on fw1 fw2;
    %BETWEEN%
    fb1 BY y1@1 y2-y4*1;
    y1-y4@0;
    fb2 BY y5@1 y6-y8*1;
    y5-y8@0;
    fb1 on fb2;
    y9 on fb1 fb2;
OUTPUT:stand;
```

適合度は RMSEA = 0.015, CFI = 0.997, SRMRw = 0.025, SRMRb = 0.030

であり，モデルとデータはよく適合しています．y9 (業績評価)，fw1 あるいは fb1 (職務満足度)，fw2 あるいは fb2 (組織コミットメント) の間のパス係数は以下のようになりました．

集団内では，組織コミットメントから職務満足度への影響は 0.528 (0.057)，組織コミットメントから業績評価への影響は 0.051 (0.097)，職務満足度から業績評価への影響は 0.967 (0.165) でした．パス図では w= で表しています．カッコ内は標準化推定値です．集団間では，組織コミットメントから職務満足度への影響は 0.698 (0.140)，組織コミットメントから業績評価への影響は 0.314 (0.222)，職務満足度から業績評価への影響は 0.484 (0.212) でした．パス図では b= で表しています．これらのうち，組織コミットメントから業績評価への影響は集団内・集団間ともに有意ではありません．それ以外の影響はすべて有意です．したがって，チーム内の相対的な組織コミットメントの影響を除外したときに，チーム内で相対的に職務満足度が高いほど，チーム内で業績評価がよいといえますが，チーム内で相対的に組織コミットメントが高かったとしても，それは直接的には業績評価に影響しないといえます．この傾向はチーム間でも同じです．

図 5.1 の「コミットメント」の右上の数値は集団内と集団間の分散を表しています．また，「誤差職」，「誤差業」の右上の数値は集団内と集団間の誤差分散を表しています．

5.10 SEM のランダム傾きモデル

Mplus では，因子間，観測変数間，因子と観測変数間のいずれについても回帰係数をランダム傾きにすることもできます．ここでは，集団内レベルのモデルにおいて fw1 から y9 への傾きがランダムであり，このランダム傾きをチームの平均年齢 w が説明するモデルを分析してみましょう．チームの平均年齢が若いほど (あるいは高いほど)，職務満足度が業績評価に影響するといえるでしょうか．

そのために，まず職務満足度から業績評価へのランダム傾きが十分な大きさの分散をもっているか確かめてみます．Mplus のスクリプトは以下になります[*29]．潜在変数を説明変数とした回帰モデルの傾きをランダムにする場合 (ここでは s | y9 on fw1 が該当します) には，ANALYSIS コマンドで ALGORITHM=INTEGRATION が必要になります．

[*29] PC のスペックによっては推定にかなりの時間がかかります．

5.10 SEM のランダム傾きモデル

```
TITLE: two-level SEM (random slope)
DATA: FILE IS multilevelFA.txt;
VARIABLE: NAMES ARE y1-y9 w clus;
         USEVARIABLES ARE y1-y4 y9 clus;
         CLUSTER = clus;
ANALYSIS: TYPE = TWOLEVEL RANDOM;
         ALGORITHM=INTEGRATION;
MODEL:
%WITHIN%
fw1 BY y1@1 y2-y4;
s | y9 on fw1;
%BETWEEN%
fb1 BY y1@1 y2-y4*1;
y1-y4@0;
    y9; s;
```

推定の結果，ランダム傾き (スクリプトでは s で表現されています) の平均は 1.055, 分散は 0.692 で分散は有意になりました．分散が有意になったので，次に，この分散をチームの平均年齢 w で説明してみましょう．Mplus のスクリプトは以下になります．

```
TITLE: two-level SEM (random slope as outcome)
DATA: FILE IS multilevelFA.txt;
VARIABLE: NAMES ARE y1-y9 w clus;
USEVARIABLES ARE y1-y4 y9 w clus;
BETWEEN ARE w;
CLUSTER = clus;
ANALYSIS: TYPE = TWOLEVEL RANDOM;
         ALGORITHM=INTEGRATION;
MODEL:
%WITHIN%
fw1 BY y1@1 y2-y4;
s | y9 on fw1;
%BETWEEN%
fb1 BY y1@1 y2-y4*1;
y1-y4@0;
s on w;
y9; s;
```

推定の結果，wのランダム傾きへの影響は平均的に 0.385 であり，有意でした．そして，ランダム傾き s の誤差分散は 0.590 になりました．したがって，職務満足度の業績評価に対する影響のチームごとの違いのうち，約 14.7% = 100 × (0.692 − 0.590)/0.692 はチームの平均年齢で説明できることが分かりました．また，wのランダム傾きへの影響は平均的に 0.385 であることから，職務に満足しているほど業績評価が高く，この傾向はチームの平均年齢が高いほど強いといえます．

5.11 マルチレベル多母集団分析

多母集団分析は関心のある母集団間で比較を行うために使われます[30]．たとえば，2 変数間の傾きが男女で異なるだろうか，という研究課題を調べることができます．この場合には，男性，女性ごとに回帰モデルをつくり，傾きに等値制約を課したモデルと，課さないモデルとで適合度の比較を行います．

多母集団分析をマルチレベルモデルに組み込むということは，各母集団分析においてマルチレベルモデルを当てはめることを意味します．ここでは，組織コミットメントから職務満足度への影響がチームサイズの大小で異なるか，という分析をしてみましょう．表 5.6 の変数 size は集団レベルの変数であり，チームサイズが 3 人あるいは 5 人の場合に 1，10 人の場合に 2 が割り振られています．変数 size を母集団を表す変数とします[31]．図 5.2 にパス図を示しました．左がチームサイズが 1 (small) の場合，右が 2 (large) の場合です．同じモデルが 2 つの母集団に当てはめられています．

Mplus のスクリプトは以下のとおりです．VARIABLE コマンドで GROUPING = size (1 = small 2 = large) とすることで，size が母集団を表す変数であり，値が 1 のとき small (小さなチームサイズ)，値が 2 のとき large (大きなチームサイズ) であることを表します．Mplus の出力において各母集団の結果が表記さ

---

[30] 多母集団分析とマルチレベルモデルはよく似ています．それは，2 つの分析方法とも，顕在的な集団間の違いを問題にしているからです．2 つの違いは何かというと，集団の数と，個々の集団が固定因子であるか，変量因子であるかです．一般に，多母集団分析は関心のある少数の集団の違い (たとえば男女差) を分析するため，マルチレベルモデルは多数の集団の違い (たとえば多数の学校間の違い) を分析するために用いられます．前者は個々の集団の違いに興味があるケースなので固定因子，後者は個々の集団それぞれの違いよりも，集団間の違いに関心があるので変量因子になります．

[31] マルチレベル多母集団分析で母集団とすることができるのは集団レベルの変数です．

5.11 マルチレベル多母集団分析

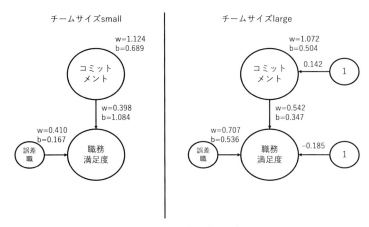

図 5.2 マルチレベル多母集団分析のパス図

れる箇所で small と large が使われます．

MODEL コマンドでは，まず MODEL: の後に，各母集団に共通の分析モデルを記述します．ここに記述されているのは職務満足度と組織コミットメントに関する各レベルの確認的因子分析モデルと，組織コミットメントを説明変数，職務満足度を目的変数とする回帰モデルです．次に，MODEL large: の後に，size の値が 2 (大きなチームサイズ) の場合のモデルが，各母集団に共通の分析モデルと異なる点を記述します．ここでは組織コミットメントを説明変数，職務満足度を目的変数とする集団内および集団間の回帰モデルについては各集団で異なることが記述されています．

```
TITLE: two-level multiple group SEM
DATA: FILE IS multilevelFA.txt;
VARIABLE: NAMES ARE y1-y9 size w clus;
          USEVARIABLES ARE y1-y8 size clus;
          GROUPING = size (1 = small 2 = large);
          CLUSTER = clus;
ANALYSIS: TYPE = TWOLEVEL;
MODEL:
    %WITHIN%
fw1 BY y1@1 y2-y4;
fw2 BY y5@1 y6-y8;
    fw1 on fw2;
    %BETWEEN%
fb1 BY y1@1 y2-y4*1;
```

```
y1-y4@0;
    fb2 BY y5@1 y6-y8*1;
y5-y8@0;
    fb1 on fb2;
MODEL large:
    %WITHIN%
    fw1 on fw2;
    %BETWEEN%
    fb1 on fb2;
OUTPUT:stand;
```

出力には母集団ごとの級内相関係数が示されます．チームサイズが小さな母集団では大きな母集団と比較して級内相関係数が大きめになっています．チームサイズが小さいほど，職務満足度や組織コミットメントに関するチーム内の類似性が高いことが示唆されます．

表 5.11 観測変数の級内相関係数の推定値

母集団	y_1	y_2	y_3	y_4	y_5	y_6	y_7	y_8
small	0.394	0.394	0.361	0.318	0.296	0.290	0.192	0.328
large	0.230	0.252	0.187	0.177	0.201	0.222	0.200	0.132

適合度指標を表 5.12 に示しました．このスクリプトのモデルの適合度は，w 異，b 異の行の数値であり，このモデルはデータとよく適合しているといえます．w 異や b 異の説明は後述します．推定値を図 5.2 に示しました．図 5.1 と同じように，集団内の推定値は w= の後に，集団間の推定値は b= の後に示されています．「コミットメント」と「誤差職」の右上の数値は，それぞれ組織コミットメント因子と職業満足度の誤差の分散です．

large のパス図に示されている 1 は図 4.1 と同じように，値が 1 ばかりの変数です．この変数からのパス係数はパスを受ける変数の平均や切片を表します．ここでは large の場合における組織コミットメント因子の平均と職務満足度因子の切

表 5.12 マルチレベル多母集団分析の適合度

モデル	RMSEA	CFI	SRMRw	SRMRb	AIC	BIC
w 異, b 異	0.025	0.993	0.044	0.066	13063	13274
w 等, b 異	0.026	0.993	0.050	0.062	13063	13269
w 異, b 等	0.030	0.990	0.045	0.142	13067	13274
w 等, b 等	0.030	0.990	0.049	0.141	13066	13268

片の推定値を表します．small の場合には組織コミットメント因子の平均と職務満足度因子の切片はともに 0 に固定されているので描かれていません．なお，これらの平均や切片は図 4.1 と同じように集団レベル (チームレベル) の因子に関するものです．平均や切片の推定値から，large の場合は small と比べて，組織コミットメントがやや高く (0.142)，平均的な組織コミットメントの値をもつチームの場合には，職務満足度がやや低い (−0.185) ことが分かります．

　組織コミットメントから職務満足度への回帰係数の推定値をみると，集団内の回帰係数は small と large で大きな違いはありませんが，small の場合の方が集団間の回帰係数が大きいことが分かります．後者の結果からは，チームサイズが小さい場合の方が，チームの組織コミットメントがチームの職務満足度に与える影響は大きいといえそうですが，これを確かめるために集団間の回帰係数が 2 つの母集団で等しいと仮定したモデルと仮定しないモデルで適合度を比較してみましょう．ここではさらに，集団内においても回帰係数が 2 つの母集団で等しいと仮定したモデルと仮定しないモデルで適合度を比較してみます．集団内では等しいけれども，集団間では異なるモデルを考えることもできるので，合計 4 つのモデルで比較することになります．すでに分析済みのモデルは集団内と集団間でともに回帰係数が異なるモデルになります．

　母集団間で集団内の回帰係数が等しいモデルを分析するためには，Mplus スクリプトに 2 箇所書かれている fw1 on fw2 をともに fw1 on fw2 (a) とします．すると，これらのパラメータには同じラベル (ここでは a) が付与され，推定値が等しくなります．集団間についても同様ですが，fb1 on fb2 (b) として違うラベル (ここでは b) を付与しないと，集団内で各母集団で回帰係数が等しく，集団間でも各母集団で回帰係数が等しいモデルを分析しようとしているのに，集団内の各母集団の回帰係数が等しく，集団間でも各母集団で回帰係数が等しく，さらに集団内と集団間でも回帰係数が等しいモデルを分析してしまうことになってしまいます．

　表 5.12 に 4 つのモデルの適合度を示しました．「w 異」は集団内で各母集団の回帰係数が異なること，「b 等」は集団間で各母集団の回帰係数が等しいことを表します．すべてのケースにおいて，SRMRb 以外には目立った違いがなく，各モデルの適合はよいといえます．しかしながら，SRMRb は「b 異」のモデルで小さな値，「b 等」のモデルで大きな値を示しています．5.7 節の脚注 21 で説明したように，SRMR 以外の指標は各レベルを通しての適合を表しており，集団間レベルにおいて当てはまりがあまりよくなかったとしても，集団レベルの標本サイズは

小さいため，RMSEA などにはこの当てはまりの悪さがほぼ反映されません．図5.2 と表 5.12 からは，集団間レベルでは各母集団の回帰係数が異なるモデルの方が適合がよく，チームサイズが小さい場合の方がチームの組織コミットメントが高いほど，チームの職務満足度が高いといえそうです．

集団内レベルで各母集団の回帰係数が異なるといえるかどうかについては，適合度指標が拮抗しているためかなり難しい判断になります．最適な 1 つのモデルを見つけることが難しい場合には，細かな部分まで追求し過ぎずに，大まかにいってどのようなモデルがよいといえるかを調べるという考え方 (尾崎・荘島，2014) のもと，ここでは集団間で各母集団の回帰係数が異なる点に着目し，集団内については各母集団において 0.4 から 0.55 程度の影響があると解釈するのがよいでしょう [*32]．

5.12 文脈効果のバイアス修正モデル

文脈効果とは，説明変数の集団レベル効果から個人レベル効果を引いた値です．たとえば以下の (5.4) 式から (5.6) 式のモデルにおける文脈効果は $\gamma_{10} - \gamma_{01}$ になります．『入門編』の 6.2.1 項で示したように，このモデルのレベル 1 の説明変数とレベル 2 の説明変数は無相関になります．したがって，γ_{01} と γ_{10} はそれぞれ目的変数に対するレベル 1 とレベル 2 の説明変数の独立な効果と考えることができます．

$$y_{ij} = \beta_{0j} + \beta_{1j}(x_{ij} - \bar{x}_{.j}) + r_{ij} \tag{5.4}$$

$$\beta_{0j} = \gamma_{00} + \gamma_{01}\bar{x}_{.j} + u_{0j} \tag{5.5}$$

$$\beta_{1j} = \gamma_{10} + u_{1j} \tag{5.6}$$

ここでの問題は，標本誤差あるいは測定誤差が存在する場合に文脈効果がバイアスをもつということです．ここでの標本誤差とは，レベル 2 の集団に含まれる対象者の一部しか抽出しないことに伴う推定値に対する誤差です．ある学校から生徒を抽出するとき，全校生徒が 500 人で，抽出された生徒数が 100 人の場合，この 100 人のデータから得られる推定値は標本誤差の影響を受けます．標本誤差は，母集団ではなく標本データを分析することに伴う誤差と定義されます．先の例では全校生徒 500 人が母集団，抽出された 100 人の生徒が標本となります．

[*32] 「w 等，b 異」のモデルにおける集団内の回帰係数の推定値は 0.480 でした．

また，ここでの測定誤差は，構成概念を測定するために特定の項目しか使用しないことに伴う誤差です．たとえば，5.7 節と 5.8 節で登場した組織コミットメントは 4 つの変数 y_5 から y_8 で因子分析によって測定されていましたが，y_5 を組織コミットメントとするとしたら，4 つの変数の背後に想定する因子とは異なる構成概念になってしまいます．このことは，組織コミットメントを説明変数としたときの文脈効果にバイアスを生み出します．

これに対して，Lüdtke et al. (2008) は標本誤差の問題への対処方法を提案しました．さらに，Lüdtke et al. (2011) は標本誤差と測定誤差の両方に対処する方法を提案しました．ここでは，Lüdtke et al. (2011) の方法を簡単に説明し，組織コミットメントと業績評価との関係の分析に適用してみます．バイアスへの対処方法や標本誤差と測定誤差のバイアスに関する詳しい説明は Lüdtke et al. (2011) をご覧ください．

5.12.1 4 つの方法

説明変数となる構成概念が K 個の観測変数で測定されるとき，任意の観測変数 k に関する集団 j の個人 i の得点を x_{kij} とします．Lüdtke et al. (2011) には文脈効果をバイアスなく推定するための 3 つの方法が紹介されていますが，その前にバイアスを修正しない方法について述べます．その方法は，レベル 1 の説明変数を K 個の観測変数の平均とし，レベル 2 の説明変数をレベル 1 の説明変数 (K 個の観測変数の平均) に関して集団内で平均を計算したものとする方法です．しかしながら，この方法を使うと，レベル 1 の説明変数は測定誤差を含み，レベル 2 の説明変数は標本誤差と測定誤差の両方を含んでしまうため，文脈効果の推定値はバイアスを含むことになります．

2 つめの方法 (標本誤差への対処) では，1 つめの方法におけるレベル 1 の説明変数 (K 個の観測変数の平均) を，それぞれがレベル 1 とレベル 2 の要素を表す 2 つの潜在変数に分解し，それぞれを各レベルの説明変数とする方法です．しかしながら，この方法を使うと，標本誤差には対処できるものの，レベル 1 とレベル 2 の説明変数は測定誤差の影響を含んでしまいます．

3 つめの方法 (測定誤差への対処) では，レベル 1 では K 個の観測変数の背後に因子を仮定し，これをレベル 1 の説明変数とします．レベル 2 では K 個の説明変数の集団平均の背後に因子を仮定し，これをレベル 2 の説明変数とします．この方法は，レベル 1 とレベル 2 の説明変数に対する測定誤差の影響を排除することができますが，レベル 2 の説明変数に対する標本誤差の影響は排除できません．

4つめの方法 (両方の誤差への対処) は，2つめの方法と3つめの方法を組み合わせたものです．3つめの方法との違いは，レベル2において，潜在的なレベル2の観測変数の背後に因子を仮定することです．これによって，レベル1の説明変数 (因子) は測定誤差の影響を受けず，レベル2の説明変数 (因子) は測定誤差と標本誤差の影響を受けません．

Lüdtke et al. (2011) では4つの方法を比較するシミュレーション研究が行われています．そこでは，4つめの方法が常によいとはいえず，集団の数が少ない場合や級内相関係数が小さい場合には3つめの方法が優れているという結果が示されています．

5.12.2 組織コミットメントと業績評価との関係の分析への適用

ここでは，観測変数 y_5 から y_8 で測定される組織コミットメントが，業績評価 y_9 に与える影響を集団内と集団間で求め，その結果を使って文脈効果の推定を行ってみましょう．その際，前項で述べた4つの方法 (対処なし，標本誤差への対処，測定誤差への対処，両方の誤差への対処) で分析して結果を比べてみましょう．

まず，対処なしの場合の Mplus のスクリプトは以下です．データのうち，y5 から y8 は組織コミットメントを測定するレベル1の観測変数，y9 は業績評価 (レベル1)，y52 から y82 は y5 から y8 のそれぞれの集団平均 (チーム平均)，comit1 は y5 から y8 の平均，comit2 は comit1 に関する集団 (チーム) ごとの平均，clus は集団 (チーム) を表す変数です．対処なしの場合は，comit1 と comit2 を各レベルにおける説明変数として扱うことになります．なお，文脈効果の推定を目的とするので comit1 には CWC を行います．また，MODEL CONSTRAINT コマンドで文脈効果を表す新しい変数 context を fb-fw と定義して，文脈効果の推定値と p 値を求めます．

```
TITLE: context sem1 (contextsem1.inp)
DATA: FILE IS contextsem.txt;
VARIABLE: NAMES ARE y5-y9 y52 y62 y72 y82 comit1 comit2 clus;
          USEVARIABLES ARE y9 comit1 comit2 clus;
          CLUSTER = clus;
          WITHIN = comit1;
          BETWEEN = comit2;
DEFINE:   CENTER comit1(GROUPMEAN);
ANALYSIS: TYPE = TWOLEVEL;
MODEL:
```

5.12 文脈効果のバイアス修正モデル

```
%WITHIN%
        y9 on comit1 (fw);
%BETWEEN%
        y9 on comit2 (fb);
MODEL CONSTRAINT: NEW(context);
        context = fb-fw;
```

標本誤差へ対処するための Mplus スクリプトは以下です[*33]．レベル1とレベル2それぞれで comit1 を説明変数として記述します．このようにすると，Mplus は comit1 をレベル1とレベル2の要素を表す2つの潜在変数に分解します．そして，それぞれが各レベルの説明変数として目的変数を説明するモデルの推定が行われます．

```
TITLE: context sem2 (contextsem2.inp)
DATA: FILE IS contextsem.txt;
VARIABLE: NAMES ARE y5-y9 y52 y62 y72 y82 comit1 comit2 clus;
          USEVARIABLES ARE y9 comit1 clus;
          CLUSTER = clus;
ANALYSIS: TYPE = TWOLEVEL;
MODEL:
%WITHIN%
        y9 on comit1 (fw);
%BETWEEN%
        y9 on comit1 (fb);
MODEL CONSTRAINT: NEW(context);
        context = fb-fw;
```

測定誤差へ対処するための Mplus スクリプトは以下です．レベル1では個人レベルの観測変数 y5 から y8，レベル2では集団レベルの観測変数 y52 から y82 を使って1因子の因子分析が行われます．このとき，5.8.2項と同様に，同じ変数に対する因子負荷量はレベル間で等値とします．こうすることによって，各レベルにおける因子の意味が等しくなり，集団内効果と集団間効果を比較することができ

[*33] ここでは，複数の変数の合計あるいは複数の変数の背後に想定する因子を説明変数としたモデルを使って説明しています．そうではなく，そもそも説明変数が単一の変数 (たとえば y5 のみ) の場合でも，標本誤差への対処を行うことは可能です．標本誤差へ対処するためのスクリプトにおいて，各レベルにおける y9 on comit1 を y9 on y5 とすれば対処ができます．

るようになります．個人レベルの観測変数 y5 から y8 には CWC を行うので，レベル 1 におけるこれらの変数の平均は必ず 0 になります．このため，[y5-y8@0] によって平均を 0 に固定します [*34]．

```
TITLE: context sem3 (contextsem3.inp)
DATA: FILE IS contextsem.txt;
VARIABLE: NAMES ARE y5-y9 y52 y62 y72 y82 comit1 comit2 clus;
          USEVARIABLES ARE y5-y9 y52 y62 y72 y82 clus;
          CLUSTER = clus;
          WITHIN = y5-y8;
          BETWEEN = y52 y62 y72 y82;
DEFINE:   CENTER y5-y8 (GROUPMEAN);
ANALYSIS: TYPE = TWOLEVEL;
MODEL:
%WITHIN%
        comitF1 by y5(1);
        comitF1 by y6(2);
        comitF1 by y7(3);
        comitF1 by y8(4);
        y9 on comitF1 (fw);
        [y5-y8@0];
%BETWEEN%
        comitF2 by y52(1);
        comitF2 by y62(2);
        comitF2 by y72(3);
        comitF2 by y82(4);
        y9 on comitF2 (fb);
MODEL CONSTRAINT: NEW(context);
        context = fb-fw;
```

両方の誤差へ対処するための Mplus スクリプトは以下です．両方のレベルにおいて，個人レベルの観測変数 y5 から y8 が因子を測定する観測変数として記述されています．これによって，y5 から y8 それぞれを，レベル 1 とレベル 2 の要素を表す 2 つの潜在変数に分解し，それぞれの潜在変数の背後に各レベルの因子 (comitF1 と comitF2) を仮定することになります．

[*34] この設定をしない場合には警告が出力されますが，推定値には問題がありません．

5.12 文脈効果のバイアス修正モデル

```
TITLE: context sem4 (contextsem4.inp)
DATA: FILE IS contextsem.txt;
VARIABLE: NAMES ARE y5-y9 y52 y62 y72 y82 comit1 comit2 clus;
          USEVARIABLES ARE y5-y9 clus;
          CLUSTER = clus;
ANALYSIS: TYPE = TWOLEVEL;
MODEL:
%WITHIN%
        comitF1 by y5(1);
        comitF1 by y6(2);
        comitF1 by y7(3);
        comitF1 by y8(4);
        y9 on comitF1 (fw);
%BETWEEN%
        comitF2 by y5(1);
        comitF2 by y6(2);
        comitF2 by y7(3);
        comitF2 by y8(4);
        y9 on comitF2 (fb);
MODEL CONSTRAINT: NEW(context);
        context = fb-fw;
```

表 5.13 に 4 つの方法に関して，集団内効果 fw，集団間効果 fb，文脈効果，文脈効果の p 値の 4 つを示しました．測定誤差が混入すると集団内効果 fw には過小推定され，測定誤差と標本誤差が混入すると集団間効果 fb は過小推定されます[*35]．このため，対処なしの場合の fw と fb が最も小さくなっています．逆にいえば，その他の方法の fw と fb が対処なしの場合よりも大きいことは，これらの方法によって測定誤差と標本誤差への対処ができていることを示しています．

表 5.13 文脈効果の推定に関する 3 つの方法の推定結果

方法	fw	fb	文脈効果	p 値
対処なし	0.444	0.670	0.226	0.076
標本誤差	0.453	0.722	0.268	0.153
測定誤差	0.535	0.689	0.154	0.273
両方	0.544	0.697	0.153	0.434

[*35] 希薄化とも呼ばれます．Lüdtke et al. (2011) には希薄化に関する公式が示されています．

5.13 その他のモデル

最後に，Mplus で実行可能なその他の手法を 4 つ説明します [36]．

5.13.1 目的変数が 2 値カテゴリカル変数，順序カテゴリカル変数，名義変数の場合の扱い

Mplus では，第 1 章で扱ったマルチレベルロジスティック回帰モデルを扱うことができます．回帰モデルの目的変数 y が 2 値の場合には，VARIABLE コマンドにおいて，CATEGORICAL IS y と指定します．変数 y のうち大きな値 (0,1 ならば 1) を基準とした推定結果が出力されます．

回帰モデルの目的変数 y が 3 値以上の順序カテゴリカル変数の場合にも，VARIABLE コマンドにおいて，CATEGORICAL IS y と指定します．すると，順序ロジスティックモデルが実行されます．これは，y のカテゴリが k 未満の場合と k 以上の場合を 2 値としたロジスティック回帰分析を，すべての k の場合で実行することと同じです．たとえば y が 4 値ならば「0」と「1 または 2 または 3」，「0 または 1」と「2 または 3」，「0 または 1 または 2」と「3」という 3 つのロジスティック回帰分析が実行されます．ただし，ロジスティック回帰分析の傾きはすべての場合で等値として推定されます．

回帰モデルの目的変数 y が名義変数の場合には，VARIABLE コマンドにおいて，NOMINAL IS y と指定します．すると，多項ロジスティックモデルが実行されます．さらに，目的変数 y がカウントデータの場合には，VARIABLE コマンドにおいて，COUNT IS y と指定すれば，ポアソン回帰分析が実行されます．

因子分析モデルの観測変数 y が順序カテゴリカルの場合には，VARIABLE コマンドにおいて，CATEGORICAL IS y と指定します．すると，プロビット回帰モデルを使った因子分析が実行されます．

5.13.2 潜在構造分析

潜在構造分析は，データの背後の潜在的な複数の母集団を発見するための方法

---

[36] Mplus ではこれ以外にも様々な手法を扱うことができます．マルチレベルモデルに特化した Mplus の書籍としては Finch & Bolin (2016) があります．数学的な記述は重要な部分のみですが，ユーザとしてマルチレベルモデルを SEM の枠組みで分析する際に重宝します．

です[*37]．この分析により，観測変数の平均や，回帰係数などのパラメータについて異なる値をもつ複数の母集団を見つけることができます．潜在構造分析を使えば，たとえばマーケティングにおいては顧客の購買データから，購買パターンの異なる複数の顧客層を発見することができる可能性があります．そして，この知見をマーケティング活動に生かすことができます．Mplusでは各レベルにおいて，潜在構造分析を実行することができます．

5.13.3 クロス分類データの分析

生徒の学力が，通っている学校と，通っている塾によって異なるかという分析を行いたいとします．このとき，学校と塾はともにレベル2の集団として考えることができます．このように，レベル1の個人が複数のレベル2の集団に所属するデータをクロス分類と呼びます．この場合にもMplusによって分析を行うことができます．

5.14 まとめ

1. Mplusを使うことでSEMの枠組みにおいてマルチレベルを容易に実行することが可能である．
2. Mplusを使えば，探索的因子分析，2値変数・順序カテゴリカル変数・名義変数，潜在構造分析，多母集団分析など，SEMで実行可能なモデルをマルチレベルモデルと組み合わせて分析することが可能である．
3. SEMで分析することによって，RMSEAなどのよいモデルであることを示す数値的基準をもつ適合度指標を用いてモデル探索を行うことが可能である．

文　献

1) Finch, H. & Bolin, J. (2016). Multilevel modeling using Mplus. Chapman and Hall.
2) Lüdtke, O., Marsh, H.W., Robitzsch, A., Trautwein, U., Asparouhov, T., & Muthéen, B. (2008). The multilevel latent covariate model: A new, more reliable approach to group-level effects in contextual studies. *Psychological Methods*, **13**, pp.203–229.

[*37] 多母集団分析は比較したい母集団を分析者が指定するという意味では，顕在的な母集団を扱っているといえます．

3) Lüdtke, O., Marsh, H. W., Robitzsch, A., & Trautwein, U. (2011). A 2 × 2 taxonomy of multilevel latent contextual model: Accuracy-bias trade-offs in full and partial error correction models. *Psychological Methods*, **16**, pp.444–467.
4) Mehta, P. D. & Neale, M. C. (2005). People are variables too: multilevel structural equations modeling. *Psychological Methods*, **10**, pp.259–284.
5) 尾崎幸謙・荘島宏二郎 (2014). パーソナリティ心理学のための統計学. 誠信書房.
6) Ryu, E. & West, S. G. (2009). Level-Specific Evaluation of Model Fit in Multilevel Structural Equation Modeling. *Structural Equation Modeling*, **16**, pp.583–601.

6

パラメータ推定

本章ではマルチレベルモデルのパラメータ推定について代表的なものを2つ取り上げ解説します．マルチレベルモデルのパラメータ推定で最もよく利用されるのは最尤推定法 (maximum likelihood method, ML法) です．最尤推定法は数値解析法であるEMアルゴリズムを併用して適用されます．本章ではこのアルゴリズムをRのスクリプトとして実装し，具体的に解説します．あわせてパラメータの標準誤差や信頼区間，検定統計量について説明します．

最近ではベイズ統計学に基づくパラメータ推定法とそのアルゴリズム (マルコフ連鎖モンテカルロ法，Markov Chain Monte Carlo method, MCMC法) の適用例も増えてきました．本章ではR上で動作するパッケージrstanの使用法を概説しつつベイズ統計学によるパラメータ推定について説明します．

最尤推定法を用いたマルチレベルモデルのパラメータ推定に関する理論的解説としては，Raudenbush & Bryk (2002) の第3章と第14章が有名です．この2章はマルチレベルモデルに関する複数の主要な文献で引用されており，本格的にマルチレベルモデルのパラメータ推定について学びたい読者は一読されることを強くお勧めします．本章では記号やモデルの記法も含め，Raudenbush & Bryk (2002) の解説を参考にしています．

6.1 ランダムパラメータが既知の場合の最尤推定法

『入門編』第4章で学んだようにマルチレベルモデルには固定効果 (γ_{00}, γ_{11} など)，ランダム効果 (u_{0j}, u_{1j} など)，ランダムパラメータ (τ_{00}, τ_{11} など) の3つのタイプのパラメータがあります[*1)]．特に最初の推定対象となるのは固定効果とランダムパラメータで，両者が既知であるならばランダム効果も推定可能とな

[*1)] 詳細については『入門編』第4章の解説を参照してください．

ります*2). ランダム効果の推定については6.2節で解説します.

ここではランダムパラメータを所与として固定効果のみを推定する方法を説明します. 階層数は2とし, 集団を「学校」, 個人を「生徒」とします.

6.1.1 モデルの記法

本章ではマルチレベルモデルを行列表記で表現します. 学校 j に関するレベル1のモデルは次のようになります*3).

レベル1:
$$\boldsymbol{y}_j = X_j \boldsymbol{\beta}_j + \boldsymbol{r}_j \tag{6.1}$$
$$\boldsymbol{r}_j \sim \mathrm{MVN}(\boldsymbol{0}, \sigma^2 I) \tag{6.2}$$

$\boldsymbol{y}_j$ は学校 j 内の n_j 人の生徒の目的変数のスコアが含まれたサイズ $n_j \times 1$ の縦ベクトルです. X_j はサイズ $n_j \times (Q+1)$ のデータ行列です. Q はレベル1の説明変数の数です. X_j の第1列目には要素がすべて1の縦ベクトル (サイズ $n_j \times 1$) が収められており, モデル中に切片が含まれることを表現します. 残りの Q 列には Q 個の説明変数に対応する縦ベクトル (やはりサイズ $n_j \times 1$) が収められています.

$\boldsymbol{\beta}_j$ はその要素に Q 個の説明変数と1個の切片に対応するパラメータ*4)をもつサイズ $(Q+1) \times 1$ の縦ベクトルです. また $\boldsymbol{r}_j$ はその要素に各生徒のレベル1の誤差 r_{ij} をもつサイズ $(n_j \times 1)$ の縦ベクトルです. この誤差ベクトルは要素がすべて0のサイズ $n_j \times 1$ の平均ベクトル ($\boldsymbol{\mu} = \boldsymbol{0}$) と, 対角要素が σ^2 で非対角要素はすべて0の共分散行列 ($\Sigma = \sigma^2 I$) をもつ多変量正規分布 (multi-variate normal distribution, MVN) に従うものと仮定します. ただし I はサイズ $n_j \times n_j$ の単位行列です. 共分散行列の非対角要素をすべて0に固定することで, 誤差間の相関は0であることを表現しています*5).

次にレベル2のモデルについて説明します.

レベル2:
$$\boldsymbol{\beta}_j = W_j \boldsymbol{\gamma} + \boldsymbol{u}_j \tag{6.3}$$

---

*2) 『入門編』第4章・第5章で解説したように, 関数 lmer の出力にはランダム効果の推定値は直接は表示されません.
*3) (6.3) 式で示すレベル2の説明変数に関する計画行列 W_j がなければ, (6.1) 式と (6.3) 式によるモデル表記は本書第4章の (4.40) 式と同一になります.
*4) 集団ごとに定義されるランダム切片やランダム傾きを意味します.
*5) 各生徒が平均0, 分散 σ^2 をもつ正規分布に互いに独立に従っていると考えることもできます.

$$\boldsymbol{u}_j \sim \mathrm{MVN}(\mathbf{0}, T) \tag{6.4}$$

W_j はレベル 2 の説明変数を収めたデータ行列でそのサイズは $(Q+1) \times F$ です. F はレベル 2 の固定効果 (切片を含む) の数です [*6]. $\boldsymbol{\gamma}$ は要素に固定効果を収めたサイズ $F \times 1$ の縦ベクトルです. $\boldsymbol{u}_j$ は要素にレベル 2 の誤差 (ランダム効果) を収めたサイズ $(Q+1) \times 1$ の縦ベクトルであり,平均ベクトルが $\mathbf{0}$ (サイズ $(Q+1) \times 1$),共分散行列が T の多変量正規分布に従います. T はその要素にランダムパラメータ (ランダム切片とランダム傾きの分散と共分散) をもつサイズ $(Q+1) \times (Q+1)$ の対称行列です [*7].

6.1.2 パラメータ推定量と標準誤差

ランダムパラメータを所与とした上で,固定効果ベクトル $\boldsymbol{\gamma}$ を推定することが本節の目的でした. そのためには最初に $\boldsymbol{\beta}_j$ の推定量を必要とします. 具体的には,

$$\hat{\boldsymbol{\beta}}_j = (X_j' X_j)^{-1} X_j' \boldsymbol{y}_j \tag{6.5}$$

という推定量を利用します [*8]. これは重回帰分析における最小二乗推定量です. この推定量の共分散行列は

$$V[\hat{\boldsymbol{\beta}}_j] = \sigma^2 (X_j' X_j)^{-1} = V_j \tag{6.6}$$

です. V_j は対角要素に β の分散の推定量,非対角要素に任意の β の組み合わせ [*9] における共分散の推定量が収められたサイズ $(Q+1) \times (Q+1)$ の対称行列です. (6.1) 式の各項に左から $(X_j' X_j)^{-1} X_j'$ を乗じると,

$$\hat{\boldsymbol{\beta}}_j = \boldsymbol{\beta}_j + \boldsymbol{e}_j \tag{6.7}$$

となります. ただし $\boldsymbol{e}_j = (X_j' X_j)^{-1} X_j' \boldsymbol{r}_j$ です. (6.7) 式は (6.5) 式と同じ推定量を表現していますからその共分散行列も (6.6) 式と同じく V_j となります. (6.7) 式中の $\boldsymbol{\beta}_j$ は真値であり定数ベクトルであることを考慮するとレベル 1 の誤差 $\boldsymbol{e}_j$

[*6] たとえば (6.18) 式を参照するとレベル 2 の固定効果の数と W_j の列数はともに 6 です.
[*7] ランダム切片とランダム傾きが 1 つずつ含まれるモデルならば T のサイズは 2×2 です.
[*8] X' で X の転置行列を, X^{-1} で X の逆行列をそれぞれ表現しています.
[*9] ランダム切片とランダム傾きが 1 つずつ含まれるモデルならば共分散が定義できる組み合わせは β_{0j} と β_{1j} のみです.

は平均ベクトルが $\mathbf{0}$, 共分散行列が V_j の多変量正規分布に従うことになります. さらに (6.7) 式中の $\boldsymbol{\beta}_j$ に (6.3) 式を代入すると

$$\hat{\boldsymbol{\beta}}_j = W_j \boldsymbol{\gamma} + \boldsymbol{u}_j + \boldsymbol{e}_j \tag{6.8}$$

となります. $W_j\boldsymbol{\gamma}$ は定数ですから, $\boldsymbol{u}_j$ と $\boldsymbol{e}_j$ は独立であるという仮定の下, $V[\boldsymbol{u}_j] = T$, $V[\boldsymbol{e}_j] = V_j$ という関係から, レベル2のデータ行列 W_j で条件づけた $\hat{\boldsymbol{\beta}}_j$ の共分散行列は

$$V[\hat{\boldsymbol{\beta}}_j] = V[\boldsymbol{u}_j + \boldsymbol{e}_j] = T + V_j = \Delta_j \tag{6.9}$$

となります[*10]. T や V_j と同様に Δ_j のサイズも $(Q+1) \times (Q+1)$ となります.

上式からも明らかなように $V[\hat{\boldsymbol{\beta}}_j]$ には, レベル1の誤差共分散行列 V_j とレベル2の誤差共分散行列 T の情報が含まれています.

固定効果ベクトル $\boldsymbol{\gamma}$ に対する最尤推定量は $\boldsymbol{\beta}_j$ の推定量を用いて以下のように定義されます.

$$\hat{\boldsymbol{\gamma}} = \left(\sum_{j=1}^{J} W_j' \Delta_j^{-1} W_j\right)^{-1} \sum_{j=1}^{J} W_j' \Delta_j^{-1} \hat{\boldsymbol{\beta}}_j \tag{6.10}$$

この推定量の共分散行列 $V[\hat{\boldsymbol{\gamma}}]$ は次のようになります.

$$V[\hat{\boldsymbol{\gamma}}] = \left(\sum_{j=1}^{J} W_j' \Delta_j^{-1} W_j\right)^{-1} \tag{6.11}$$

$V[\hat{\boldsymbol{\gamma}}]$ はサイズ $F \times F$ の対称行列であり対角要素の正の平方根が固定効果の推定量の標準誤差となります.

6.1.3 信頼区間・検定統計量

任意の固定効果 γ_h に対応する分散 ($V[\hat{\boldsymbol{\gamma}}]$ の h $(= 1, \ldots, F)$ 番目の対角要素) を V_{hh} とするならば, 95%信頼区間を

$$95\%\text{CI} = \hat{\gamma}_h \pm 1.96 (\hat{V}_{hh})^{1/2} \tag{6.12}$$

で求めることができます. またこの標準誤差の推定量を利用して, 帰無仮説:$\gamma_h = 0$

[*10] (6.6) 式と (6.9) 式で $V[\hat{\boldsymbol{\beta}}_j]$ が異なるのは, (6.9) 式の $\boldsymbol{\beta}_j$ が W_j で条件づけられている場合の推定量の分散を表現しているからです.

の検定のための Wald 検定統計量

$$t = \hat{\gamma}_h / (\hat{V}_{hh})^{1/2} \tag{6.13}$$

を構成することができます．この検定統計量は，レベル 1 の説明変数の固定効果とクロスレベルの交互作用効果については自由度 $N-Q-1$ の t 分布に，レベル 2 の説明変数の固定効果については自由度 $J-F-1$ の t 分布にそれぞれ従います[*11]．

上述の信頼区間や検定統計量は 6.3 節で紹介する EM アルゴリズムによる最尤推定の結果についても適用されます．

6.1.4 数　値　例

ここでは『入門編』第 5 章で例示したランダム切片・傾きモデルについて上述の推定量を用いて固定効果を推定します．

『入門編』第 5 章では「学校データ.csv」について入学後に行われたテスト (ポストテスト) y_{ij} をレベル 1 の目的変数，CWC が施された入学前のテスト (プレテスト) x_{cwc} をレベル 1 の説明変数としていました．また，CGM が施された学校のプレテストの平均 $\bar{x}_{\mathrm{cgm}}$ と，同じく CGM が施された各学校の補習時間 z_{cgm} をレベル 2 の説明変数とし，次のようなマルチレベルモデルを構成していました．

レベル 1：
$$y_{ij} = \beta_{0j} + \beta_{1j} x_{\mathrm{cwc}} + r_{ij} \tag{6.14}$$

レベル 2：
$$\beta_{0j} = \gamma_{00} + \gamma_{01} \bar{x}_{\mathrm{cgm}} + \gamma_{02} z_{\mathrm{cgm}} + u_{0j} \tag{6.15}$$
$$\beta_{1j} = \gamma_{10} + \gamma_{11} \bar{x}_{\mathrm{cgm}} + \gamma_{12} z_{\mathrm{cgm}} + u_{1j} \tag{6.16}$$

『入門編』第 5 章では，関数 lmer による本モデルの適用結果は表 6.1 のようになっていました．

表 6.1 から推定すべき固定効果ベクトルは $\boldsymbol{\gamma} = [\gamma_{00}, \gamma_{01}, \gamma_{02}, \gamma_{10}, \gamma_{11}, \gamma_{12}]'$ であることが分かります．また既知として扱うランダムパラメータは $\sigma^2 = 84.916$ と

[*11] 関数 lmer では Satterthwaite approximation と呼ばれる方法を利用して自由度の調整を行い，集団数が小さいことによる第 1 種の過誤の上昇を抑えます．集団数による検定統計量の自由度調整の詳細については Snijders & Bosker (2012) の第 6 章を参照してください．

表 6.1 モデルの推定値 (『入門編』第 5 章の表の一部を再掲)

パラメータ	推定値	SE	95%CI
γ_{00}	126.150	0.778	[124.626, 127.675]
γ_{01}	1.535	0.246	[1.052, 2.017]
γ_{02}	0.155	0.781	[−1.377, 1.686]
γ_{10}	1.032	0.044	[0.947, 1.118]
γ_{11}	0.005	0.014	[−0.022, 0.032]
γ_{12}	0.057	0.044	[−0.029, 0.142]
τ_{00}	29.393		
τ_{01}	0.413		
τ_{11}	0.077		
σ^2	84.916		

$$T = \begin{bmatrix} \tau_{00} & \tau_{01} \\ \tau_{10} & \tau_{11} \end{bmatrix} = \begin{bmatrix} 29.393 & 0.413 \\ 0.413 & 0.077 \end{bmatrix} \tag{6.17}$$

です.(6.3) 式よりレベル 2 のデータ行列 W_j は,以下に示す (6.18) 式右辺第 1 項のサイズ 2×6 のデータ行列となります.(6.6) 式より $\boldsymbol{\beta}_j = W_j \gamma + \boldsymbol{u}_j$ でしたが本例の状況に合わせて具体的に表現すると

$$\begin{bmatrix} \beta_{0j} \\ \beta_{1j} \end{bmatrix} = \begin{bmatrix} 1 & \bar{x}_{\text{cgm}} & z_{\text{cgm}} & 0 & 0 & 0 \\ 0 & 0 & 0 & 1 & \bar{x}_{\text{cgm}} & z_{\text{cgm}} \end{bmatrix} \begin{bmatrix} \gamma_{00} \\ \gamma_{01} \\ \gamma_{02} \\ \gamma_{10} \\ \gamma_{11} \\ \gamma_{12} \end{bmatrix} + \begin{bmatrix} u_{0j} \\ u_{1j} \end{bmatrix} \tag{6.18}$$

となります.

さて,上述の設定の下,前項までに解説した推定量を R のスクリプトで表現しパラメータ推定を行ってみましょう.最初にデータを読み込んで,『入門編』第 5 章の設定と同じようにレベル 2 の説明変数に中心化を適用します.

```
> #外部データの読み込み
> data1 <- read.csv("学校データ.csv")

> #レベル 2 の変数「プレテスト平均点」に CGM を施す
> pre2.mdev <- data1$pre2.m-mean(data1$pre2.m)
> #レベル 2 の変数「補習時間」に CGM を施す
> time2.dev <- data1$time2-mean(data1$time2)
```

6.1 ランダムパラメータが既知の場合の最尤推定法

次に，推定のために必要な各種オブジェクトを準備します．

```
> id <- data1$schoolID #学校 ID
> ytemp <- data1$post1 #目的変数ベクトル y
> Xtemp <- cbind(1,data1$pre1.cwc) #レベル 1 データ行列 X
> Wtemp <- cbind(1,pre2.mdev,time2.dev)#レベル 2 データ行列 W

> #レベル 2 のランダムパラメータの設定
> T <- matrix(c(29.393,0.413,0.413,0.077),ncol=2)

> #レベル 1 のランダムパラメータの設定
> sigma2 <- 84.916

> y <- list()#yj
> X <- list()#Xj
> W <- list()#Wj
> B <- list()#βj
> V <- list()#Vj
> D <- list()#Δj
> WDW <- 0 #γの推定量の一部 1
> WDb <- 0 #γの推定量の一部 2
```

集団別に定義される y_j, X_j, W_j, β_j, V_j, Δ_j は，それぞれリスト形式のオブジェクト y，X，W，B，V，D の各要素に保存されることに注意してください．WDW と WDb は推定量を構成するパーツです．

これらを用いて，次のスクリプトで γ の推定に必要な統計値を算出します．

```
> for(j in 1:50)
+ {
+
+   #学校 j のデータが収められている行番号を抽出
+   s <- which(id==j)
+   y[[j]] <- ytemp[s] #yj を抽出
+   X[[j]] <- Xtemp[s,] #Xj を抽出
+
+   #Wj を作成 (本文の行列表記を参照)
+   W[[j]] <- rbind(c(Wtemp[s,][1,],0,0,0),c(0,0,0,Wtemp[s,][1,]))
+
+   #Bj を算出しリストの要素に収める
+   B[[j]] <- solve(t(X[[j]])%*%X[[j]])%*%t(X[[j]])%*%y[[j]]
```

```
+
+     #Vj を算出しリストの要素に収める
+     V[[j]] <- sigma2*solve(t(X[[j]])%*%X[[j]])   #Vj の算出と保存
+
+     #Dj を算出しリストの要素に収める
+     D[[j]] <- T + V[[j]]#Δj の算出と保存
+
+     #γ の推定量中の総和に関する処理
+     WDW <- WDW + t(W[[j]])%*%solve(D[[j]])%*%W[[j]]
+     WDb <- WDb + t(W[[j]])%*%solve(D[[j]])%*%B[[j]]
+ }
```

以上の手続きで (6.10) 式に必要なすべての統計値が得られたので，それを利用して γ の推定値を得ます．

```
> gan <- t(solve(WDW)%*%WDb)
> colnames(gan) <- c("g00","g01","g02","g10","g11","g12")
> round(gan,3)
         g00   g01   g02   g10   g11   g12
[1,] 126.15 1.535 0.154 1.032 0.005 0.057
```

この出力と表 6.1 に記載した関数 lmer の推定値とを比較すると値が一致していることが分かります．また各パラメータの標準誤差は (6.11) 式から次のように求められます．

```
> #WDW は上述のスクリプトで算出しているのでその逆行列の対角要素を求める
> ganse <- diag(solve(WDW))
> names(ganse) <- c("g00","g01","g02","g10","g11","g12")
> round(sqrt(ganse),3)
  g00   g01   g02   g10   g11   g12
0.778 0.246 0.781 0.044 0.014 0.044
```

標準誤差の値も関数 lmer で求めた表 6.1 の結果と一致しています．
次に固定効果の 95% 信頼区間を算出します．(6.12) 式を R スクリプトで書き下すと以下の出力が得られます．

```
> ll <- gan-1.96*sqrt(diag(solve(WDW)))
> ul <- gan+1.96*sqrt(diag(solve(WDW)))
> interval <- rbind(ll,ul)
> rownames(interval) <- c("下限","上限")
> interval
          g00      g01       g02       g10       g11         g12
下限 124.6261 1.051864 -1.376656 0.9467176 -0.02204852 -0.02918023
上限 127.6747 2.017232  1.685583 1.1175735  0.03206329  0.14225670
```

信頼区間も関数 confint で求めた表 6.1 の結果と一致しています.

以上がランダムパラメータを所与とした場合の固定効果の推定法です．モデルが異なったとしても上述の推定方法には汎用性があるので，W_j の形式にさえ注意すれば比較的容易にパラメータ推定することが可能です．

6.2 ランダム効果の推定

本節ではランダム効果 u_j の推定法について解説します．

6.2.1 経験ベイズ推定量によるランダム効果 u_j の推定

ランダム効果の推定には経験ベイズ推定量 (empirical Bayes estimator, EB 推定量) という統計量を利用します．特定の集団 (ここでは学校) j に関する経験ベイズ推定量 $\boldsymbol{\beta}_j^*$ は次のようなものです．

$$\boldsymbol{\beta}_j^* = \Lambda_j \hat{\boldsymbol{\beta}}_j + (I - \Lambda_j) W_j \hat{\boldsymbol{\gamma}} \tag{6.19}$$

ここで $\hat{\boldsymbol{\beta}}_j$ は (6.5) 式で示した $\boldsymbol{\beta}_j$ の最小二乗推定量です．また Λ_j は (6.9) 式で示した $\hat{\boldsymbol{\beta}}_j$ の共分散行列 $V[\hat{\boldsymbol{\beta}}_j] = T + V_j$ を利用して次式として定義されます [*12)].

$$\Lambda_j = T(T + V_j)^{-1} = T \Delta_j^{-1} \tag{6.20}$$

この指標は多変量信頼性行列 (multivariate reliability matrix) と呼ばれます．推定精度が高く V_j の全要素が 0 であれば Λ_j は単位行列になります [*13)]．このとき (6.19) 式は $\hat{\boldsymbol{\beta}}_j$ となります．逆に，推定精度が悪く V_j の要素が一様に大きく

[*12)] T も V も対称行列ですが Λ はかならずしも対称ではありません．
[*13)] T は対称行列なので逆行列が求められるのであれば，$TT^{-1} = I$ が成り立ちます．

なると Λ_j はその要素がすべて 0 の行列に近づいていきます．このとき (6.19) 式の結果は $W_j\hat{\gamma}$ に近似していきます．

後者の場合には $\boldsymbol{\beta}_j^*$ に集団によらない固定効果 $\hat{\gamma}$ の影響がより強く反映されていますが，この現象を経験ベイズ推定量の shrinkage (縮退) と呼びます．特に標本サイズの小さい集団において shrinkage の程度が大きくなり，その集団における $\boldsymbol{\beta}$ の推定値は全体の結果に類似した (より平均的な) ものになることが知られています [*14]．

ランダム効果の推定値は (6.3) 式と (6.20) 式を利用して

$$\boldsymbol{u}_j = \boldsymbol{\beta}_j^* - W_j\hat{\gamma} \tag{6.21}$$

で求めます．この式からも理解できるようにランダム効果とは固定効果 $W_j\gamma$ によって説明しきれなかった $\boldsymbol{\beta}_j^*$ の残差です．上式で求められる $\boldsymbol{u}_j$ は経験ベイズ残差 (empirical Bayes residuals) とも呼ばれます．

6.2.2 数　値　例

ここでは (6.19) 式から (6.21) 式を利用して，6.1 節で取り上げたランダム切片・傾きモデルの $\boldsymbol{u}_j$ を具体的に推定します．最初に (6.20) 式の多変量信頼性行列 Λ_j を求めます．(6.1) 節で T と Δ_j は推定していますからこの結果を利用します．

```
> L<-list()
> for(j in 1:50)
+ {
+       L[[j]] <- T%*%solve(D[[j]])
+ }
>
```

上述のスクリプトではリスト形式のオブジェクト L の要素に，各学校の Λ_j の計算結果を収めています．次のスクリプトではこの結果を利用して $\boldsymbol{u}_j$ を推定し u の各要素にそれぞれ収めていきます．また (6.19) 式の計算過程で必要となる $\boldsymbol{\beta}_j^*$

[*14] Raudenbush & Byrk (2002) の第 4 章では標本サイズが小さい集団におけるランダム傾きが過大・過小に推定されるのに対して，経験ベイズ推定量はより平均的な推定値を返すことが例示されています．

6.2 ランダム効果の推定

の結果をリスト形式のオブジェクト Ba の要素に保存しています．

```
> Ba <- list()
> u <- list()
> I <- diag(2)

> for(j in 1:50)
+ {
+   Ba[[j]] <- L[[j]]%*%B[[j]]+(I-L[[j]])%*%W[[j]]%*%t(gan)
+   u[[j]] <- Ba[[j]]-W[[j]]%*%t(gan)
+ }
```

以上で u_j の計算は終了です．オブジェクトを整形して切片に関するランダム効果，傾きに関するランダム効果の一部を表示させると次のようになります．

```
> u <- matrix(do.call("rbind",u),ncol=2,byrow=TRUE)
> head(u,3) #最初3行を抽出
          [,1]      [,2]
[1,] -3.859578 -0.04432313
[2,] -5.197388 -0.02569007
[3,] -2.243722 -0.18811827
```

オブジェクト u の 1 列目が切片に関するランダム効果，2 列目が傾きに関するランダム効果になります．ランダム傾きが複数含まれるモデルでは，3 列目以降にそれぞれの傾きに対応するランダム効果が配置されます．

このランダム効果ですが関数 lmer の出力を利用して求めることができます．表 6.1 の算出に利用した R スクリプトを次に示します．これは『入門編』第 5 章に掲載されているものです．分析結果はオブジェクト crosslevel2 に保存されます．

```
> library(lmerTest)#パッケージ lmerTest の読み込み
> library(car)#パッケージ car の読み込み

> #モデルの実行
> crosslevel2 <- lmer(post1 ~ pre1.cwc + pre2.mdev + time2.dev
+ + (pre1.cwc:pre2.mdev) + (pre1.cwc:time2.dev)
```

```
+ + (1 + pre1.cwc|schoolID),data=data1,REML=FALSE)
```

crosslevel2 というオブジェクトには切片と傾きに関するランダム効果も含まれています．これを抽出するためには関数 ranef を利用します．

```
> #ランダム効果の抽出
> resran <- ranef(crosslevel2)$schoolID
> head(resran,3)
  (Intercept)    pre1.cwc
1   -3.859581 -0.04431937
2   -5.197407 -0.02565164
3   -2.243650 -0.18826939
```

関数 ranef の要素に関数 lmer のオブジェクトを与えています．さらにその結果から $schoolID として，さらにランダム効果の推定値が含まれている部分を抽出しています．

resran の1列目は切片に関するランダム効果，2列目には傾きに関するランダム効果が配置されています．この結果は先に求めた u と誤差の範囲で一致していることがうかがえます[*15]．

6.3 ランダムパラメータが未知の場合の最尤推定法

σ^2 と T も含めたすべてのパラメータを最尤推定法の枠組みで推定する際には EM アルゴリズムが利用できます．マルチレベルモデルにおける EM アルゴリズムではランダム効果 u_j を欠測値として捉えます．仮に u_j が既知であるならば，固定効果は後述する (6.33) 式で，ランダムパラメータは (6.34) 式, (6.35) 式でそれぞれ推定することができます．この際に利用されるのが完全データ十分統計量 (complete data sufficient statistics, CDSS) と呼ばれる統計量です．

問題は u_j が実際には観測されていないという点です．そこで EM アルゴリズムでは，u_j の初期値を適当に与えた状態で CDSS の推定値を算出し (E-step)，

[*15] 両計算結果の差の和を求めると，切片に関するランダム効果では $-1.175204 \times 10^{-10}$，傾きに関するランダム効果では $-1.053928 \times 10^{-12}$ となりました．

その値を利用して全パラメータを推定する (M-step) ということを繰り返すことで尤度を最大化するパラメータのセットを探索します．本節では Raudenbush & Bryk (2002) の記法に従い，アルゴリズムの手続きについて解説します．またアルゴリズムを R で書き下し関数 lmer の出力が再現されることを具体的に確認します．

6.3.1 モデルの記法と分布

(6.1) 式の $\boldsymbol{\beta}_j$ へ (6.3) 式を代入します．その結果,

$$\boldsymbol{y}_j = X_j W_j \boldsymbol{\gamma} + X_j \boldsymbol{u}_j + \boldsymbol{r}_j \tag{6.22}$$

が得られます．ここで $X_j W_j = A_{fj}, \boldsymbol{\gamma} = \boldsymbol{\theta}_f, X_j = A_{rj}, \boldsymbol{u}_j = \boldsymbol{\theta}_{rj}$ とし, (6.22) 式を再表現したものが以下です．

$$\boldsymbol{y}_j = A_{fj}\boldsymbol{\theta}_f + A_{rj}\boldsymbol{\theta}_{rj} + \boldsymbol{r}_j \tag{6.23}$$

$$\boldsymbol{\theta}_{rj} \sim \mathrm{MVN}(\mathbf{0}, T) \tag{6.24}$$

$$\boldsymbol{r}_j \sim \mathrm{MVN}(\mathbf{0}, \sigma^2 I) \tag{6.25}$$

A_{fj}, $\boldsymbol{\theta}_f$ の添え字 f はこれらの記号が固定効果に関連するものであることを，A_{rj}, $\boldsymbol{\theta}_{rj}$ の添え字 r はこれらの記号がランダム効果に関連するものであることをそれぞれ表現しています [*16]．I は $n_j \times n_j$ の単位行列です．このモデルの下で，$\boldsymbol{y}_j$ と $\boldsymbol{\theta}_{rj}$ の同時分布は次となります．

$$\begin{pmatrix} \boldsymbol{y}_j \\ \boldsymbol{\theta}_{rj} \end{pmatrix} \sim \mathrm{MVN}\left[\begin{pmatrix} A_{fj}\boldsymbol{\theta}_f \\ \mathbf{0} \end{pmatrix}, \begin{pmatrix} A_{rj}TA'_{rj} + \sigma^2 I & A_{rj}T \\ TA'_{rj} & T \end{pmatrix} \right] \tag{6.26}$$

この同時分布の仮定の下，他のデータやパラメータが所与であるときの $\boldsymbol{\theta}_{rj}$ の条件つき分布は，

$$\boldsymbol{\theta}_{rj} \sim \mathrm{MVN}(\boldsymbol{\theta}^*_{rj}, \sigma^2 C_j^{-1}) \tag{6.27}$$

のように平均ベクトルが $\boldsymbol{\theta}^*_{rj}$，共分散行列が $\sigma^2 C_j^{-1}$ の多変量正規分布となります．さらに $\boldsymbol{\theta}^*_{rj}$ と C_j はそれぞれ

$$C_j = A'_{rj}A_{rj} + \sigma^2 T^{-1} \tag{6.28}$$

[*16] たとえばランダム効果 $\boldsymbol{u}_j$ は $\boldsymbol{\theta}_{rj}$ であり，そのランダム効果に左から掛けられるデータ行列 X_j はランダム効果に関連する記号なので添え字 r を用いて A_{rj} と表現されています．

$$\boldsymbol{\theta}_{rj}^{*} = C^{-1} A'_{rj} (\boldsymbol{y}_j - A_{fj}\boldsymbol{\theta}_f) \tag{6.29}$$

と導出されています[*17]. $\boldsymbol{\theta}_{rj}^{*}$ はサイズ $(Q+1) \times 1$ の縦ベクトル, C_j はサイズ $(Q+1) \times (Q+1)$ の行列です.

6.3.2 E-step

次に,先述した CDSS の推定を行います. パラメータ推定に必要となる CDSS は $A'_{fj}A_{fj}\boldsymbol{\theta}_{rj}$, $\boldsymbol{\theta}_{rj}\boldsymbol{\theta}'_{rj}$, $\boldsymbol{r}'_j\boldsymbol{r}_j$ の3つです. ここで, $\boldsymbol{r}_j = \boldsymbol{y}_j - A_{fj}\boldsymbol{\theta}_f - A_{rj}\boldsymbol{\theta}_{rj}$ です. すべての統計量が欠測値 $\boldsymbol{\theta}_{rj}$ を含んでいることを確認してください. CDSS は欠測値を含んだ未知のパラメータといえますが, EM アルゴリズムでは $\boldsymbol{\theta}_{rj}$ を除いた他のデータやパラメータを所与とした下で,その統計量 (CDSS) の期待値を推定します. この過程を E-step と呼びます.

上述の CDSS に対応するその期待値の推定量は次のとおりです. 各 CDSS に対して確率変数である $\boldsymbol{\theta}_{rj}$ の期待値を求めています[*18].

$$\mathrm{CDSS}_1 = \mathrm{E}\left[\sum A'_{fj}A_{fj}\boldsymbol{\theta}_{rj} | \boldsymbol{y}, \boldsymbol{\theta}_f, \sigma^2, T\right] = \sum A'_{fj}A_{fj}\boldsymbol{\theta}_{rj}^{*} \tag{6.30}$$

$$\mathrm{CDSS}_2 = \mathrm{E}\left[\sum \boldsymbol{\theta}_{rj}\boldsymbol{\theta}'_{rj} | \boldsymbol{y}, \boldsymbol{\theta}_f, \sigma^2, T\right] = \sum \boldsymbol{\theta}_{rj}^{*}\boldsymbol{\theta}_{rj}^{*\prime} + \sigma^2 \sum C_j^{-1} \tag{6.31}$$

$$\mathrm{CDSS}_3 = \mathrm{E}\left[\sum \boldsymbol{r}'_j\boldsymbol{r}_j | \boldsymbol{y}, \boldsymbol{\theta}_f, \sigma^2, T\right] = \sum \boldsymbol{r}_j^{*\prime}\boldsymbol{r}_j^{*} + \sigma^2 \left(\mathrm{tr}\sum C_j^{-1} A'_{rj} A_{rj}\right) \tag{6.32}$$

ここで $\boldsymbol{r}_j^{*} = \boldsymbol{y}_j - A_{fj}\boldsymbol{\theta}_f - A_{rj}\boldsymbol{\theta}_{rj}^{*}$ です[*19].

6.3.3 M-step

(6.30) 式〜(6.32) 式を利用して CDSS の期待値が得られたら,次に M-step に移ります. 固定効果 $\boldsymbol{\theta}_f$ の推定量は以下となります.

$$\begin{aligned}\hat{\boldsymbol{\theta}}_f &= \left(\sum A'_{fj}A_{fj}\right)^{-1} \sum A'_{fj}\left(\boldsymbol{y}_j - A_{rj}\boldsymbol{\theta}_{rj}^{*}\right) \\ &= \left(\sum A'_{fj}A_{fj}\right)^{-1} \left\{\sum A'_{fj}\boldsymbol{y}_j - \sum A'_{fj}A_{rj}\boldsymbol{\theta}_{rj}^{*}\right\}\end{aligned} \tag{6.33}$$

(6.33) 式の 2 行目の大括弧内に (6.30) 式で示した CDSS の期待値

[*17] この証明については Raudenbush & Bryk (2002) の第 14 章に記述されています.
[*18] 導出の詳細については Raudenbush & Bryk (2002) の第 14 章を参照してください.
[*19] 文脈から明らかなように式中の和記号はすべて集団 j に関するものです.

($\sum A'_{fj} A_{rj} \boldsymbol{\theta}^*_{rj}$) が挿入されていることを確認してください.

次に T の最尤推定量を導出します. 手元に $\boldsymbol{\theta}_{rj}$ が観測されている場合, この推定量は $\hat{T} = J^{-1} \boldsymbol{\theta}_{rj} \boldsymbol{\theta}'_{rj}$ となります. ここで $\boldsymbol{\theta}_{rj} \boldsymbol{\theta}'_{rj}$ が CDSS であり, 既知である集団数 J を用いれば直ちに T の推定値が得られることが分かります. しかし $\boldsymbol{\theta}_{rj}$ は欠測値なので E-step で得られた CDSS の期待値 (6.31) 式を利用し, 次のような推定量で T を推定します.

$$\begin{aligned}\hat{T} &= J^{-1} E\left[\sum \boldsymbol{\theta}_{rj} \boldsymbol{\theta}'_{rj} | \boldsymbol{y}, \boldsymbol{\theta}_f, \sigma^2, T\right] \\ &= J^{-1}\left(\sum \boldsymbol{\theta}^*_{rj} \boldsymbol{\theta}^{*\prime}_{rj} + \sigma^2 \sum C_j^{-1}\right)\end{aligned} \quad (6.34)$$

手元に $\boldsymbol{\theta}_{rj}$ が観測されている場合の σ^2 の最尤推定量は $\hat{\sigma}^2 = N^{-1} \sum \boldsymbol{r}'_j \boldsymbol{r}_j$ です. N はデータの総数です. この推定量は $\sum \boldsymbol{r}'_j \boldsymbol{r}_j$ という CDSS によって構成されていますがそれが観測されていないので, (6.32) 式で得られたその期待値で代用します.

$$\begin{aligned}\hat{\sigma}^2 &= N^{-1} E\left[\sum \boldsymbol{r}'_j \boldsymbol{r}_j | \boldsymbol{y}, \boldsymbol{\theta}_f, \sigma^2, T\right] \\ &= N^{-1}\left\{\sum \boldsymbol{r}^{*\prime}_j \boldsymbol{r}^*_j + \sigma^2 \left(\text{tr} \sum C_j^{-1} A'_{rj} A_{rj}\right)\right\}\end{aligned} \quad (6.35)$$

6.3.4 アルゴリズムと収束判定

EM アルゴリズムでは適当に定めた初期値の下, E-step と M-step を繰り返し最適なパラメータを探索していきます. 具体的な手続きは以下のとおりです.

step0 推定パラメータおよび, $\boldsymbol{\theta}_{rj}$ に対して適当な初期値を定める.

step1 E-step により CDSS の期待値を求める.

step2 M-step により CDSS の期待値を利用して最尤推定値を得る.

step3 前回のアルゴリズムにおける推定値の下での対数尤度と, step2 で得られた推定値の下での対数尤度の差 d を算出し, 任意の収束基準 ϵ を満たしているか ($d < \epsilon$) を確認する. 基準を満たしているならばアルゴリズムは終了. さもなくばその推定値を所与として step1 から再びアルゴリズムを繰り返す.

なお本節では推定対象となるパラメータについて $\boldsymbol{\theta}_f$, T, σ^2 を前回のアルゴリズムでの推定結果 [*20], $\hat{\boldsymbol{\theta}}_f$, $\hat{T}$, $\hat{\sigma}^2$ を今回のアルゴリズムでの推定結果としてそれぞれ表現します. また直接推定の対象になるわけではないランダム効果 $\boldsymbol{\theta}_j$ と

[*20] つまりアルゴリズム中では所与の値として扱われます.

6.3.5 ランダムパラメータの信頼区間

ランダムパラメータ σ^2 と T についても標準誤差とそれに基づく信頼区間を構成することができますが，推定量の標本分布が左右対称ではないため，それを前提とした信頼区間や仮説検定を適用することができないという問題点があります．このため，学術雑誌などでランダムパラメータの信頼区間や検定結果は報告されることはほとんどありません．これに対して，後の節で解説する MCMC 法を併用したベイズ推定を用いると，シミュレートされた事後分布から推定量の標準偏差とベイズ確信区間を具体的に得ることができます．ベイズ確信区間については 6.5.5 項を参照してください．

6.3.6 数値例

ここでは前節までに取り上げているランダム切片・傾きモデルのパラメータを，EM アルゴリズムを利用して推定します．アルゴリズムを R で書き下すことによって理論を具体的手続きとして理解します．

最初にアルゴリズムの過程で必要となるパッケージの読み込みとアルゴリズム中は定数として扱われるオブジェクトの作成を行います．

```
> library(mvtnorm) #多変量正規分布のためのパッケージ
> set.seed(123) #結果の再現性のために乱数のシードを固定
> #学校別にデータを格納するための空のリストを作成
> Af <- list()
> Ar <- list()
> AAf <- 0
> Ay <- 0
> for(j in 1:50)
+ {
+   Af[[j]] <- X[[j]]%*%W[[j]]
+   Ar[[j]] <- X[[j]]
+   AAf <- AAf + t(Af[[j]])%*%Af[[j]]
+   Ay <- Ay + t(Af[[j]])%*%y[[j]]
+ }
```

6.3 ランダムパラメータが未知の場合の最尤推定法

```
> I <- diag(100) #EMアルゴリズム内で必要となる単位行列
```

パッケージ mvtnorm は多変量正規分布の確率密度を求めるための関数 dmvnorm を利用するために必要です．また AAf は (6.33) 式の $\sum A'_{fj} A_{fj}$ を，Ay は (6.33) 式の $\sum A'_{fj} \boldsymbol{y}_j$ をそれぞれ表現しています．

次に各種パラメータの初期値を設定します．まずランダム効果 $\boldsymbol{\theta}_{rj}$ の初期値が収められたオブジェクト tr0 を定義します．

```
> #thetar の初期値 (tr0)
> tr0 <- cbind(rnorm(50,0,1),rnorm(50,0,1))
```

このオブジェクトは tr0 は行に 50 の学校を，列にランダム切片とランダム係数を配置したサイズ 50×2 の行列です．このデータ行列の要素には，初期値として標準正規分布に従う乱数を与えています[*21]．

次に固定効果 $\boldsymbol{\theta}_f$ の初期値を求めます．

```
> AAt0 <- 0
> #thetaf の初期値 (tf0)
> for(j in 1:50)
+ {
+   AAt0 <- t(Af[[j]])%*%Ar[[j]]%*%tr0[j,]
+ }
> tf0 <- solve(AAf)%*%(Ay-AAt0)
```

(6.33) 式と先に定義した Af, Ar, AAf, そして tr0 を利用して固定効果 $\boldsymbol{\theta}_f$ の初期値が収められたオブジェクト tf0 を生成しています．オブジェクト AAt0 は (6.33) 式中の $\sum A'_{fj} A_{fj} \boldsymbol{\theta}^*_{rj}$ を表現しています．ただしここでは $\boldsymbol{\theta}^*_{rj}$ には標準正規乱数の初期値が与えられていることに注意してください．

ランダムパラメータ T の初期値は先に定義した $\boldsymbol{\theta}_{rj}$ の初期値 tr0 を用いて次

[*21] EM アルゴリズムにおける初期値の設定は一般的にいって容易ではありません．今回の指定例が任意のモデルに共通して利用できるというわけではないことに注意が必要です．

のように定義します．このスクリプトは $\boldsymbol{\theta}_{rj}$ が観測されている場合の共分散行列の推定量 $\hat{T} = J^{-1}\boldsymbol{\theta}_{rj}\boldsymbol{\theta}'_j$ に対応しています．

```
> #T の初期値 (T0)
> tt0 <- 0
> for(j in 1:50)
+ {
+    tt0 <- tt0 + tr0[j,]%*%t(tr0[j,])
+ }
> T0 <- tt0/50
```

オブジェクト T0 に $\hat{T}$ の初期値が収められています．

ランダムパラメータ σ^2 の初期値は，CDSS が得られている場合の推定量 $\hat{\sigma}^2 = N^{-1}\sum \boldsymbol{r}'_j\boldsymbol{r}_j$ を利用して求めます．ただし，$\boldsymbol{r}_j$ は未知パラメータを含んでいるので，ここでは初期値を代入した (6.32) 式中の $\boldsymbol{r}^*_j$ の定義を利用します．

```
> #sigma2 の初期値 (s0)
> rr0 <- 0
> for(j in 1:50)
+ {
+    rr0 <- rr0 + t((y[[j]]-Af[[j]]%*%tf0-Ar[[j]]%*%tr0[j,]))%*%(y[[j]]
+    -Af[[j]]%*%tf0-Ar[[j]]%*%tr0[j,])
+ }
> s0 <- rr0/5000
```

オブジェクト s0 に σ^2 の初期値が収められています[22]．以上でアルゴリズムを開始する準備 (step0) が整いました．

次にアルゴリズムの本体について解説します．まずは E-step (step1) を実施します．初期値をもとに (6.28) 式と (6.29) 式に対応する C_j, $\boldsymbol{\theta}^*_{rj}$ を求めます．

```
> repeat #EM アルゴリズムのループ開始
+ {
```

---

[22] 後述するように 2 回目以降の反復では tf0, T0, s0 には第 1 回目のアルゴリズムにおける推定結果として得られた tf1, T1, s1 がそれぞれ代入されます．

6.3 ランダムパラメータが未知の場合の最尤推定法

```
+ 
+ #E-step
+ #C の計算
+ C <- list()
+ for(j in 1:50)
+ {
+ C[[j]] <- t(Ar[[j]])%*%Ar[[j]] + as.numeric(s0)*solve(T0)
+ }
+ 
+ #t.ast の計算
+ t.ast.pre <- list()
+ for(j in 1:50)
+ {
+ t.ast.pre[[j]] <- solve(C[[j]])%*%t(Ar[[j]])%*%(y[[j]]-Af[[j]]%*%tf0)
+ }
+ 
+ t.ast <- t(do.call("cbind",t.ast.pre))
```

オブジェクト C は要素に各学校の C_j が収められたリストを,t.ast は行に学校,列にランダム切片,ランダム傾きの推定値 (の候補) が収められた行列をそれぞれ表現しています.また as.numeric(s0) は,σ^2 は単一の値であるのに s0 が行列形式で出力されているため,これを実数のスカラー形式となるよう変換するものです.

これらのオブジェクトを用いて (6.30) 式の $CDSS_1$ を求めます.

```
+ #CDSS1(cds1) の計算
+ cds1 <- 0
+ for(j in 1:50)
+ {
+     cds1 <- cds1 + t(Af[[j]])%*%Ar[[j]]%*%t.ast[j,]
+ }
```

各学校の $A'_{fj} A_{fj} \boldsymbol{\theta}^*_{rj}$ の計算を行いその結果をすべて足し上げていることが分かります.続いて $CDSS_2$ は (6.31) 式を用いて次のように求めます.

```
+ #CDSS2(cds2) の計算
+ cds2 <- 0
```

```
+ for(j in 1:50)
+ {
+ cds2 <- cds2 + t.ast[j,]%*%t(t.ast[j,]) + as.numeric(s0)*solve(C[[j]])
+ }
```

ここでは各学校の $\boldsymbol{\theta}_{rj}^{*}\boldsymbol{\theta}_{rj}^{*\prime} + \sigma^2 \sum C_j^{-1}$ を求め,その結果を足し上げています.CDSS$_3$ は (6.32) 式を用いて次のように求めます.

```
+    #CDSS3(cds3) の計算
+    rr <- 0
+    stat <- 0
+    for(j in 1:50)
+    {
+        rr <- rr + t((y[[j]]-Af[[j]]%*%tf0-Ar[[j]]%*%t.ast[j,]))%*%(y[[j]]
+        -Af[[j]]%*%tf0-Ar[[j]]%*%t.ast[j,])
+        stat <- stat + solve(C[[j]])%*%t(Ar[[j]])%*%Ar[[j]]
+    }
+
+    cds3 <- rr + s0*sum(diag(stat))
```

$\boldsymbol{r}_j^{*\prime}\boldsymbol{r}_j^{*} + \sigma^2 \left(\operatorname{tr}\sum C_j^{-1} A_{rj}^{\prime} A_{rj}\right)$ の第 1 項が rr に,第 2 項が stat に対応しています.それぞれについて学校の総和を求め最後に cds3 に総和を代入しています.

以上の E-step の結果を利用して,次に M-step に移ります.M-step に必要な大半の統計量は E-step で求めているため,計算工程は次のように簡潔です.

```
+    #M-step
+    tf1 <- solve(AAf)%*%(Ay-cds1)    #固定効果の推定
+    T1 <- cds2/50    #T の推定
+    s1 <- cds3/5000 #sigma2 の推定
```

固定効果の推定値は tf1,ランダムパラメータの推定値は T1,s1 にそれぞれ収めます.

この推定値を利用してアルゴリズムの更新の有無を判定します.1 つ前のアル

ゴリズムにおける推定値[*23)]の下で得られた対数尤度と，新しい推定値の下で得られた対数尤度を求めその差を基準と照会します．

```
+    #前回の対数尤度
+    ll0 <- 0
+    for(j in 1:50)
+    {
+        mu.vec <- c(Af[[j]]%*%tf0,rep(0,2))
+        var1 <- Ar[[j]]%*%T0%*%t(Ar[[j]])+as.numeric(s0)*I
+        cov1 <- Ar[[j]]%*%T0
+        cov2 <- T0%*%t(Ar[[j]])
+        var2 <- T0
+        COV <- rbind(cbind(var1,cov1),cbind(cov2,var2))
+        ll0 <- ll0 + log(dmvnorm(c(y[[j]],tr0[j,]),mu.vec,COV))
+    }
+
+    #今回の対数尤度
+    ll1 <- 0
+    for(j in 1:50)
+    {
+        mu.vec <- c(Af[[j]]%*%tf1,rep(0,2))
+        var1 <- Ar[[j]]%*%T1%*%t(Ar[[j]])+as.numeric(s1)*I
+        cov1 <- Ar[[j]]%*%T1
+        cov2 <- T1%*%t(Ar[[j]])
+        var2 <- T1
+        COV <- rbind(cbind(var1,cov1),cbind(cov2,var2))
+        ll1 <- ll1 + log(dmvnorm(c(y[[j]],t.ast[j,]),mu.vec,COV))
+    }
```

関数 dmvnorm によって (6.26) 式の目的変数と欠測変数の実現値に対する多変量正規確率密度を求めています．この関数の第1引数には確率密度を求める目的変数と欠測変数の実現値をベクトル形式で与えます．第2引数には平均ベクトルを，第3引数には共分散行列を与えます．

最後に2つの対数尤度の差の絶対値を求めあらかじめ設定した収束基準 (ϵ) と比較します．ここでは $\epsilon = 0.05$ としています．

[*23)] 第1回の反復では更新前の推定値は初期値となります．

```
+     dif <-abs(ll0-ll1)
+     print(dif)
+
+     if(dif<0.05)
+     {
+         rownames(T1) <- colnames(T1) <- c("β0","β1")
+         rownames(tf1) <- c("g00","g01","g02","g10","g11","g12")
+         colnames(s1) <- "sigma2"
+         colnames(t.ast) <- c("u0","u1")
+         break
+     }
+
+     T0 <- T1
+     tf0 <- tf1
+     s0 <- s1
+     tr0 <- t.ast
+ } #ループ終わり
```

収束基準を満たせば条件分岐 (break) によってアルゴリズムは終了します．さもなくば 1 つ前の推定値が収められたオブジェクト tf0, T0, s0, tf0 に新しい推定値を代入し E-step から再計算をします．

以上が R による EM アルゴリズムの実装例です．上述のスクリプトを実行すると各回の対数尤度の差の絶対値が出力されていきます．出力から 7 回目の反復で差の絶対値が 0.03501356 となり，収束基準を満たしたことが分かります．

```
[1] 1219.189
[1] 286.3741
[1] 23.08528
[1] 0.4206406
[1] 0.1178371
[1] 0.06126743
[1] 0.03501356
```

推定値の出力を整形したものが次です．

```
> round(T1,3)
```

```
           β0     β1
β0     29.393  0.414
β1      0.414  0.078

> round(t(tf1),3)
       g00    g01    g02    g10    g11    g12
[1,] 126.16  1.529  0.153  1.038  0.002  0.056

> round(s1,3)
     sigma2
[1,] 84.916
```

関数 lmer の推定結果がほぼ再現されていることを確認してください．

6.4 MCMC 法によるパラメータ推定

既存のマルチレベルモデルの仮定を緩めることで，データに対してより柔軟に当てはまるモデルを構築しようとするとき，パラメータ推定アルゴリズムの一つであるマルコフ連鎖モンテカルロ法 (MCMC 法) を併用したベイズ推定法が有用です．この手法を用いることで，事後分布がよく知られていない確率分布であっても，その分布から無作為標本を抽出することができるようになります．そしてその標本平均や中央値によってパラメータの点推定値や確信区間を得ることができます．

次節では R のパッケージ rstan によって，マルチレベルモデルのベイズ推定を実行する方法について概説します．rstan が採用している MCMC 法の一つであるハミルトニアンモンテカルロ法 (Hamiltonian Monte Carlo method, HMC 法) については豊田 (2015) が詳しいです．またギブスサンプリングによる推定については Raudenbush & Bryk (2002) で詳細に論じられています．rstan の導入や基本的な使い方，マルチレベルモデルへの適用については松浦 (2016) が参考になります．

6.5 データ形式とモデルの指定

パッケージ rstan に含まれる関数群によってパラメータのベイズ推定を行うためには，データ形式や確率モデルが記載された.stan 形式のファイルを準備する

必要があります．このファイルはパッケージ rstan に含まれる関数 stan の引数 file に指定します．stan の計算結果は R 上のオブジェクトに保存されます．このオブジェクトに対して様々な出力用の関数を適用し，マルコフ連鎖の事後分布への収束判定やパラメータの点推定値・確信区間の算出を行います．

ここでは前節までに登場したランダム切片・傾きモデルを例に，.stan 形式のファイルの作成法について解説します．外部ファイル「multilevel.stan」には，data, parameters, transformed parameters, model の 4 セクションからなる stan 用のコード (以降，stan コードと呼びます) が記述されています．

6.5.1 data の記述例

data セクションには分析対象となる R 上のオブジェクトを指定します．

```
data
{
    int N;
    int J;
    int schoolID[N];
    vector[N] post1;
    vector[N] pre1cwc;
    vector[J] pre2mdev;
    vector[J] time2dev;
}
```

int N は全生徒数 (5000) が入った R のオブジェクト，int J は学校数 (50) が入った R のオブジェクトにそれぞれ対応しています．変数の型は int となっていますが，これはオブジェクトが整数値であることを表現しています．

int schoolID[N] の部分で，学校 ID が収められた長さ N のベクトルの要素は整数値であることを表現しています．次に vector[N] post1 の部分で post1 が全生徒のポストテスト得点が収められた長さ N の実数値ベクトルであることを表現しています．同様に pre1cwc は全生徒のプレテスト得点が収められた長さ N の実数値ベクトル，pre2mdev は J 個の学校のプレテストの平均値が収められた長さ J の実数値ベクトル，time2dev は J 個の学校の補習時間が収められた長さ J の実数値ベクトルであることをそれぞれ表現しています．

6.5.2 parameters の記述例

次に推定対象となるパラメータについて定義します.

```
parameters
{
    matrix[J,2] b;
    cov_matrix[2] T;
    real<lower=0> sigma;
    real g00;real g01;
    real g02;real g10;
    real g11;real g12;
}
```

matrix[J,2] b の部分で, b が各学校のランダム切片とランダム傾きに対応するサイズ $J \times 2$ の実数値行列であることを表現しています. cov_matrix[2] T の部分で, T がサイズ 2×2 の共分散行列であることを表現しています. また real<lower=0> sigma の部分で, sigma が下限を 0 とする実数値であることを表現しています. この sigma はレベル 1 の誤差分散 σ^2 に対応しています. 同様の定義によって, g00 はランダム切片の全体平均 γ_{00} を, g01 はランダム切片に対するプレテストの学校平均の効果 γ_{01} を, g02 はランダム切片に対する自習時間の効果 γ_{02} を表現しています.

さらに g10 はランダム傾きの全体平均 γ_{10} を, g11 はランダム傾きに対するプレテストの学校平均の効果 γ_{11} を, g12 はランダム傾きに対する補習時間の効果 γ_{12} を表現しています.

6.5.3 transformed parameters の記述例

ここでは推定されたパラメータを利用した目的変数やランダム効果の予測値を定義します. 後にこの予測値に基づいて目的変数やランダム効果が生成される確率モデルを定義します.

```
transformed parameters
{
    vector[N] post1_hat;
    matrix[J,2] b_hat;
```

```
    for (i in 1:N)
    {
        post1_hat= b[schoolID[i],1] + b[schoolID[i],2] * pre1cwc[i];
    }

    for(j in 1:J)
    {
        b_hat[j,1] = g00 + g01*pre2mdev[j] + g02*time2dev[j];
        b_hat[j,2] = g10 + g11*pre2mdev[j] + g12*time2dev[j];
    }
}
```

`vector[N] post1_hat`の部分で，各生徒に定義される目的変数の予測値を収めるサイズNの実数値ベクトル`post1_hat`を表現しています．予測値は`b[schoolID[i],1] + b[schoolID[i],2] * pre1cwc[i]`の部分で計算しています．`b[schoolID[i],1]`で生徒iが所属する学校のランダム切片が，`b[schoolID[i],2] * pre1cwc[i]`でプレテスト得点の効果×プレテストの得点がそれぞれ表現されています．生徒はN人いますからループ処理でN個の予測値を保存しています．

`matrix[J,2] b_hat`の部分で，各学校に定義されるランダム効果の予測値を収めるサイズ$J \times 2$の実数値行列が表現されています．`b_hat[j,1]`という表記は学校jのランダム切片の予測値を，`b_hat[j,2]`という表記は学校jのランダム傾きの予測値をそれぞれ表現しています．

`g01*pre2mdev[j]`の部分でランダム切片に対する学校jのプレテストの平均の効果が表現されています．また`g02*time2dev[j]`で補習時間の効果が表現されています．同様に，`g11*pre2mdev[j]`の部分でランダム傾きに対する学校jのプレテストの平均の効果が，また`g12*time2dev[j]`で補習時間の効果が表現されています．学校はJ校ありますからループ処理で$J \times 2$個の予測値を行列形式で保存しています．

6.5.4 modelの記述例

modelでは上に定義した変数を用いて目的変数とランダム効果に関する確率モデルを記述します．

```
model
{
    for(i in 1:N)
    {
        post1[i] ~ normal(post1_hat[i], sigma);
    }

    for(j in 1:J)
    {
        b[j,] ~ multi_normal(b_hat[j,], T);
    }
}
```

post1[i] ~ normal(post1_hat[i], sigma) で目的変数の確率分布を表現しています. 目的変数であるポストテスト得点は平均 post1_hat[i], 標準偏差 sigma の正規分布に従うことを意味しています. multi_normal では b[j,] ~ multi_normal(b_hat[j,], T) の部分で, 各学校のランダムパラメータが, 平均ベクトル b_hat[j,], 共分散行列 T の多変量正規分布に従うことを表現しています. 学校は J 校あるので for を用いて各学校の平均ベクトルは異なることを表現します[*24].

6.5.5 推定の実行と収束判定

上述の stan コードが収められた「multilevel.stan」を R から実行する方法について解説します. 最初に stan コードに登場した各種オブジェクトを R 上で定義します.

```
> library(rstan)#rstan の読み込み

> N <- 5000 #生徒数
> J <- 50 #学校数
> schoolID <- data1$schoolID #学校 ID
```

[*24] 今回の分析では全パラメータに無情報事前分布を仮定していますが (事前分布について何も記述しなければ stan が無情報事前分布を適用します), 任意の事前分布を仮定したい場合にはこのモデルに確率モデルを記述します. 詳細については松浦 (2016) の rstan に関する網羅的な解説を参照してください.

```
> pre1cwc <- data1$pre1.cwc #プレテスト得点 (CWC)
> post1 <- data1$post1 #ポストテスト得点

> loc <- seq(1,5000,100) #各学校の一人目の生徒の位置を取得
> #各学校のプレテスト平均 (CGM)

> pre2mdev <- (data1$pre2.m-mean(data1$pre2.m))[loc]
> #各学校の自習時間 (CGM)
> time2dev <- (data1$time2-mean(data1$time2))[loc]

> #stan に受け渡すオブジェクト名の一覧を作成
> datlist <- c("N", "J", "post1", "pre1cwc","schoolID","pre2mdev",
+ "time2dev")
```

library(rstan) でパッケージ rstan を読み込んだ後，既に前項までの作業で読み込んでいる「学校データ.csv」から stan コードに登場する変数を生成しています[*25]．stan コードに登場するオブジェクト名と完全に一致させる必要があるので注意してください．最後に datlist として関数 stan に受け渡す R のオブジェクト一覧を作成しておきます．前準備は以上です．

次に関数 stan によりアルゴリズムを実行します．

```
#stan の実行
> resstan <- stan(file="multilevel.stan", data = datlist,
+ chains=3, iter = 10000, warmup=5000, seed=123)
```

引数 file に stan コードが記述されたファイル「multilevel.stan」を指定します．また，引数 data にオブジェクト一覧 datlist を指定します．chains は生成するマルコフ連鎖の数でここでは 3 と指定しています．マルコフ連鎖が事後分布に収束したかを確認するためには複数の連鎖を生成し，それらが構成するシミュレートされた事後分布が同一の形状をしているかを確認することが有用です．少なくとも 3 つ以上の連鎖を生成すると良いでしょう．iter はアルゴリズムの反復回数でここでは 10000 回と指定しています．warmup で何回目以降の反復の MCMC 標本を推定に用いるかを指定します．ここでは 5000 回目以降の MCMC

[*25] stan コードでは変数名にピリオドが使えないので，ここではピリオドを外したオブジェクトを定義しています．

標本を推定に利用します．seed は乱数のシードでありここでは結果を再現させるために適当な数値 (123) を与えています．

この R スクリプトを実行すると MCMC 標本のサンプリングが開始されます．CHAIN 1 から CHAIN 3 の 3 つのマルコフ連鎖の生成履歴が R コンソールに出力されます．サンプリングが終了したら関数 print によって全パラメータの事後分布に関する記述統計量と収束判定指標を表示させます．

```
#stanの実行
> print(resstan,pars=c("sigma","T","g00","g01","g02","g10","g11","g12")
+ ,digits=3)

Inference for Stan model: multilevel.
3 chains, each with iter=10000; warmup=5000; thin=1;
post-warmup draws per chain=5000, total post-warmup draws=15000.

          mean se_mean    sd    2.5%     25%     50%     75%   97.5% n_eff Rhat
g00    126.148   0.007 0.865 124.446 125.578 126.144 126.714 127.861 15000    1
g01      1.533   0.002 0.273   0.989   1.354   1.531   1.713   2.077 15000    1
g02      0.165   0.007 0.868  -1.555  -0.410   0.168   0.742   1.867 15000    1
g10      1.032   0.000 0.048   0.936   1.000   1.032   1.064   1.125 15000    1
g11      0.005   0.000 0.015  -0.025  -0.005   0.005   0.015   0.035 15000    1
g12      0.057   0.000 0.049  -0.039   0.024   0.057   0.090   0.153 15000    1
sigma    9.216   0.001 0.094   9.036   9.153   9.215   9.279   9.403 15000    1
T[1,1]  36.037   0.068 8.351  23.219  30.136  34.879  40.499  55.650 15000    1
T[1,2]   0.506   0.003 0.336  -0.095   0.281   0.484   0.702   1.242 15000    1
T[2,1]   0.506   0.003 0.336  -0.095   0.281   0.484   0.702   1.242 15000    1
T[2,2]   0.098   0.000 0.026   0.058   0.080   0.095   0.113   0.159 15000    1
```

最初に収束判定基準 $\hat{R}$ の出力 Rhat を参照します．この指標が 1 に近い場合には生成したマルコフ連鎖が事後分布に収束していることが示唆されます．また n_eff は有効標本サイズ (effective sample size) という指標で，アルゴリズムが事後分布へ収束している場合，total post-warmup draws の値と n_eff の値は近いものとなります．この例ではすべてのパラメータの Rhat が 1 となっており，かつ n_eff も total post-warmup draws と同じです．マルコフ連鎖が事後分布へ収束している可能性が高いと解釈できます．両指標の成り立ちについては豊田 (2015) が詳しいです．

収束判定にはシミュレートされた事後分布のカーネル確率密度関数[*26]をすべての連鎖について重ねて描画することも効果的です[*27]．次の R スクリプトを実行してください．

```
> stan_dens(resstan,pars="T[1,1]",separate_chains=TRUE)
```

T[1,1] で τ_{00} を指定し，separate_cahins=TRUE で連鎖ごとに事後分布の確率密度関数を描き分けるよう指示しています．図 6.1 はこの R スクリプトの実行結果として得られるものです．

図から 3 つの連鎖に基づくカーネル確率密度関数の形状は類似しており，3 つの連鎖が同一の事後分布に収束していることがうかがえます．

収束判定には MCMC 標本の系列の自己相関係数も参考することができます．次の R スクリプトを実行すると各ラグ[*28]における自己相関係数の棒グラフが連鎖ごとに生成されます．

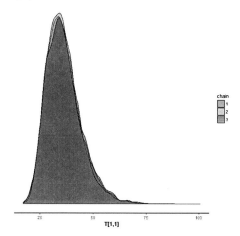

図 6.1　τ_{00} に関するシミュレートされた 3 つの事後分布 (カーネル確率密度関数)

[*26] ヒストグラムから推定された経験的な確率分布関数です．
[*27] stan_hist(resstan,pars="T[1,1]") で MCMC 標本のヒストグラムが，stan_trace(resstan,pars="T[1,1]",separate_chains=TRUE) でトレースプロット (MCMC 標本の時系列変化を描画したもの) をそれぞれ描画することができます．
[*28] 時系列となった 1 本のベクトルがあったとして，その要素をすべて 1 つずらしたベクトルとの相関係数をラグ 1 の自己相関係数と呼びます．

6.5 データ形式とモデルの指定

```
> stan_ac(resstan,pars="T[1,1]",separate_chains=TRUE)
```

実行結果は図 6.2 となります．すべての連鎖においてアルゴリズムのラグが 1 以上になると MCMC 標本の自己相関係数は 0 に近づくことが分かります．前回の更新結果は次の更新結果にほとんど影響を持たず，事後分布から MCMC 標本が無作為抽出されていることが示唆されるものと解釈できます．

アルゴリズムの収束判定が終了したら，次に推定値を参照します．具体的には関数 print の出力における mean が事後平均であり，各パラメータの推定値 (EAP 推定値 [*29]) となります．表 6.1 の推定値と比較すると，ランダムパラメータがやや大きく推定されていますが，ほぼ同等の推定結果となっていることがうかがえます．se_mean は EAP 推定値の標準偏差であり，MCMC 標本の標準偏差である sd を n_eff の平方根で割った値となります．

2.5%, 25%, 50%, 75%, 97.5% にはそれぞれ MCMC 標本のパーセンタイル値が記載されています．特に，2.5% と 97.5% のパーセンタイル値を利用することで，パラメータに対する 95% 確信区間を算出することができます．たとえば，ランダム切片の全体平均 γ_{00} の EAP 推定値は関数 print の出力から 126.148 ですが，対応する 95% 確信区間は [124.446, 127.861] となります．

ところで図 6.1 はランダム切片の分散 τ_{00} の事後分布を表すカーネル確率密度

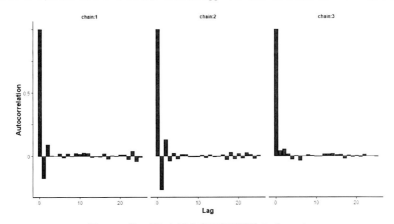

図 6.2 各ラグにおける自己相関係数のプロット

[*29] EAP とは expected a posteriori の略字です．

を描画していました.この分布の形状からも分かるように,分散成分の推定量の分布は左右対称ではありません.したがって,正規分布や t 分布を仮定する信頼区間を算出することは難しいのです.しかし,MCMC を併用したベイズ推定では経験的に事後分布を生成するので,そのパーセンタイル値さえ与えれば任意の確信区間を算出することができます.関数 print の出力から τ_{00} の推定値は 36.037 ですが,対応する 95% 確信区間は [23.219, 55.650] となります.未知である τ_{00} がこの区間に含まれる確率が 95% であると解釈できます.

6.6 他の推定法について

関数 lmer の引数に REML=TRUE と指定することで制限付き最尤推定法 (rEstricted maximum likelihood method,REML 法) が実行できます.この推定法は固定効果を先に推定してから,ランダムパラメータを推定する段階的推定法です.REML では固定効果が既知であるという前提でランダムパラメータを推定するのでモデルの自由度が減少しています.REML ではこの自由度の減少に応じた推定量を構成します[*30].最尤推定法と制限付き最尤推定法では σ^2 の推定値に大きな差は生じませんが,集団の数が少ない場合には (50 未満),最尤推定法における T の推定値が小さくなってしまうことが知られています (Raudenbush & Bryk, 2002).具体的には,集団数を J,固定効果の数を F とするとき,最尤推定法の $\hat{T}$ の要素が,$(J-F)/J$ に比例して小さいものとなります.集団数が少なく固定効果の数が大きいほど,最尤推定法の T の推定値は過小評価される性質があります.

ところで『入門編』と『実践編』では全体を通じて REML を採用していません.これはデータ例の集団数が一定数確保されていることもありますが,REML を採用した場合,尤度比検定によるモデル比較が利用し難くなるという性質があるからです.具体的には REML でパラメータ推定した 2 つのモデルについて尤度比検定を適用する場合には,少なくとも固定効果については同一にモデリングされていなければなりません.一方,最尤推定法でパラメータ推定した場合にはランダムパラメータだけでなく,固定効果のモデリングについても異なることが許容されます.

構造方程式モデリングの枠組みからマルチレベルモデルのパラメータ推定を行

[*30] REML の具体的な推定量については,たとえば古谷 (2008) に解説があります.

う場合には，モデル中のパラメータで構造化された共分散構造を準備し，その構造を共分散行列としてもつ多変量正規分布に基づいて尤度を構成します[*31]．特にデータに欠測値があるような場合には，SEM の枠組みで表現される完全情報最尤推定法の推定量を利用できます．第 4 章の他にも SEM における完全情報最尤推定法については川端 (2012) にて詳細な解説がなされています．また Mplus によるパラメータ推定については Heck & Thomas (2015) が詳しいです．

6.7 本章のまとめ

1. ランダムパラメータが既知である場合の固定効果の推定量 (6.1 節)

$$\hat{\boldsymbol{\gamma}} = \left(\sum_{j=1}^{J} W_j' \Delta_j^{-1} W_j\right)^{-1} \sum_{j=1}^{J} W_j' \Delta_j^{-1} \hat{\beta}_j$$

2. 固定効果の推定量の分散 (6.1 節)

$$V[\hat{\boldsymbol{\gamma}}] = \left(\sum_{j=1}^{J} W_j' \Delta_j^{-1} W_j\right)^{-1}$$

3. 任意の固定効果 γ_h に対応する 95% 信頼区間と検定統計量 (6.1 節)

$$95\%\text{CI} = \hat{\gamma}_h \pm 1.96(\hat{V}_{hh})^{1/2}$$
$$t = \hat{\gamma}_h / (\hat{V}_{hh})^{1/2}$$

検定統計量 t はレベル 1 の説明変数の固定効果とクロスレベルの交互作用効果については自由度 $N-Q-1$ の t 分布に，レベル 2 の説明変数の固定効果については自由度 $J-F-1$ の t 分布にそれぞれ従う．

4. ランダム効果の推定量 (経験ベイズ残差) (6.2 節)

$$\boldsymbol{u}_j^* = \boldsymbol{\beta}_j^* - W_j \hat{\boldsymbol{\gamma}}$$

5. ランダムパラメータと固定効果を同時最尤推定する場合には EM アルゴリズムを利用する (6.3 節)．E-step ではパラメータの最尤推定に必要な完全データ十分統計量 (CDSS) の期待値を求める．M-step では CDSS を用い

[*31] 第 4 章の付録では，共分散構造を経て構成される尤度は，本章で解説される尤度と本質的に同じであることが示されています．

てパラメータの最尤推定を行う．前回の推定値を所与とした場合の対数尤度と，新しい推定値を所与とした場合の対数尤度の差を求め，それが基準を満たすならばアルゴリズムは終了，さもなくば上述の手続きを基準を満たすまで再び繰り返す．
6. **マルチレベルモデルのベイズ推定 (6.4 節)** マルチレベルモデルのベイズ推定には R のパッケージ rstan が利用できる．この方法を利用することで，たとえばランダムパラメータの確信区間を算出することが可能になる．

文　　献

1) 古谷知之 (2008). ベイズ統計データ分析—R & WinBUGS. 朝倉書店.
2) Heck, R.H. & Thomas, S.L. (2015). *An Introduction to Multilevel Modeling Techniques: MLM and SEM Approaches Using Mplus (Quantitative Methodology Series)* (3rd ed.), Routledge.
3) 川端一光 (2012).「欠測値への対処」. 豊田秀樹 (編著) 共分散構造分析 [数理編]—構造方程式モデリング. 朝倉書店, pp.91–102.
4) 松浦健太郎 (2016). Stan と R でベイズ統計モデリング. 共立出版.
5) Raudenbush, S. W. & Bryk, A. S. (2002). *Hierarchical Linear Models: Applications and Data Analysis Methods* (2nd ed.). (Advanced Quantitative Techniques in the Social Sciences Series). SAGE Publications.
6) Snijders, T. A. B. & Bosker, R. J. (2012). *Multilevel Analysis: An Introduction to Basic and Advanced Multilevel Modeling* (2nd ed.). SAGE Publications.
7) 豊田秀樹 (2015). 基礎からのベイズ統計学—ハミルトニアンモンテカルロ法による実践的入門. 朝倉書店.

II
事例編

7
学級規模の大小と学力の推移

7.1 研究の背景

　学級の子どもの数は，多くてもよいのか，少ない方がよいのか．この議論は100年以上続いています．

　1895年から1920年代にかけて米国で行われた研究では，45人以下の学級では教授効果の期待できる指導が可能であることが示されています (大塚，1949)．その後現在に至るまで，小規模学級の方が学力が高いという知見も (Glass & Smith (1979)；Word et al. (1990) など)，学級規模による学力の違いはないという知見も (Hanushek (1999) など) 示されています．このような，学級規模と学力との関係を検討した先行研究群で一貫した結果が得られていない現象は，クラスサイズパズルと呼ばれています．

　また最近では，学級規模は一般的に思われているほど学力に与える効果は大きくないことが，メタ分析による研究でも示されています．Hattie (2009) は，メタ分析を含む代表的な研究を対象に，学級規模を25人から15人に減らした場合の学力に対する効果量 (d) を求めた結果，その範囲は -0.04 から 0.34 であること，これらを統合した結果の効果量は $d = 0.21$ であることを示しています．

　このような知見を踏まえると，学級規模が子どもの学力に与える主効果はあまりないといえるでしょう．しかし，教育心理学独自のパラダイムである適性処遇交互作用の研究から導かれる含意，すなわち，あらゆる個人差に対して最適性をもつ万能薬的な教授方法は存在しないということを考慮すると (並木，1997)，教授方法ではないものの，教育条件の一つである学級規模もまた，すべての子どもに同等の効果をもたらすのではなく，その効果は子どもの個人差によって異なるのではないかと思われます．

　図7.1の (a) のように，処遇 (Treatment) の効果が適性 (Aptitude) によって

7.1 研究の背景

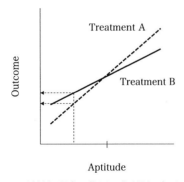

(a) 適性処遇交互作用の典型例 (交互作用あり)

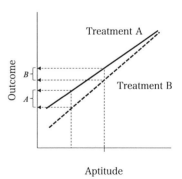

(b) 一方の処遇が適性低群に補償的に働く例 (交互作用あり)

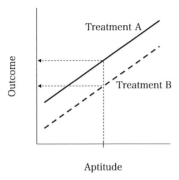

(c) 適性にかかわらず一方の処遇の効果が高い例 (交互作用なし)

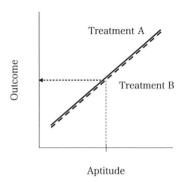

(d) 適性にかかわらず両方の処遇の効果に違いがみられない例 (交互作用なし)

図 7.1　適性処遇交互作用の模式図

異なり，適性低群では一方 (Treatment B) の，高群では他方 (Treatment A) の処遇を受けた方がアウトカムが高いというような現象が適性処遇交互作用の典型例です．翻って，交互作用がみられない場合，すなわち，一方の処遇の方が適性にかかわらず効果的である場合には (c)，適性にかかわらず両方の処遇の効果に違いがみられない場合には (d) のようになります．

図 7.1 の (b) のような場合も，適性処遇交互作用がみられる例の一つです．この場合には，適性高群では 2 つの処遇によるアウトカムの違いはみられないが，適性低群では一方の処遇を受けた方がアウトカムが高く (図中の A)，平均的には処遇の違いによるアウトカムの違いは大きくない (図中の B) といえます．そし

て，この図 7.1 の (b) の実線が小規模学級，破線が大規模学級であった場合，学級規模の大小によるアウトカムは，適性低群では A のような違いがあっても，その平均の違いは B 程度に過ぎず，その差が統計的には検出されないといったことが起こり得ると考えられます．

学級規模と学力との関係を検討した先行研究の中には，学力が低かった子どもについてみると，小規模学級に在籍した子どもの方がその後の学力が高いといったことを報告しているものもあります (Blatchford et al. (2003)；Nye et al. (2002) など)．こういった知見と，学級規模が子どもの学力に与える主効果は高くないという知見があるということは，図 7.1 の Aptitude を過去の学力，Outcome をその後の学力とした場合に，(b) のような関係が起こっているとも考えられるのです．本章では，学級規模の大小によって，過去の学力とその後の学力との関係に違いがみられるかを，切片・傾きに関する回帰モデルで検討した研究例 (山森，2016) を紹介します．

7.2　扱うデータについて

7.2.1　調査対象

2005 年度時点で第 2 学年の単式学級が 2 以上ある公立小学校 (12043 校) に属する児童 (1013101 人) を母集団とし，児童数の多さに応じた確率比例抽出によって対象校を 65 校抽出し，抽出校の 2 年生全員を調査対象とすることとしました．これらの学校のうち，参加に同意した学校 57 校に調査を行いました．ただし本研究では，学級規模の大小と国語の学力の推移を検討することを目的としたため，国語で少人数指導 (学級以外の学習集団を編制して実施する授業) を実施した学校を分析対象から除外しました．そのため，分析対象校は 48 校となりました．また，本研究では 2 回の学力検査を実施したため，両方を受検した児童 4321 名が分析対象となりました．

7.2.2　学力検査・調査内容

本研究で用いたデータの構造を示すと，図 7.2 のとおりです．すなわち，学力検査の 1 回目 (37 項目) を 7 月に，2 回目 (56 項目) を 12 月に実施し，これらの得点を調査対象児童個別に連結しました．学級規模については 11 月に対象校の管理職に調査を実施し，第 2 学年の平均学級規模について，小数点以下を切り上げて回答を求めました．そして，調査対象児童の在籍校と，在籍した学級の規模を，

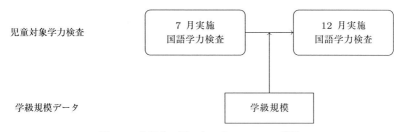

図 7.2 本研究で用いたパネルデータの構造

表 7.1 2時点の学力検査と在籍校，学級規模を児童個別に連結したデータ

学校	学級規模	7月検査	12月検査
SCHL	CS	PRE	POST
1	28	26	54
1	28	11	16
1	28	32	49
⋮	⋮	⋮	⋮
2	25	25	46
2	25	30	50
2	25	33	51
⋮	⋮	⋮	⋮
48	36	34	48
48	36	37	53
48	36	34	56

2回の学力検査得点のデータに連結し，表7.1のようなデータを作成しました．

7.3 マルチレベルモデルを使用する意義

本研究の対象校ごとの，1回目検査と2回目検査の関係を回帰直線で示すと図7.3のとおりです．この図から分かるように，過去の学力が高い(低い)児童はその後の学力も高い(低い)という関係がみられますが，その関係は学校ごとに違っています．特に，1回目検査の得点が低い児童についてみると，ある学校に在籍するよりも別の学校に在籍していた方が，2回目検査の得点が高いといったように，学校ごとの回帰直線の傾きと切片の大きさが異なっています．

先に述べたように本研究の目的は，過去の学力とその後の学力との関係が学級規模の大小によって異なるかを検討することです．この図に照らし合わせていうと，対象校ごとの1回目検査と2回目検査の関係を回帰直線の切片と傾きの違い

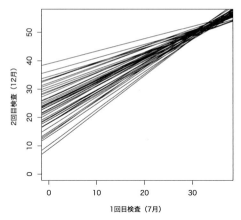

図 7.3　1 回目検査と 2 回目検査の関係の学校ごとの回帰直線

が，学級規模の違いによって説明できるかを検討することといえます．

このことは，個人 (児童) レベルの変数である過去の学力とその後の学力の関係の，集団 (学校) レベルの違いをみること，すなわち，レベルの異なる変数間の交互作用を検討するということになります (南風原, 2014). したがって本研究は，政策的に決められた教育条件である学級規模という学校レベルの処遇と，その条件下に置かれた各児童の個人差である過去の学力との交互作用を検討することであるといえます．そして，レベル間の交互作用を調べるには，データの最小単位である児童一人一人は学校に入れ子になっているといった階層構造をもつことを考慮したマルチレベルモデリングを適用して分析する必要があるのです．

7.4　使用したモデル

本研究で使用した，学校 j の学級規模を $(CS)_j$，学校 j に属する児童 i の 1 回目の学力調査の正答数を x_{ij}，2 回目の正答数を y_{ij} とした場合のマルチレベルモデルは以下のとおりとなります．これは，切片・傾きに関する回帰モデルです．

レベル 1 (児童レベル)：

$$
\begin{aligned}
y_{ij} &= \beta_{0j} + \beta_{1j}(x_{ij} - \bar{x}_{.j}) + r_{ij}, \\
r_{ij} &\sim N(0, \sigma^2),
\end{aligned}
\tag{7.1}
$$

レベル 2 (学校レベル):

$$\begin{aligned}
\beta_{0j} &= \gamma_{00} + \gamma_{01}(CS)_j + \gamma_{02}(MEAN\ PRE)_j + u_{0j}, \\
\beta_{1j} &= \gamma_{10} + \gamma_{11}(CS)_j + \gamma_{12}(MEAN\ PRE)_j + u_{1j}, \\
\begin{bmatrix} u_{0j} \\ u_{1j} \end{bmatrix} &\sim N\left[\begin{pmatrix} 0 \\ 0 \end{pmatrix}, \begin{pmatrix} \tau_{00} & \tau_{01} \\ \tau_{10} & \tau_{11} \end{pmatrix}\right].
\end{aligned} \quad (7.2)$$

レベル 1 では,$x_{ij} - \bar{x}_{\cdot j}$ とあるように CWC,すなわち,学校ごとの平均 $\bar{x}_{\cdot j}$ で中心化しています.レベル 2 では,Joncas (2004) を参考に求めた標本加重[*1)]を用いています.標本加重を用いない場合,調査対象となった個々の児童が等確率で抽出されたものとみなされてしまいます.しかし本研究では集落抽出法 (抽出された学校の該当学年の児童全員が調査対象となる) によって調査対象校を抽出したため,児童数の多い学校の児童が選ばれやすく,児童数の少ない学校の児童は選ばれにくくなっています.そのため,児童数の多い学校の結果が少ない学校の結果と比べて過大評価されることとなり,推定値が偏る可能性があったためです.

その上で,レベル 2 では,レベル 1 で除かれた第 1 回の学力検査の学校ごとの平均正答数を説明変数として加えています.これには 2 つの理由があります.第 1 は,レベル 2 の $(CS)_j$ がレベル 1 の β_{0j} と β_{1j} に与える影響を正しく推定するためです.第 2 は,学力検査の平均点の高い学校はその後の平均点も高く推移するといったことが一般的に想定されるように,学校の学力の状況が児童の学力の推移に何らかの影響を与えることが考えられるためです.こうすることで,レベル 2 の γ_{01} と γ_{11} はそれぞれ,第 1 回の学力検査の学校平均が同程度の場合の,$(CS)_j$ による β_{0j} と β_{1j} に与える影響を示すこととなります.また,γ_{02} と γ_{12} はそれぞれ,$(CS)_j$ が一定の場合の,第 1 回の学力検査の学校平均が β_{0j} と β_{1j} に与える影響を示すこととなります.ここでは $\bar{x}_{\cdot j}$ を学校ごとの平均正答数の加重平均で中心化した値 $(MEAN\ PRE)_j$ を用いています.学級規模 CS も,各校の学級規模の加重平均で中心化しました.

このように,レベル 1 で $x_{ij} - \bar{x}_{\cdot j}$,レベル 2 で $(MEAN\ PRE)_j$ を用いること

[*1)] 当該学年の児童数に比例した抽出確率で学校を抽出したことによる「抽出確率の逆数」で計算される重みと,参加を表明したにもかかわらず調査に不参加の学校があったことによる「学校不参加の調整 (抽出学校数 ÷ 参加校数)」で計算される重みと,調査に参加した各校に未受検児がいたことによる「児童不参加の調整 (児童数 ÷ 受検児童数)」で計算される重みの,3 つの重みの積を標本加重としました.

で，児童レベルの影響 (1回目検査の正答数が多いほど2回目検査の正答数が多いかといったこと) と学校レベルの影響 (1回目検査の平均正答数が多い学校ほどレベル1の切片や傾きが大きいかといったこと) が分離されます．そして，レベル2の γ_{01} と γ_{11} は，1回目検査の平均正答数が一定の学校の場合の学級規模 CS が β_{0j} および β_{1j} に与える影響の大きさを示すこととなります．

たとえば，1回目検査の平均正答数 $\bar{x}_{\cdot j}$ が同程度の学校間で比較した場合，γ_{01} が負で有意，γ_{11} が有意ではない場合には，図7.1の (c) のように，1回目検査の正答数にかかわらず小規模学級に在籍する方が2回目検査の正答数が多いという関係がみられることを示します．また，γ_{01} が負で有意，γ_{11} が正で有意の場合には，図7.1の (b) のように，1回目検査の正答数が少ない児童の場合小規模学級に在籍した方が2回目検査の正答数が多いという関係がみられることを示します．

7.5 結果と解釈

以上のモデルを Mplus で記述すると以下のとおりです．

```
TITLE:     Effects of Class Size on the Relation Between
           Prior and Subsequent Achievement
DATA:      FILE IS data.dat;
VARIABLE:  NAMES ARE SCHL CS PRE POST
           W_SCHL W_PUPIL PRE_CWC CS_C PRE_SM_C;
           USEVARIABLES ARE SCHL POST W_SCHL W_PUPIL
           PRE_CWC CS_C PRE_SM_C;
           WITHIN  = PRE_CWC;
           BETWEEN = CS_C PRE_SM_C;
           CLUSTER = SCHL;
           MISSING = *;
           BWEIGHT = W_SCHL;
           WEIGHT  = W_PUPIL;
ANALYSIS:  ESTIMATOR = MLR;
           TYPE = TWOLEVEL RANDOM;
           PROCESSORS = 2;
MODEL:     %WITHIN%
           s1 | POST ON PRE_CWC;
           %BETWEEN%
           POST on PRE_SM_C;
           POST on CS_C;
           s1 on PRE_SM_C;
           s1 on CS_C;
```

7.5 結果と解釈

```
            POST with s1;
```

VARIABLE には表 7.1 にある変数に 5 変数が加わっています．W_SCHL は，7.4 節で説明した調査対象校の標本加重です．W_PUPIL は対象児の標本加重ですが，本研究での抽出単位は学校であり児童ではないため，すべて 1 としました．PRE_CWC は $x_{ij} - \bar{x}_{.j}$，CS_C は学級規模 CS を各校の学級規模の加重平均で中心化した値，PRE_SM_C は $(MEAN\ PRE)_j$ です．BWEIGHT と WEIGHT は，それぞれ，このモデルでレベル 2 と 1 で標本加重を用いてモデルを推定することを意味しています．

MODEL では，%WITHIN% 以下にレベル 1，%BETWEEN% 以下にレベル 2 のモデルを記述しています．%WITHIN% 以下の，POST ON PRE_CWC は目的変数が 2 回目検査の正答数，説明変数が CWC した 1 回目検査の正答数であることを意味し，s1 | POST ON PRE_CWC とすることで，その傾きは学校ごとに変動する（ランダム傾き）であり，s1 という名前がつけられていることを意味します．%BETWEEN% 以下は，PRE_SM_C と CS_C，すなわち $\bar{x}_{.j}$ を学校ごとの平均正答数の加重平均で中心化した値 $(MEAN\ PRE)_j$ と学級規模 CS を各校の学級規模の加重平均で中心化した値を説明変数とし，POST および s1 を目的変数とした回帰モデルを意味します．POST with s1 はランダム切片である POST の残差とランダム傾きである s1 の残差の共分散を推定することを表しています．

このモデルの推定結果は，以下のとおりとなりました．

```
                                                  Two-Tailed
                      Estimate    S.E.  Est./S.E.   P-Value

Within Level

  Residual Variances
    POST                31.230   2.265    13.789     0.000

Between Level

  S1         ON
    PRE_SM_C            -0.029   0.026    -1.110     0.267
    CS_C                 0.012   0.006     1.842     0.066

  POST       ON
```

```
    PRE_SM_C          0.926     0.144      6.453    0.000
    CS_C             -0.079     0.036     -2.205    0.027

POST     WITH
    S1               -0.135     0.037     -3.667    0.000

Intercepts
    POST             48.779     0.163    299.736    0.000
    S1                0.826     0.030     27.497    0.000

Residual Variances
    POST              0.782     0.263      2.978    0.003
    S1                0.025     0.007      3.477    0.001
```

　この推定結果をみると，POST ON PRE_SM_C (γ_{02}) の推定値が正，POST ON CS_C (γ_{01}) の推定値が負で，いずれも5%水準で有意であることが分かります．図7.3で示したような，各校の1回目検査の正答数と2回目検査の正答数の関係の回帰直線は，1回目検査の平均正答率が高い学校ほど，また学級が小規模な学校ほど，その切片が高いということが示されています．一方，S1 ON CS_C (γ_{11}) の推定値は正であるため，この回帰直線の傾きは学級が小規模な学校ほど緩やかであるように思われますが，5%水準で有意とはいえません．

　この結果から，1回目検査の正答数と2回目検査の正答数の関係は，図7.1の(c) のようなものであるといえます．すなわち，1回目の学力検査の正答数の学校平均が同程度の学校間で比べると，1回目の学力検査の正答数が平均程度であった児童についてみれば，学級規模が小さい学校に在籍した児童の方が2回目の学力検査の正答数が多かったと解釈できます．

　最後に，1回目検査の平均正答数が学校ごとの平均正答数の加重平均と同じである学校の場合の，1回目検査の正答数と2回目検査の正答数の関係の学級規模による違いを，図7.1のように図示してみます．そのためには7.4節のレベル1の (7.1) 式の β_{0j} と β_{1j} を，先に求めた推定値などをレベル2の (7.2) 式に代入して求めればよいということになります．

　本研究の調査対象校の平均学級規模の標準偏差は5.03，学校ごとの1回目検査の平均正答数の加重平均は29.24 ($SD = 5.92$) でした．たとえば，本研究の調査対象校の平均学級規模と比べて1標準偏差小さく，1回目検査が平均よりも $1SD$ 低い児童の2回目検査の正答数の推定値は以下のように求められます．すなわち，

(7.2) 式の CS は中心化されているので平均は 0 です．そのため，平均学級規模から $1SD$ 低い値は $0 - 5.03 = -5.03$ となります．また $(MEANPRE)_j$ も中心化されているため平均は 0 です．そのため，1 回目検査の平均正答数が学校ごとの平均正答数の加重平均と同じである学校の $(MEANPRE)_j$ は $0 - 0 = 0$ となります．したがって，

$$\begin{aligned}\beta_{0j} &= 48.779 + (-0.079) \times (0 - 5.03) + 0.926 \times (0 - 0) \\ \beta_{1j} &= 0.826 + 0.012 \times (0 - 5.03) + 0.029 \times (0 - 0)\end{aligned} \quad (7.3)$$

となり，β_{0j} が 49.176，β_{1j} が 0.766 となります．なお，上の計算では，0.079 (γ_{01}) と 0.012 (γ_{11}) には -5.03 をかけていますが，これは，平均学級規模よりも -1 標準偏差低い場合であるためです．また，0.926 (γ_{02}) と 0.029 (γ_{12}) には 0 をかけていますが，これは，1 回目検査の平均正答数の平均が学校ごとの平均正答数の加重平均と同じ場合 (差が 0) であるためです．

このようにして求められた β_{0j} と β_{1j} の値を使って，1 回目検査が平均よりも $1SD$ 低い児童の 2 回目検査の正答数の推定値を求めると，

$$y_{ij} = 49.176 + 0.766 \times (0 - 5.92) \quad (7.4)$$

となり，y_{ij} は 44.641 となります．ここで，0.766 (β_{1j}) に -5.92 をかけているのは，レベル 1 では CWC しているためです．

同様にして，平均学級規模と比べて 1 標準偏差小さく 1 回目検査が平均よりも $1SD$ 高い児童の 2 回目検査の正答数の推定値，平均学級規模と比べて 1 標準偏

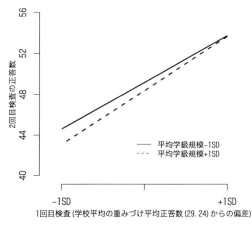

図 **7.4** 学級規模の大小による 1 回目検査と 2 回目検査の関係の違い

差大きく 1 回目検査が平均よりも $1SD$ 低い児童と高い児童の推定値を求めてプロットし，同じ平均学級規模のケースを線で結ぶと，図 7.4 のとおりとなります．

このように図示することで，過去の学力とその後の学力との関係が学級規模によって異なることが，モデルの推定結果を数値だけで示すよりも伝わりやすくなるでしょう．

文　　献

1) Blatchford, P., Bassett, P., Goldstein, H., & Martin, C. (2003). Are class size differences related to pupils' educational progress and classroom processes? Findings from the institute of education class size study of children aged 5–7 years. *British Educational Research Journal*, **29**, pp.709–730.
2) Glass, G. V. & Smith, M. L. (1979). Meta-analysis of research on class size and achievement. *Educational Evaluation and Policy Analysis*, **1**, pp.7–16.
3) 南風原朝和 (2014). 続・心理統計学の基礎——統合的理解を広げ深める．有斐閣．
4) Hanushek, E. A. (1999). Some findings from an independent investigation of the Tennessee STAR experiment and from other investigations of class size effects. *Educational Evaluation and Policy Analysis*, **21**, pp.143–163.
5) Hattie, J. (2009). *Visible learning: A synthesis of over 800 meta-analyses relating to achievement.* London: Routledge. [山森光陽 監訳 (2018)．教育の効果——メタ分析による学力に影響を与える要因の効果の可視化．図書文化．]
6) Joncas, M. (2004). TIMSS 2003 sampling weights and participation rates. In Martin, M. O., Mullis, I. V. S. & Chrostowski, S. J. (Eds.), *TIMSS 2003 Technical Report: Findings from IEA's Trends in International Mathematics and Science Study at the Fourth and Eighth Grades.* (pp. 186–223). Chestnut Hill, MA: TIMSS & PIRLS International Study Center, Boston College.
7) 並木博 (1997)．個性と教育環境の交互作用——教育心理学の課題．培風館．
8) Nye, B., Hedges, L., & Konstantopoulos, S. (2002). Do low-achieving students benefit more from small classes? evidence from Tennessee class size experiment. *Educational Evaluation and Policy Analysis*, **24**, pp.201–217.
9) 大塚三七雄 (1949)．学級の大きさの問題．児童心理，**3**，pp.178–183.
10) Word, E., Johnston, J., Bain, H. P., Fulton, B. D., Zaharias, J. B., Achilles, C. M., Lintz, M. N., Folger, J., & Breda, C. (1990). *Student/Teacher Achievement Ratio (STAR) Tennessee's K-3 class size study. Final summary report 1985–1990.* Nashville, TN: Tennessee Department of Education.
11) 山森光陽 (2016)．学級規模の大小による児童の過去の学力と後続の学力との関係の違い——小学校第 2 学年国語を対象として．教育心理学研究，**64**，pp.445–455.

8

体力発達の個人差を説明する生活習慣要因

8.1 研究の背景

　スポーツ基本法の規定に基づき，2012 年 3 月に策定された「スポーツ基本計画」の中には，「今後 10 年以内に子どもの体力が昭和 60 年頃の水準を上回ることができるよう，今後 5 年間，体力の向上傾向が維持され，確実なものとなることを目標とする」と記載されています．この目標設定のよりどころとなったのは，スポーツ庁が 1964 年から毎年実施しており，統計法に基づく統計調査として位置づけられている「体力・運動能力調査」です．この調査は 6 歳から 79 歳までを対象に実施され，体力・運動能力はスポーツ庁新体力テストにより測定・評価されます．新体力テストの内容は年齢層によって異なりますが，6 種目から 8 種目で構成される運動パフォーマンステストです．種目ごとの測定値は評価表をもとに 10 点満点の値に換算され，すべての換算値を合算して体力合計点を求めます．

　Nishijima et al. (2003) は 1964 年から 1997 年までの体力・運動能力調査データを用いて経年変化を分析し，調査開始から 1980 年頃まで子どもの体力合計点の平均値は向上し，1985 年頃を境に 1997 年まで子どもの体力が長期的な低下傾向にあることを報告しました．そして 1985 年頃から続いた低下傾向は 2000 年頃を境に変化し，現在に至るまで緩やかな向上傾向にありますが，1985 年頃と比較すると依然低い水準になっています (鈴木，2018).

　子どもの体力の向上に関する取り組みと併行して，子どもの基本的生活習慣や生活リズムの向上につながる積極的な活動を展開していくために「早寝早起き朝ごはん」全国協議会 (http://www.hayanehayaoki.jp/index.html) が 2006 年 4 月に設立されました．この協議会では，朝食を食べない，あるいは夜更かしをするなどの子どもの基本的生活習慣の乱れが学習意欲や体力・気力に影響を及ぼしていると考え，「早寝早起き朝ごはん」で生活リズムを整えて学習意欲・体力・気

力の向上へつなげることを目標の一つとしています．

体力と生活習慣の関連性を検討した研究論文の多くは横断データを用いた研究がほとんどであり，縦断データを用いて生活習慣の変化と体力の発達の関連性を検討した研究論文は見あたりません．加えて，子どもの体力低下は集団全体の低下よりも集団における平均値以下の集団において特に進行しているとの指摘もあり (Nishijima et al., 2003)，体力発達に影響する要因を低体力集団に着目して検討することが重要と考えられます．こうした背景から本研究では，生活習慣の変化と体力の発達の関連性について，小学生における3年間の縦断データを用いて検討することを目的としました．本章では特に，分析対象を低体力集団に限定し，運動・スポーツクラブなどへの加入 (運動習慣) と体力の発達の関連性，そして朝食摂取状況の変化と体力の発達の関連性を検討した事例を紹介します．

8.2 扱うデータについて

8.2.1 調査対象者

調査対象者は，A県の小学校4校に在籍する小学1年生から小学4年生までの531名 (男子269名，女子262名) でした．その中で，調査初年度に体力テストの総合評価がD (やや劣る) またはE (劣る) と判定され (判定方法は後述)，その後2年間継続して調査に参加し，すべての調査データが3時点揃っている117名を分析に用いました．

8.2.2 調査項目とデータの構造

データの概略を表8.1に示します．調査は毎年対象者全員に対して同じ日に実施し，3時点の縦断データとして収集されました．変数subは対象者のID，変数sexは性 (男子 = 1，女子 = 0) です．変数club1は調査初年度における運動・スポーツクラブなどへの加入状況について回答を求め，加入している場合を1，加入していない場合を0としています．

対象者の体力を評価するために，スポーツ庁新体力テストを用いました．新体力テスト (6歳から11歳対象) は握力，上体起こし，長座体前屈，反復横とび，20mシャトルラン，50m走，立ち幅とび，ソフトボール投げの8項目によって構成され，各項目は総合評価するために，新体力テストの実施マニュアルに準拠し得点換算表をもとに得点化 (10点満点) しました．各得点は加算し，体力テスト合計点を求めた後に，総合評価基準表に従い，A (優れている) からE (劣る)

表 8.1　データの構造 (縦断データ：個人レベルデータ)

対象者 ID	性	クラブ加入	体力1	体力2	体力3	朝食1	朝食2	朝食3
sub	sex	club1	fit1	fit2	fit3	bf1	bf2	bf3
1	1	1	1	3	5	3	3	2
2	0	1	1	2	3	2	2	3
3	0	0	2	2	1	2	2	1
⋮	⋮	⋮	⋮	⋮	⋮	⋮	⋮	⋮
117	1	0	2	1	2	1	1	2

までの5段階に分類し、分析に際しA, B, C, D, Eは5, 4, 3, 2, 1に置換しました (変数 fit). 調査初年度の体力を fit1, 2年目を fit2, 3年目を fit3 としました. 変数 bf は朝食摂取状況であり, 3件法 (1：毎日食べない, 2：時々欠かす, 3：毎日食べる) で回答を求めました. 体力と同様に調査初年度を bf1, 2年目を bf2, 3年目を bf3 としました.

縦断データに対してマルチレベルモデルを適用する際には、個人のある時点のデータが一行となり、同一個人のデータが時点数分の行数で構成されている「個人–時点データ」をデータ行列とすることが一般的です. しかし, 本研究では構造方程式モデリング (structural equation modeling, SEM) の枠組みにおける潜在曲線モデル (latent curve model, LCM) を適用するため表 8.1 のような個人レベルデータを用いました. LCM については 4.5 節もご覧ください.

8.3　マルチレベルモデルを使用する意義

身体の発育発達はスキャモンの発育曲線[*1)]に代表されるように、ある種の平均的な傾向としてモデル化されることがありますが、スキャモンが示したような発育曲線や発育速度曲線に合致しない人がいることも周知の事実です. したがって、その発育発達の個人差に影響を及ぼす要因を明らかにすることは発育発達研究における重要なテーマの一つといえます. 特に子どもを扱う研究では、個人差を研究上どのように考慮すべきかについては特に大きな問題としてあげられます. その意味で、個人内変化 (発育発達) とその変化 (発育発達) の個人差を取り扱える分析が求められます. たとえば、発育発達に影響を及ぼす要因を明らかにする

[*1)] 解剖学者のスキャモン (Richard E. Scammon) は身体のさまざまな部位や臓器・器官の計測記録をもとに、乳児から成人までの 20 年間の身体の加齢変化を模式図として示しました. 模式図は出生時から 20 歳までの増加量を 100 として、各年齢段階の値を百分率で示しています. そしてスキャモンは 20 歳までの発育の様相を 4 つのタイプの曲線に分類しました.

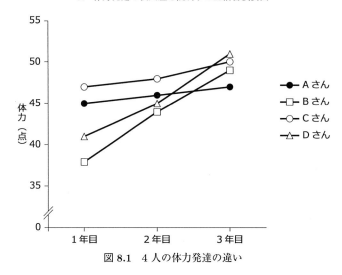

図 8.1 4 人の体力発達の違い

場合には，個々人の発育発達トレンド (個人内変化) を明らかにした上で要因を探索しなければなりません．

本研究では，3 時点の縦断データを用いて体力発達の個人差を明らかにすることを目的としています．ここでいう発育発達の個人差とは個々人による縦断的な変化の違いです．発育発達の個人差 (変化の違い) をどのように記述するか考えてみましょう．図 8.1 は 4 人の対象者の体力について 3 年間追跡した結果 (仮想) です．1 年目の時点で体力には個々人で違いがあり，その後の発達の傾向にも違いがあることが分かります．4 人程度であれば体力発達のパターンは個々人の 3 時点のプロットに傾向線 (回帰式を求める) を引けば，そのパターンは理解できますが，100 人を超える集団となるとパターンの理解は容易ではありません．

個々人の発育発達に対して何らかの傾向や類似性は認められないか，そして類似している集団に共通する特徴 (要因) はないかを明らかにする手法の一つが SEM の枠組における LCM です．マルチレベルモデルの分析において通常，ある集団に含まれる個人のように，集団と個人といった 2 つのレベルをもつデータを取り扱うところを，縦断データを用いた LCM の分析では，ある個人に含まれる時点のように，個人と時点の 2 つのレベルをもつデータとして取り扱います．

8.4 使用したモデル

4.5 節の説明のように，マルチレベルモデルにおける無条件成長モデルを SEM

の枠組みで表現するためには，ランダム切片やランダム傾きを確認的因子分析における因子として推定します．このとき，因子から観測変数への因子負荷量を固定母数とすることによって，因子の性質を切片や傾きと捉えることができるようになります．そして，LCM では因子の平均や分散を求めることで，発育発達の平均的な傾向や個人差の大きさ (分散) を確認できるのが強みです．ここではまず，2.3 節で説明した無条件成長モデル (8.5.1 項) によって，3 時点の体力の変化を検討します．そして，8.5.2 項では，その切片や傾きに対する運動・スポーツクラブなどへの加入の影響を検討するために，2.4 節で説明した時不変の説明変数を含むモデルで分析を行います．さらには，その 3 年間の朝食摂取状況に対してもう一つの無条件成長モデルを構築し，両モデルの切片・傾きどうしに回帰モデルを当てはめることで，体力の傾き (変化) に及ぼす朝食摂取状況の傾き (変化) の影響などを検討します (8.5.3 項)．3 つめのモデルは 2 変量潜在曲線モデルと呼ばれます．

8.5　結果と解釈

8.5.1　無条件成長モデル

図 8.2 は 3 年間の体力発達の特徴を検討した無条件成長モデルです．無条件成長モデルでは個人と集団の縦断的変化が直線的なのか曲線的なのかを仮定することができます．直線的に増加することを仮定する場合には，傾き因子 (潜在変数) から項目 (観測変数) へのパスを，1 年目のパスを 0，2 年目のパスを 1，3 年目のパスを 2 に固定します．しかしながら，データの特徴を事前に観察した際に，2 年目から 3 年目の発達が 1 年目から 2 年目の発達よりも著しい傾向にありました．そのため，このモデルでは直線を仮定して 3 年目のパスを 2 に固定するよりも自由推定させることを選択しました．その結果，図 8.2 に示したように傾き因子から 3 年目の体力へのパスが 3.10 と推定され，固定したモデルよりもモデルの適合度が優れていたためにこのモデルを最終解として採用しました．もとの体力データを確認すると，1 年目の平均値が 3.3，2 年目が 3.5，3 年目が 4.1 となっており，2 年目から 3 年目にかけて体力が大きく上昇していたことから，直線を仮定するよりもモデル適合度が高かったと考えられます．なお，e3 の誤差分散については，不適解 (-0.03) となったため，誤差分散を 0 に固定したモデルを最終解としました．

図 8.2 の因子および誤差に付与されている 2 つの数値は，カンマの左が平均，

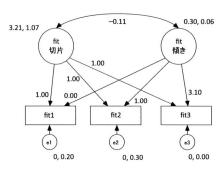

図 8.2 無条件成長モデル

右が分散です．したがって，傾き因子 (体力の年間増加率) の平均が 0.30, 分散が 0.06 (標準偏差は $\sqrt{0.06} = 0.24$) であり，標準偏差が平均と同程度の値なので，増加率の個人差が大きく，3 年間の発達に違いがあることが示唆されました．また切片因子と傾き因子の共分散は -0.11 (相関係数 -0.43) であり，切片と傾きの間に負の関連性が認められたことから，1 年目の体力の高い子どもは年間増加率が低く，1 年目の体力の低い子どもは年間増加率が高いことが分かりました．

8.5.2 時不変の説明変数を含むモデル

無条件成長モデルの結果から体力発達に個人差があることが示唆されましたので，どんな要因がその個人差に影響を及ぼしているのかを検証する必要があります．本研究では生活習慣の中で最も体力発達に影響が強いと考えられる運動習慣の影響を検討するために，調査初年度の運動・スポーツクラブなどへの加入状況 (club1) をモデルに投入して，club1 から切片と傾きに対してパスを仮定しました (図 8.3). その結果，モデル適合度は良好な値を示し，切片に対するパス係数は 0.20 となりました．これは 1 年目に加入している子どもは加入していない子どもよりも 1 年目の体力評価が 0.20 点高いことを意味しています．また傾きに対するパス係数 0.13 は 1 年目に加入していない子どもよりも加入している子どもの方が年間の体力評価の伸びが 0.13 点多いことを意味しており，体力合計点の年間の伸びに対して運動・スポーツクラブなどへの加入が貢献していることが分かりました．

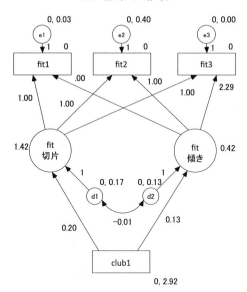

図 8.3 条件つき LCM

8.5.3 2 変量潜在曲線モデル

図 8.4 は体力データの無条件成長モデルと朝食摂取状況データの無条件成長モデルを組み合わせた 2 変量潜在曲線モデルです．体力発達の個人差に影響すると仮定した説明変数 (朝食摂取状況) も縦断データであり，朝食摂取状況を改善することがどの程度体力発達に影響するかを検討するために無条件成長モデルを 2 つ合わせたモデルを構築しました．なお，事前分析として朝食摂取状況データの無条件成長モデルが良好な適合度であることを確認しました．

朝食 (bf) 傾き → 体力 (fit) 傾きのパス係数 (標準化解) が 0.66 と高く，3 年間の朝食摂取状況の変化が大きい (よく改善できている) ほど体力評価の変化が大きい (よく向上している) ことが分かりました．そして朝食切片から体力切片へのパス係数はほぼゼロである一方で，体力傾きへのパス係数 (標準化解) は 0.55 と中程度に高く，1 年目から朝食摂取状況が良好な者は体力総合評価の年次変化も大きいことが分かりました．したがって，体力評価の劣る子どもにとって朝食摂取状況を改善することは体力発達を促している可能性があります．

以上のように，潜在曲線モデルは個々人の発育発達の違いが何によってもたら

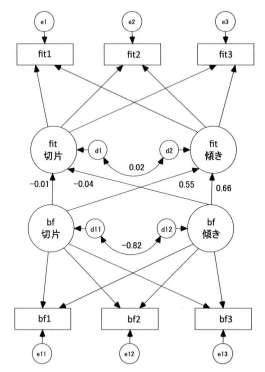

図 8.4 2変量潜在曲線モデル（標準化解）：鈴木ほか (2010) をもとに作図
注) 潜在変数間のパス係数のみ表示

されるのかを検証するための有効なツールであるといえます．そして縦断的変化と縦断的変化の関連性を検証できる2変量潜在曲線モデルは特に発育発達研究に役立つといえます．

文　　献

1) Nishijima, T., Kokudo, S., & Ohsawa, S. (2003). Changes over the years in physical and motor ability in Japanese youth in 1964–97. *International Journal of Sport and Health Science*, **1**, pp.164–170.
2) 鈴木宏哉 (2018). 第11章「子どもの体力・運動能力」. 関根紀子 (編) 運動と健康, 放送大学教育振興会, pp.174–187.
3) 鈴木宏哉・西嶋尚彦・鈴木和弘 (2010). 小学生における体力の向上に関連する基本的生活習慣の改善—3年間の追跡調査による検証. 発育発達研究, **46**, pp.27–36.

9

日本におけるコミュニティ問題の検討

9.1 研究の背景[*1]

9.1.1 都市/農村と人々のつながり

みなさんは都市と農村を比べたときに，どちらを人々のつながりが多い場所として想像するでしょうか．多くの場合，農村は人間関係が豊富な場所として想像されるのに対し，都市は人間関係が希薄な場所，つまりは人々のつながりが失われている場所として想像されるのではないでしょうか．こうした，「都市＝つながりの失われた場所」というイメージは，実は古代ギリシャや古代ローマの詩人によっても描かれてきた他，欧米の著名な思想家や作家によっても繰り返し描かれており，長いあいだ世界中で共有されてきたものといわれています (Fischer, [1976]1984；Krupat, 1986).

そして日本においても，以前の新聞から，以下のような記事をみつけることができます．

> 「こんな人間だらけの東京なのに，おれは一人ぼっち」「社会の中の一部品になりさがった自分があわれでなりません」——故郷を離れて働く少年少女たちの集り「東京ふるさと会」に寄せられた便りである．多かれ少なかれ，みんな"東京孤独"を味わっている．(『朝日新聞』1969.4.8 朝刊) [*2]

これは 1970 年前後における都会の孤独に関する記事の一つですが，その後の 21 世紀においても，法務省の犯罪白書や，近年大きな反響をもたらした NHK の

[*1] 赤枝尚樹 (2015).「日本におけるコミュニティ問題の検討——コミュニティ喪失論・存続論・変容論の対比から」，赤枝尚樹 (著) 現代日本における都市メカニズム——都市の計量社会学，ミネルヴァ書房，pp.108–126.
[*2] この記事は,「聞蔵 II ビジュアル・フォーライブラリー」から得たものです.

無縁社会の議論のなかでも同様の指摘がなされています (法務省法務総合研究所編, 2006；プレジデント社, 2011). そのことから, 日本においても「都市＝つながりの失われた場所」というイメージは, 繰り返し議論されてきたものといえるでしょう.

また社会学においても, コミュニティ問題 (community question) ──都市が第一次的紐帯[*3)]にどのような影響を与えるのかという問い──が重要な問いとして位置づけられ, 多くの議論を生み出すことになりますが, そうした学問的な議論においても,「都市＝つながりの失われた場所」という議論は大きな影響をもつことになります (Wellman, 1979).

しかしながら, 長いあいだ多くの人々がそのように考えてきたからといって,「都市＝つながりの失われた場所」だと結論づけてしまってもよいのでしょうか. こうした「都市＝つながりの失われた場所」というイメージが, 実は独り歩きしているという可能性はないでしょうか. そうした観点から, 日本の社会学者の野沢慎司は, 以下のように指摘しています.

> 都市化した地域に住む者は, 人間関係が希薄化し, 孤立した存在としてイメージされることが常である. ……こうした「常識」は, 実は決して自明ではないにもかかわらず, 経験的なデータによって検証されることはめったにない. (野沢, 2009：i)

この指摘は,「都市＝つながりの失われた場所」というイメージが広まっているからといってそのまま受け入れてしまうのではなく, データの分析からきちんと検証する必要性を示唆するものといえます. そこで本研究では, コミュニティ問題に関する主要な議論をもとにしながら, 日本の全国調査データとマルチレベルモデルを用いて, 現代日本におけるコミュニティ問題を経験的に検討していきます.

9.1.2　コミュニティ問題に対する3つの回答と日本における先行研究

コミュニティ問題は, 第一次的紐帯, すなわち人々にとって特に重要であり, 親密性や感情的なコミットメントが高い紐帯のあり方に関する議論です (Wellman, 1979). しかし, 紐帯は非常に多様な面をもつため, 分析に入る前に, まずは第一次的紐帯のどの側面を測定し, 分析するのかを決める必要があります. そこで

[*3)]　第一次的紐帯については, 9.1.2 項で定義します.

今回は，アメリカの全国調査である General Social Survey (GSS) のデータを用いてコミュニティ問題を検討した，White & Guest (2003) の議論を参考することにしましょう．White & Guest (2003) は，GSS のデータを用いて，居住地の都市度が相談ネットワーク総数[*4)]，相談ネットワーク内の親族数，相談ネットワーク内の非親族数，ネットワークの密度，会話頻度に与える影響を総合的に検討しています．これらの指標は，第一次的紐帯における，(1) 第一次的紐帯の総数，(2) 非自発的紐帯，(3) 自発的紐帯，(4) 紐帯の相互連結，(5) 紐帯の強さ，という5つの側面に対応しており，White & Guest (2003) は，都市度が第一次的紐帯に与える影響を幅広く分析することによって，コミュニティ問題に対する検討を行いました．そこで本研究においても，都市度がこれら第一次的紐帯の5つの側面に与える影響を分析し，日本におけるコミュニティ問題を検討することにしましょう．

なお，コミュニティ問題については有名な3つの議論がありますので，分析の前に，第一次的紐帯の5つの側面をもとにしてそれらの議論をまとめておくことにしましょう．第1の議論は，コミュニティ喪失論 (community lost perspective) と呼ばれるものです．この議論は，都市において人々の間の紐帯が弱体化することを主張するもので，前項で紹介した「都市＝つながりの失われた場所」というイメージと重なる議論だといえます．こうした議論は，Tönnies (1887), Durkheim (1893)，そして Simmel (1903) ら社会学の古典に影響を受けながら，シカゴ学派の Wirth (1938) によってまとめられたものですが，ひとことで言えば，都市が第一次的紐帯の5つの側面を全体的に減少させることを主張する議論としてまとめることができるでしょう (Wellman & Leighton, 1979)．この議論は，都市の悪影響を指摘する議論とも言い換えることができます．

それに対して，その後，第2の議論としてのコミュニティ存続論 (community saved perspective) が台頭してくることになります．コミュニティ存続論は，都市でも人々の第一次的紐帯が保たれていることを主張する研究とされており (Wellman, 1979), Whyte ([1943]1993) や Gans ([1962a]1982) が代表的な研究とされています．コミュニティ存続論は，都市においても農村と同程度の第一次的紐帯が存続していることを指摘しているため，都市と農村で，第一次的紐帯の5つ

[*4)] 厳密には，White & Guest (2003) は 1985 年 GSS における「過去6カ月間の間に，個人的に重要な事柄を話し合った人」に関するデータを用いています．こうしたネットワークは，個人的に重要な事柄を話し合うことから，core discussion networks ともいわれ (Marsden, 1987)，これまでも第一次的紐帯の指標として用いられています (White & Guest, 2003)．

表 9.1　3つの議論における都市の影響とその相違 (赤枝, 2015)

	第一次的紐帯総数	非自発的紐帯	自発的紐帯	紐帯の相互連結	紐帯の強さ
コミュニティ喪失論	減少	減少	減少	減少	減少
コミュニティ存続論	効果なし	効果なし	効果なし	効果なし	効果なし
コミュニティ変容論	効果なし	効果なし	増加	減少	効果なし

の側面について差異がみられないことを主張する立場としてまとめることができます (Wellman & Leighton, 1979). よって，この議論は都市の中立的なイメージを示すものと考えることができます.

　さらにその後，社会的ネットワーク分析から，第3の議論であるコミュニティ変容論 (community transformed perspective) も独自の議論を行っていくことになります．コミュニティ変容論は，「社会的紐帯の崩壊よりも，都市化によって社会的紐帯の性質が変容することを強調する」(White & Guest, 2003 : 241) 議論で，Fischer (1982) と Wellman (1979) が代表的な論者といえます．これらのうち Fischer (1982) は，都市においてはネットワークの選択性が増大することから，むしろ第一次的紐帯のうち，自発的に形成する非親族的紐帯が多くみられることを主張しました (White & Guest, 2003). そして Wellman (1979) は，都市では第一次的紐帯の相互連結が減少し，まばらで枝分かれした，ネットワーク密度の低い構造をもつようになると主張しています．Fischer (1982) や Wellman (1979) は，都市における非親族的紐帯の興隆が新しい下位文化の形成を促し，ネットワーク密度の低さが新しい考えや情報を広まりやすくすることにより，都市で寛容な雰囲気が形成されやすいことを指摘しました．そのことから，コミュニティ変容論は，都市のポジティブなイメージを示す議論ともいえるでしょう．なお，非親族的紐帯とネットワーク密度以外の側面については，コミュニティ存続論と同様に，都市と農村の違いはみられないと考えます (White & Guest, 2003). 第一次的紐帯の5つの側面から，これら3つの主要な議論の相違をまとめると，表9.1のようになります.

　こうした議論をうけ，日本においても，多くの研究が行われてきました．たとえば，名古屋都市圏や東京を対象として分析を行った松本 (1995, 2005a, 2005b), 大谷 (1995) による中国・四国の5都市を対象とした調査，安河内 (2000) や浅川 (2000) による東京や福岡，新潟などの5都市7地区の比較分析，福岡市と徳島市を比較した矢部 (2008), さらには，関東の30自治体の調査データに関するマルチレベル分析を行った原田・杉澤 (2014) などをあげることができます．こ

れらの議論の多くは，都市度が高いほど親しい親族数は減少するのに対し，中・遠距離友人は増加することも指摘しています．また，近年では全国調査による検討も行われはじめており，立山 (1998) は全国の有配偶女性を対象とした分析から，親しいきょうだい数が特に郡部と小都市のあいだで減少していることを指摘し，石黒 (2010) は都市では紐帯の空間分布が部分的に拡散していることなどを指摘しています．

以上のように，日本国内でも様々な地域を対象にしながら様々な知見が蓄積されていますが，これらの研究は，必ずしも私たちが想定しがちな「都市＝つながりの失われた場所」というイメージが，日本において正しいとは限らないことを指摘しています．そこで以下では，都市度が人々の第一次的紐帯の 5 つの側面に与える影響について，全国調査データを用いて総合的に分析し，現代日本におけるコミュニティ問題を検討することにしましょう．

9.2 扱うデータについて

9.2.1 データ

本研究では，日本の全国調査である日本版 General Social Survey 2003 (JGSS 2003) のデータを用います．JGSS 2003 は日本全国の 20 歳から 89 歳の男女を対象とした調査であり，今回の分析で用いる B 票の対象者は 3622 人，有効回収数は 1706 票，有効回収率は 48.0％ となっています．分析にあたっては，B 票のデータから欠測を含むケースを除外したため，最終的には 1687 人を対象としています[*5]．

今回用いる JGSS 2003 の調査データは，パーソナル・ネットワークの項目を豊富に含む全国調査データとして，日本だけではなく世界において，非常に貴重なものであるといえます．さらに，JGSS 2003 の B 票で採用されたネットワークモジュールは，ネットワーク研究において非常に高い価値をもつ，アメリカで 1985 年に行われた GSS のネットワークモジュールを参考にして作成されています．1985 年の GSS データは White & Guest (2003) も用いているため，この JGSS 2003 のデータを用いることで，White & Guest (2003) らの議論に対応しながら，第一次的紐帯について，(1) 第一次的紐帯の総数，(2) 非自発的紐帯，(3)

[*5) ただし，ネットワーク密度を目的変数として分析を行う際には 1509 ケース，会話頻度を目的変数とした場合については 1526 ケースが対象となっています．

自発的紐帯，(4) 紐帯の相互連結，(5) 紐帯の強さ，という5つの側面に関する変数を用いることができるのです．

ちなみに JGSS 2003 では，層化二段無作為抽出法が採用されているため，489の地点が抽出され，さらには地点ごとに個人が抽出されています[*6]．よって今回用いるデータは，個人が各居住地にネストされた，入れ子状のデータといえるでしょう．そこで今回は，個人レベルと居住地レベルの情報をつなぎ合わせたデータを作成し，分析していくことにします．

9.2.2 使用する変数

用いる変数について，まずは目的変数から説明します．本研究の目的変数としては，第一次的紐帯の5つの側面に対応した変数を用います．JGSS 2003 では「重要なことを話したり，悩みを相談する人」について，最大4人まであげてもらい，回答者との間柄，あげた人どうしが知り合いか否か，さらには会話頻度などの関係特性も回答してもらっています．こうした相談ネットワークは，1985年 GSS の core discussion networks に対応したものであり，重要なことを話したり，悩みを相談するという特性から，人々がもつネットワークのなかでも特に重要で親密なものとされていますので，第一次的紐帯として扱うことができます．

したがって，第一次的紐帯の第1の側面である，第一次的紐帯の総数の指標については，相談ネットワークの総数を用いることにします．さらに，第2の側面である非自発的紐帯については，相談ネットワークに含まれる「配偶者(夫または妻)」「親または子ども」「兄弟姉妹・その他の家族・親せき」の数を指標としました．そして，相談ネットワークに含まれるそれ以外の間柄のつながりをもとに非親族数を算出し，第3の側面である自発的紐帯の指標としました[*7]．なお，正規分布に近づけるために，分析で用いる際には，親族数と非親族数は1を加え，10を底とした対数変換を行っています(松本，2005b)．また，第4の側面である紐帯の相互連結については，回答者があげた人どうしが知り合いか否かの情報から，ネットワーク密度を算出しました．そして，第5の側面である紐帯の強さについては，会話頻度を指標としています．会話頻度に関しては，相談ネットワークとしてあげた人たちについて，「その人たちとあなたは，通常どのくらいの頻度で話をしますか(電話やメールも含みます)」という質問に対して，「1：ほとんど

[*6] 欠測を含んだケースを削除したため，実際に分析に含まれる地点数は468となります．
[*7] 非親族には，「職場の上司または部下」「職場の同僚(上司・部下以外)」「その他の仕事関係」「同じ組織や団体に加入している人」「近所の人」「友人」「その他」が含まれます．

毎日」「2：週に数回」「3：週に1回程度」「4：月に1回程度」「5：年に数回」の5件法から回答してもらっています．今回は White & Guest (2003) を参考に，相談ネットワークに占める，週に1回以上の頻度で話をする人の割合を算出しました．

それらに対し，居住地レベルの説明変数としては，都市度の指標として，各市区町村の人口集中地区 (densely inhabited district) 人口比率 (以下 DID 人口比率) を用います[8]．DID 人口比率はこれまでの研究でも都市度の指標として広く用いられているものですが (小林 2004；三輪・小林，2005)，本研究では各市区町村の DID 人口比率の値について，総務省統計局 (2005) から 2000 年国勢調査のデータを用いました．本分析においては，DID 人口比率の値が大きいほど，都市度が高いと解釈します．

なお先行研究では，年齢，教育や職業，婚姻状態などの個人属性が，人々の紐帯に影響を与えることが指摘されています (Gans, 1962b；Kasarda & Janowitz, 1974)．そこで本研究では，個人レベルの統制変数として，年齢，性別 (女性ダミー)，教育年数，職業威信スコア，無職ダミー，婚姻状態 (有配偶ダミー)，持ち家ダミーも採用することにしました[9]．なお，本研究で用いるデータの構造 (架

表 9.2 本研究で用いるデータの構造 (架空例)

| 地点番号 | 対象者 | 相談ネットワーク数 | ⋯ | 年齢 | 女性ダミー | ⋯ | DID 人口比率 |
residentialID	ID	y	⋯	age	female	⋯	DID
1	1	3	⋯	36	1	⋯	0.5
1	2	2	⋯	53	0	⋯	0.5
1	3	4	⋯	72	0	⋯	0.5
⋮	⋮	⋮	⋯	⋮	⋮	⋯	⋮
2	5	1	⋯	25	0	⋯	0.9
2	6	2	⋯	43	1	⋯	0.9
2	7	3	⋯	38	1	⋯	0.9
⋮	⋮	⋮	⋯	⋮	⋮	⋯	⋮
468	1685	4	⋯	85	1	⋯	0.2
468	1686	1	⋯	67	0	⋯	0.2
468	1687	2	⋯	73	1	⋯	0.2

---

[8] 人口集中地区 (DID) は，「1) 原則として人口密度が1平方キロメートル当たり 4,000 人以上の基本単位区等が市区町村の境域内で互いに隣接して，2) それらの隣接した地域の人口が国勢調査時に 5,000 人以上を有する」(総務省統計局，2010) 地区とされています．

[9] 無職のケースも分析に含めるため，職業威信スコアについては無職のケースに平均値を割り当てた上で，無職ダミーも投入します．

空例) は,表 9.2 のようになります.

9.3 マルチレベルモデルを使用する意義

本研究でマルチレベルモデルを使用する意義としては,分析上の意義と,理論的な意義をあげることができます.第 1 に,分析上の意義としては,入れ子状のデータに対して,データ構造をより適切に考慮した分析を行うことがあげられます.前節でも言及したように,本研究で用いる JGSS 2003 のデータは,各居住地に個人がネストされた入れ子上のデータになっており,分析においては,個人レベルのケース数は 1687,居住地レベルのケース数は 468 となっています.こうしたデータに対して従来の ordinary least squares (OLS) による重回帰分析を行うと,重回帰分析では独立性の仮定,すなわち級内相関がないことを想定しているため,データの構造を適切に考慮することができません.さらに,無理やり個人レベルの 1687 ケースでの重回帰分析を行うと,居住地レベルの変数である DID 人口比率の効果も 1687 ケースをもとに検定されてしまうため,検定結果が甘くなり,第一種の誤謬が生じてしまう可能性があります.また,もし各居住地の相談ネットワークの平均値を算出して居住地を単位とした重回帰分析を行ったとしても,多くの回答者が含まれる居住地の平均値と,少ない回答者しか含まれない居住地の平均値を同等に扱うため,居住地ごとの回答者の人数を反映することができません.それに対してマルチレベルモデルを用いることで,居住地レベルのケース数と個人レベルのケース数を適切に反映できるとともに,居住地ごとの個人のケース数の違いについても適切に反映して分析結果を算出することができます[*10)].

また,第 2 の理論的な意義としては,これまでの都市社会学の理論的な前提を,分析上で再現できるという点もあげられます.9.1 節で言及した 3 つの議論の論者のうち,都市の効果を強調する議論である,コミュニティ喪失論の Wirth (1938) やコミュニティ変容論の Fischer (1982) は,都鄙連続体という考え方を採用していました (Redfield 1930, 1947;Wirth 1938;Fischer 1982).これは,都市度の異なる居住地をグラデーションとして並べながら,居住地を単位とした比較分析を行う立場とされています.次節で述べるように,マルチレベルモデルを用い

[*10)] マルチレベルモデルでは,ケース数の小さいグループの分析結果をより全体平均に近づけるように補正しながら推定を行っています (佐々木, 2007).

ることで,居住地を単位としながら,都市度の効果を検討することができます.
したがって,マルチレベルモデルは,都市社会学の理論的な前提をより適切に反
映できる分析手法だということができるのです.

9.4 使用したモデル

居住地 j における個人 i の目的変数を y_{ij},居住地 j における個人 i の統制変数を age_{ij} (年齢),female_{ij} (女性ダミー),eduy_{ij} (教育年数),pres_{ij} (職業威信スコア),unemploy_{ij} (無職ダミー),marriage_{ij} (有配偶ダミー),owner_{ij} (持ち家ダミー),そして居住地 j の説明変数である DID 人口比率を DID_j とすると,本研究の分析モデルは以下のように表すことができます.目的変数 y_{ij} は第一次的紐帯に関する 5 つの側面のいずれかであり,目的変数を変えて 5 通りの分析を行います.

個人レベル:
$$y_{ij} = \beta_{0j} + \beta_1 \text{age}_{ij} + \beta_2 \text{female}_{ij} + \beta_3 \text{eduy}_{ij} + \beta_4 \text{pres}_{ij}$$
$$+ \beta_5 \text{unemploy}_{ij} + \beta_6 \text{marriage}_{ij} + \beta_7 \text{owner}_{ij} + r_{ij}$$
$$r_{ij} \sim N(0, \sigma^2)$$

居住地レベル:
$$\beta_{0j} = \gamma_{00} + \text{DID}_j + u_{0j}$$
$$u_{0j} \sim N(0, \tau_{j00})$$

このモデルでは,個人レベルの回帰式の切片を β_{0j},個人レベルの誤差項を r_{ij},居住地レベルの回帰式の切片を γ_{00},居住地レベルの式の誤差項を u_{0j} として表しています.この式は,個人レベルの回帰式における切片が,居住地ごとに異なることを想定する,ランダム切片モデル (ランダム効果を伴う共分散分析モデル) といえます.今回の分析では,個人レベルの回帰式において,個人レベルの統制変数を投入していますので,居住地間の個人属性の分布の差異も統制されています.そして,居住地レベルの回帰式において,居住地ごとの切片の違いを,DID 人口比率によって説明しています.この居住地レベルの回帰式は,居住地を単位とした上で,居住地ごとの従属変数 (の切片) の違いを居住地の都市度によって説明しており,都市社会学の理論的前提である都鄙連続体を再現するものとなっています.なお,今回は個人レベルの変数を統制した上で,居住地レベルの説明変数である DID 人口比率の効果を確認するのが目的となります.よって個人レ

ベルの統制変数については，量的変数である年齢，教育年数，職業威信スコアについては全体平均中心化を行っています．なお，切片 β_{0j} の解釈を現実的なものにするために，個人レベルの統制変数のうち，ダミー変数については中心化を行わずに投入しています．

9.5 結果と解釈

9.5.1 個人属性のみを投入した分析結果

DID 人口比率の効果をみていく前に，まずは個人属性のみを統制した際に，第一次的紐帯の5つの側面について，居住地間の差異が有意に確認されるか否かをみていくことにしましょう．なお，分析は Mplus を用います．たとえば，相談ネットワーク総数を従属変数 (y_{ij}) とした場合，個人レベルの統制変数のみを投入したランダム切片モデルは，以下のスクリプトのようになります．

```
TITLE: random intercept model
DATA: FILE = JGSS2003.txt;
VARIABLE: NAMES = y age female eduy pres unemploy marriage owner DID
                  residensialID;
USEVARIABLES = y age female eduy pres unemploy marriage owner
                residensialID;
WITHIN = age female eduy pres unemploy marriage owner;
CLUSTER = residensialID;
ANALYSIS: TYPE = TWOLEVEL;
MODEL:
%WITHIN%
y ON age female eduy pres unemploy marriage owner;
%BETWEEN%
y ;
```

そして個人レベルの統制変数のみを投入したマルチレベル分析の結果は，表 9.3 のとおりとなります．表 9.3 で重要なのは，residual variance (誤差分散) の部分で，これは居住地間における従属変数の差異を表すものとなります．表 9.3 を確認すると，相談ネットワーク総数，親族数，非親族数，ネットワーク密度では residual variance が有意となっており，個人属性を統制しても居住地間の差異が確認されています．しかしながら，会話頻度については個人属性を統制すると

表 9.3 個人属性のみを投入したマルチレベル分析の結果 (赤枝, 2015)

	相談ネットワーク総数		親族数		非親族数		ネットワーク密度		会話頻度	
	B	S.E.	B	S.E.	B	S.E.	B	S.E.	B	S.E.
切片	2.086**	.102	.208**	.018	.271**	.018	.908**	.012	.713**	.029
個人レベル										
年齢	−.016**	.002	.000	.000	−.004**	.000	.002**	.000	−.002*	.001
女性ダミー	.451**	.060	.060**	.011	.038**	.011	−.016*	.008	.043**	.017
教育年数	.089**	.014	.007**	.003	.010**	.003	−.005**	.002	−.008*	.004
職業威信	−.015**	.004	−.001	.001	−.002	.001	.001	.001	−.001	.001
無職ダミー	−.136	.071	.010	.012	−.039**	.012	.006	.008	.016	.017
有配偶ダミー	.060	.068	.091**	.013	−.072**	.013	.030**	.009	.030	.019
持ち家ダミー	.045	.083	.021	.014	−.007	.017	−.008	.011	.040	.022
Random Effect										
Residual Variance	.200**	.039	.008**	.001	.004**	.001	.002**	.001	.004	.002
−2*Loglikelihood*	5375.846		−424.994		−349.014		−1653.912		641.62	
N	1687		1687		1687		1509		1526	

**$p < .01$, *$p < .05$
注) B は非標準偏回帰係数，S.E. は標準誤差．

residual variance が有意ではなく，都市度による差異を確認する以前に，そもそも居住地間の差異自体が個人属性の分布の差異に還元されることが分かります．

9.5.2 DID 人口比率を投入した分析結果

そこで次に，個人属性を統制しても居住地間の差異が確認された，相談ネットワーク総数，親族数，非親族数，ネットワーク密度の4つの側面について，都市度を表す居住地レベルの変数である DID 人口比率の効果を確認していくことにしましょう．DID 人口比率を投入した分析については，以下のスクリプトのようになります．

```
TITLE: random intercept model 2
DATA: FILE = JGSS2003.txt;
VARIABLE: NAMES = y age female eduy pres unemploy marriage owner DID
            residensialID;
USEVARIABLES = y age female eduy pres unemploy marriage owner DID
            residensialID;
WITHIN = age female eduy pres unemploy marriage owner;
BETWEEN = DID;
CLUSTER = residensialID;
ANALYSIS: TYPE = TWOLEVEL;
MODEL:
%WITHIN%
```

```
y ON age female eduy pres unemploy marriage owner;
%BETWEEN%
y ON DID;
```

分析結果は表 9.4 のとおりとなります．表 9.4 をみてみると，非親族数に対しては DID 人口比率が有意な正の効果をもち，ネットワーク密度については DID 人口比率の有意な負の効果を確認することができます．さらに，相談ネットワーク総数と親族数に対しては，DID 人口比率の効果は有意ではなく，都市度による差異は確認されなかったと考えられます．

表 9.4 DID 人口比率を投入したマルチレベル分析の結果 (赤枝, 2015)

	相談ネットワーク総数		親族数		非親族数		ネットワーク密度	
	B	S.E.	B	S.E.	B	S.E.	B	S.E.
切片	2.082**	.103	.211**	.018	.267**	.018	.911**	.012
居住地レベル								
DID 人口比率	.031	.099	−.023	.018	.034*	.016	−.025*	.010
個人レベル								
年齢	−.016**	.002	.000	.000	−.004**	.000	.002**	.000
女性ダミー	.450**	.060	.061**	.011	.038**	.011	−.016*	.008
教育年数	.089**	.014	.007**	.003	.009**	.003	−.004**	.002
職業威信	−.015**	.004	−.001	.001	−.002	.001	.001	.001
無職ダミー	−.137	.071	.010	.012	−.041**	.012	.007	.008
有配偶ダミー	.060	.069	.091**	.013	−.072**	.013	.029**	.009
持ち家ダミー	.049	.084	.019	.014	−.002	.017	−.011	.011
Random Effect								
Residual Variance	.200**	.039	.008**	.001	.003**	.001	.002**	.001
$-2 Loglikelihood$	5375.744		−426.120		−353.318		−1658.518	
N	1687		1687		1687		1509	

$**p < .01$, $*p < .05$
注) B は非標準偏回帰係数，S.E. は標準誤差．

9.5.3 結果の解釈

分析結果をまとめると，第 1 に，DID 人口比率は非親族数に有意な正の効果をもち，都市度が高いほど非親族的な紐帯が多いといえます．また第 2 に，ネットワーク密度に対しては，DID 人口比率が有意な負の効果をもつことから，都市度が高いほどネットワーク密度が低いことが分かりました．さらに，それ以外の相談ネットワーク総数，親族数，会話頻度については，都市度による差異はみられ

ないと考えることができます．都市社会学における主要な議論の相違をまとめた表 9.1 と照らし合わせてみると，本研究の分析結果は，「都市＝つながりの失われた場所」と考えるコミュニティ喪失論ではなく，都市における非親族的紐帯の興隆とネットワーク密度の低下を主張するコミュニティ変容論を支持するものといえます．

したがって，本研究の分析結果は，「都市＝つながりの失われた場所」という広く共有されているイメージが現代日本においては当てはまらないこと，さらには，そうしたイメージが事実ではないにもかかわらず，独り歩きしていることを示していると考えることができます．このように，私たちが抱く「社会に対するイメージ」は誤っていることも多いため，しっかりとした社会調査と分析を行いながら，いま社会に起こっていることとその解決策について考える必要性があるといえるでしょう．

謝辞

データの二次分析に当たり，東京大学社会科学研究所附属日本社会研究情報センター SSJ データアーカイブから「日本版 General Social Surveys」(大阪商業大学比較地域研究所・東京大学社会科学研究所) の個票データの提供を受けた．日本版 General Social Surveys (JGSS) は，大阪商業大学比較地域研究所が，文部科学省から学術フロンティア推進拠点としての指定を受けて (1999-2003 年度)，東京大学社会科学研究所と共同で実施している研究プロジェクトである (研究代表：谷岡一郎・仁田道夫，代表幹事：佐藤博樹・岩井紀子，事務局長：大澤美苗)．東京大学社会科学研究所附属日本社会研究情報センター SSJ データアーカイブがデータの作成と配布を行っている．

文　献

1) 浅川達人 (2000)．「都市度と友人ネットワーク」．森岡清志 (編) 都市社会のパーソナルネットワーク．東京大学出版会，pp.29-40．
2) Durkheim, E. (1893). *De la division du travail social*, Alcan. [井伊玄太郎 訳 (1989). 社会分業論．講談社.]
3) Fischer, C.S. ([1976]1984). *The Urban Experience*, Orlando, FL: Harcourt Brace & Company. [松本康・前田尚子 訳 (1996). 都市的体験—都市生活の社会心理学．未来社.]
4) Fischer, C.S. (1982). *To Dwell Among Friends: Personal Networks in Town and City*, Chicago: The University of Chicago Press. [松本康・前田尚子 訳 (2002). 友人のあいだで暮らす—北カリフォルニアのパーソナル・ネットワーク．未来社.]
5) Fischer, C.S. (1995). The subcultural theory of urbanism: A twentieth-year sssess-

ment. *American Journal of Sociology*, **101**(3), pp.543–577.
6) Gans, H.J. ([1962a]1982). *The Urban Villagers: Group and Class in the Life of Italian-Americans*, New York: Free Press. [松本康 訳 (2006). 都市の村人たち―イタリア系アメリカ人の階級文化と都市再開発. ハーベスト社.]
7) Gans, H.J. (1962b). Urbanism and suburbanism as ways of life: A re-evaluation of definitions. Rose, A.M. eds., *Human Behavior and Social Processes: An Interactionist Approach*, Boston: Routledge and Kegan Paul, pp.625–648. [松本康 訳 (2011).「生活様式としてのアーバニズムとサバーバニズム」. 森岡清志 (編) 都市社会学セレクション第 2 巻 都市空間と都市コミュニティ. 日本評論社, pp.59–87]
8) 原田謙・杉澤秀博 (2014). 都市度とパーソナル・ネットワーク―親族・隣人・友人関係のマルチレベル分析. 社会学評論, **65**(1), pp.80–96.
9) 法務省法務総合研究所編 (2006). 平成 18 年度版犯罪白書―刑事政策の新たな潮流.
10) 石黒格 (2010). 都市度による親族・友人関係の変化―全国ネットワーク調査を用いたインティメイト・ネットワークの分析. 人文社会論叢 社会科学篇, **23**, pp.29–48.
11) Kasarda, J.D. and Janowitz, M. (1974). Community attachment in mass society. *American Sociological Review*, **39**(2), pp.328–339.
12) 小林大祐 (2004). 階層帰属意識に対する地域特性の効果―準拠集団か認識空間か. 社会学評論, **55**(3), pp.348–366.
13) Krupat, E. (1986). *People in Cities: The Urban Environment and Its Effects*, Cambridge: Cambridge University Press. [藤原武弘 監訳 ([1994]2003). 都市生活の心理学―都市の環境とその影響. 西村書店.]
14) Marsden, P.V. (1987). Core discussion networks of Americans. *American Sociological Review*, **52**(1), pp.122–131.
15) 松本康 (1995).「現代都市の変容とコミュニティ, ネットワーク」. 松本康 (編) 21 世紀の都市社会学第 1 巻 増殖するネットワーク. 勁草書房, pp.1–90.
16) 松本康 (2005a). 居住地の都市度と親族関係―下位文化仮説, 修正下位文化仮説および少子化仮説の検討. 家族社会学研究, **16**(2), pp.61–69.
17) 松本康 (2005b). 都市度と友人関係―大都市における社会的ネットワークの構造化. 社会学評論, **56**(1), pp.147–164.
18) 三輪哲・小林大祐 (2005). 階層帰属意識に及ぼす地域効果の再検討―階層線形モデルの可能性と限界. 社会学研究, **77**, pp.17–43.
19) 野沢慎司 (2009). ネットワーク論に何ができるか―「家族・コミュニティ問題」を解く. 勁草書房.
20) 大谷信介 (1995). 現代都市住民のパーソナル・ネットワーク―北米都市理論の日本的解読. ミネルヴァ書房.
21) プレジデント社 (2011). PRESIDENT 2011 5.30 号.
22) Redfield, R. (1930). *Tepoztlan, a Mexican Village: A Study of Folk Life*, Chicago: The University of Chicago Press.
23) Redfield, R. (1947). The folk society. *American Journal of Sociology*, **52**(4), pp.293–308.
24) 佐々木義之 (2007). 変量効果の推定と BLUP 法. 京都大学学術出版会.
25) Simmel, G. (1903). Die grossstädte und das geistesleben, *Die Grossstadt*, herausg. von Th. Petermann, Dresden. [松本康 訳 (2011). 大都市と精神生活. 松本康 (編) 都市

社会学セレクション第 1 巻 近代アーバニズム．日本評論社，pp.1–20.]
26) 総務省統計局 (2005)．統計でみる市区町村のすがた 2005.
27) 総務省統計局 (2010)．人口集中地区とは (http://www.stat.go.jp/data/chiri/1-1.htm, 2010. 2.23).
28) 立山徳子 (1998)．都市度と有配偶女性のパーソナル・ネットワーク．人口問題研究，**54**(3), pp.20–38.
29) Tönnies, F. (1887). *Gemeinschaft und Gesellschaft: Grundbegriffe der reinen Soziologie*, Fues's Verlag. [杉之原寿一 訳 (1957)．ゲマインシャフトとゲゼルシャフト—純粋社会学の基本概念．岩波書店.]
30) Wellman, B. (1979). The community question: The intimate networks of east Yorkers. *American Journal of Sociology*, **84**(5), pp.1201–1231. [野沢慎司・立山徳子 訳 (2006).「コミュニティ問題—イースト・ヨーク住民の親密なネットワーク」．野沢慎司 (編・監訳) リーディングス ネットワーク論—家族・コミュニティ・社会関係資本．勁草書房，pp.159–204.]
31) Wellman, B. & Leighton, B. (1979). Networks, neighborhoods and communities: Approaches to the study of the community question. *Urban Affairs Quarterly*, **14**(3), pp.363–390. [野沢慎司訳 (2011).「ネットワーク，近隣，コミュニティ—コミュニティ問題研究へのアプローチ」．森岡清志 (編) 都市社会学セレクション第 2 巻 都市空間と都市コミュニティ．日本評論社，pp.89–126.]
32) White, K.J.C. & Guest, A.M. (2003). Community lost or transformed?: Urbanization and social ties. *City & Community*, **2**(3), pp.239–259.
33) Whyte, W.F. ([1943]1993). *Street Corner Society: The Social Structure of an Italian Slum*, Chicago: The University of Chicago Press. [奥田道大・有里典三 訳 (2000). ストリート・コーナー・ソサエティ．有斐閣.]
34) Wirth, L. (1938). Urbanism as a way of life. *American Journal of Sociology*, **44**(1), pp.3–24. [松本康 訳 (2011)．生活様式としてのアーバニズム．松本康 (編) 都市社会学セレクション第 1 巻 近代アーバニズム．日本評論社，pp.89–115.]
35) 矢部拓也 (2008).「パーソナルネットワーク構造化の都市間比較」．安河内恵子 (編) 既婚女性の就業とネットワーク．ミネルヴァ書房，pp.211–229.
36) 安河内恵子 (2000).「都市度と親族ネットワーク—親しい親族数と近親保有量を中心に」．森岡清志 (編) 都市社会のパーソナルネットワーク．東京大学出版会，pp.71–85.

10

近隣・個人の特性と調査回答行動
マルチレベル多項ロジットモデルによる社会調査の非回収要因の分析 *1)

10.1 はじめに——なぜこのような研究が必要か——

　社会調査・世論調査の回収率は1970年代から低下傾向にあり，主に都市部における調査対象者の回答拒否と訪問調査員が対象者と直接会うことができない接触不能の増加 (坂元, 2001) が指摘されてきました．近年もその傾向は続き (たとえば Synodinos & Yamada (2013))，以前は調査に協力的であった女性や高齢者が，2005年の個人情報保護法施行以降プライバシー保護に敏感になり，回答を避けることで全体の回収率が落ち込んだとされます．

　回収率の低下そのものも望ましくないのですが，研究者が懸念するのは，調査に回答しなかった対象者の特性や回答の偏りです．調査の非回収はランダムに起きているわけではなく，たとえば，若年層は高年齢層に比べて，また男性は女性と比べて低回収率になる傾向 (松岡・前田 (2015) など) があります．無作為抽出された調査対象者全体の中で，若年層や男性の回収が少ない状態で，そのまま記述統計量を算出すると，これらに関連した属性についても偏りが生じることが予想されます．たとえば高学歴化の進展で若年層に大学卒業の学歴を持つ人が増えていますから，若年層の回収が少ないと大卒者の割合は母集団よりも少ない数値になるでしょう．また，女性のほうがパートタイムで働いている人が多いので，男性の回収が少ないとパートタイムでの有職者の割合が母集団よりも高い数値になると考えられます．このように調査不能に起因する母集団からの乖離のことを調査不能バイアスと呼びます．

---

*1) 本章は Matsuoka, R. & Maeda, T. (2015). Neighborhood and individual factors associated with survey response behavior: A multilevel multinomial regression analysis of a nationwide survey in Japan. *Social Science Japan Journal*, **18**(2), pp.217–232. を本書の目的に沿うように再構成したものです．

10.1 はじめに —なぜこのような研究が必要か—

調査不能バイアスが大きくなることを防ぐためには，どのような層が調査に回答しない傾向にあるのか把握しておく必要があります．低回収傾向となる対象者層の特徴が分かっていれば，少なくとも対応策を検討することができるからです．本章ではこのような問題について，具体的な社会調査データでの検討事例を紹介します．

日本における一般的な全国規模の社会調査では，層化二段無作為抽出という標本設計が用いられており，対象者個人が調査地点にネストしている階層構造をもつデータが得られます．全国でたとえば150程度から数百程度の地点数で，各地点10〜数十程度，全体では1500〜数千程度の個人を調査対象とするような設計が標準的です．実際にはこの数千程度の対象者のうちの何割かが非回収となるわけです．このような調査設計を反映して，非回収の関連要因には，大別して個人レベルの要因と，調査地点レベルの要因があると整理できます．実際，日本での先行研究でも調査対象者の個人特性のみならず，調査地点の特性も非回収と関連があることが示されてきました[*2]．

個人レベルの要因として指摘されてきた主な要因は調査対象者の性別と年齢，そして対象者の住居の形態です．具体的には，若年層と男性が非回収となる傾向にあり，戸建て住宅よりもマンションなどの集合住宅に住んでいる人が非回収になりがちです．調査地点の特性については，以前から都市規模 (都市規模が大きい地域のほうが低回収率) (たとえば，崔田 (2008)) が知られていますが，埴淵ほか (2012) は，規模に加えて対象者の住む地点の特性が，部分的に非回収と関連していることを明らかにしました．

本章では従来の研究では十分に検討されてこなかった論点も含めた，総合的なモデルによる分析結果を紹介します．使用するモデルは『入門編』第5章の切片・傾きに関する回帰モデルです．この分析モデルの特徴は，まず非回収を3種類に分類したこと (接触不能，調査対象者本人拒否，本人以外による拒否)，個人特性として社会経済的地位 (socioeconomic status, 以下 SES) の代理指標を含めたこと，そして，地点レベルの特性として調査地点の都市度を含む特性を考慮に入れたことの3点です．さらに，個人レベルと地点レベルのクロスレベル交互作用が，回収の状況と関連しているのか検討した点も特徴といえるでしょう．

[*2] 詳細は割愛しますが，非回収の要因に関する先行研究については，松岡・前田 (2015) や Matsuoka & Maeda (2015) を参照してください．

10.2 扱うデータ

10.2.1 個人レベルのデータと地点レベルのデータ

本章では，個人レベルのデータとして統計数理研究所が2012年に実施した「国民性に関する意識動向調査 (2012年度)」を用います．この調査の標本設計は，層化二段無作為抽出になっています．地点数は500であり，1地点あたり12〜14人で計6500人の個人からなる標本で調査が計画され，調査法としては留置法と面接法という2種類の方法を半数 (250) ずつの地点で実施する形で組み合わせた調査になっています．どちらの方法も調査員が対象者宅を訪問して協力依頼を行う点は共通ですが，調査員が届けた調査票に対象者が自分で回答を記入し後日調査員が回収するのが留置法，調査員が対象者から直接聞き取りする形で回答を得るのが面接法です．対象者から回答を得る方式は，調査モードと呼ばれることも多いので，以下この用語で統一します．調査モードの違いもモデルに反映させて両方のモードのデータを合わせて分析します．また，社会調査では地点という用語が一般的ですが，ここでいう地点は○○町●丁目とか，字○○ (大字の下の小字) などのような，歩き回れる程度の地理的な広がりをもつものであることが多く，このことを具体的にイメージしやすいように以下では「近隣」という語を用いることにします．500の近隣に住む6500人の対象者 (20〜79歳) のうち，訪問調査員の訪問に応じて調査に協力した有効回答数は3642であるので，単純に計算した回収率は56.0% (3642/6500) となります [*3]．

本章の目的は回収・非回収を分ける要因の分析 (どのような人が調査に協力している／していないのか) であるため，回収できた対象と回収できなかった対象者の両者について情報が得られる変数を用意することが重要です．すべての対象者について住民基本台帳からの抽出時に性別と年齢は分かっています．その他，調査員が訪問時に対象者の住居の様子などを観察し記録に残しています．つまり，外形的に確認できる住居に関する情報も両者について得られています．

他方，近隣の特性については，同一近隣内の対象者については回収か非回収であるかを問わず共通です．本章は公的統計データを利用し，都道府県や市町村などの広域集計ではなく，主に小地域 (町丁字などのレベル) での集計データを用いています．

[*3] 回収率は留置法で60.4%，面接法で50.9%と異なっています．

10.2.2 目的変数

表 10.1 に，目的変数と個人レベルの説明変数の分布をまとめて示しました．本章にはデータ自体は示していませんが，各対象者について 13 個の変数 (表 10.1 の目的変数と 12 個の説明変数) をもつデータとなっています．後述するように，分析対象の標本の大きさは 6187 でしたので，データ行列のサイズは 6187×13 でした．

4つのカテゴリ (0 から 3) を持つ目的変数については，参照カテゴリを「有効回答」(3) と設定します．0 や 3 は，各カテゴリに与える数値を表しています．参照カテゴリというのは，名義変数をダミー変数化した際に基準として用いられるカテゴリを指します．名義変数が説明変数と目的変数のいずれであったとしても，その参照カテゴリに比べて他のカテゴリがどのような特徴をもつか，という形で解釈を行います．有効回答の場合は，どういうプロセスがあったにせよ最終的に

表 10.1 目的変数と説明変数の分布 ($n = 6187$)[4]
太数字は参照カテゴリを示す．

		度数	%		度数	%
目的変数	有効回答 (**3**)	3642	58.9	本人拒否 (1)	951	15.4
	接触不能 (0)	1019	16.5	他者拒否 (2)	575	9.3
説明変数	調査モード (調査地点ごと)			オートロック		
	留置法 (1)	3331	53.8	[8] あり (1)	640	10.3
	面接法 (0)	2856	46.2	なし (0)	5547	89.7
	性別			駐車場		
	[1] 女性 (1)	3093	50.0	[9] あり (1)	4346	70.2
	男性 (0)	3094	50.0	なし (0)	1841	29.8
	年齢 (10 歳刻み)[5]			新しさ (住居の様子)		
	20 代 (**0**)	853	13.8	[10] 新しい (1)	1749	28.3
	[2] 30 代 (1)	1080	17.5	その他 (0)	4438	71.7
	[3] 40 代 (1)	1242	20.1	広さ・大きさ (住居の様子)		
	[4] 50 代 (1)	1050	17.0	[11] 広い・大きい (1)	1360	22.0
	[5] 60 代 (1)	1132	18.3	その他 (0)	4827	78.0
	[6] 70 代 (1)	830	13.4	表札 (住居の様子)		
	住居形態			[12] あり (1)	4171	67.4
	[7] 一戸建 (1)	4134	66.8	なし (0)	2016	32.6
	その他 (0)	2053	33.2			

---

[4] 調査モード以下の説明変数では，字下げして示した各カテゴリの名称の後ろに (1)(0) などとカテゴリに与えた数値を示しています．年齢を除く説明変数は 2 値の変数で，(1) のカテゴリを持つ，「女性」「一戸建て」…などが説明変数としてモデルに導入されます．年齢については，カテゴリが複数あるので，参照カテゴリとした 20 代以外の年齢層 (5 つ) が説明変数となります．

[5] 30 代〜70 代までそれぞれ 1 で，20 代を参照カテゴリとしました．

は対象者から協力が得られたという意味で1つのカテゴリにまとめることができますが，非回収の理由は様々です．本章が分析する調査では10種類ほどの非回収の理由が調査員によって記録されていました．このうち引っ越し，長期不在，一時不在を合算したのが「接触不能」(0) で，拒否は「本人拒否」(1) と「他者拒否」(2) に分類してあります．「他者拒否」というのは，本人以外の人，たとえば同居家族などから，調査協力を拒まれたケースを指します．他の理由による非回収は分析からは除外し，分析対象の標本の大きさは $n = 6{,}187$ となっています．

10.2.3　個人レベルの説明変数 (SES の代理指標)

調査対象者の住居状況に関して，6つの2値変数を用意しました．まず，「一戸建」は集合住宅を参照カテゴリとして，一戸建かどうかを表します．一戸建のとき1，そうでないときに0としました．「オートロック」・「駐車場」・「表札」はそれぞれ確認できる場合は1，できない場合は0としました．「新しい」・「大きい (広い・大きい)」はそれぞれ住居の様子であてはまるときに1，それ以外を参照カテゴリとして0としました．たとえば，対象者の住居が「大きい」「駐車場」と「表札」のある「一戸建」であれば，SES が比較的高いことが推測できます．もちろん，これらは間接的な指標でしかありませんが，非回収の対象者についてもこれらの情報があることは先行研究にはない本章のデータの強みになっています．

他の対象者個人についての変数は，基礎情報としての性別 (「男性」を参照カテゴリとして，「女性」が1) と年齢です．年齢は20代を参照カテゴリとし，30代から70代まで10歳間隔で5つのダミー変数を作成してあります．

10.2.4　近隣レベルの説明変数

国勢調査の小地域集計データやその他の公的な統計データを用いて近隣の特性を示す4つの近隣レベルの変数を作成しました．解釈を容易にするため値を平均0・標準偏差1に標準化し[*6)]，表10.2に標準化前の記述統計量をまとめてあります．

4つの近隣レベルの変数の内容は以下のとおりです[*7)]．「人口密度」は各近隣

[*6)] 標準化をするのは，地域レベルの説明変数の分散が揃っていないと，回帰係数の大きさの解釈が困難になるためであり，マルチレベル分析では比較的よく用いられる手段です．

[*7)] 一般にマルチレベル分析で，レベル2 (ここでは近隣) の説明変数を用意することは，簡単な課題ではありません．もちろん先行研究で効果が知られている変数は導入するよう努めるべきですが，それらに加えて，さらにどのような要因が効果を持ち得るのか，つまり候補となる変数は何かという点については，理論的な仮説に基づいて吟味する必要があります．

における 1 平方キロメートルあたりの人数です．これは都市度を反映する変数です．「大卒者割合」は各近隣における 15 歳以上人口に対する 4 年制大学・大学院を最終学歴とする人の割合で，その近隣の集合的な社会経済的地位の高さを反映しているでしょう．「第一次産業従事者割合」は各近隣の労働力人口における第一次産業 (農林水産業) 従事者の割合，そして「犯罪率」は各近隣が属する地方自治体の認知犯罪率です[*8)]．人口密度以外の 3 変数もある程度都市度を反映した指標になっていると考えられます．なお，これらに加えて，面接法と留置法という 2 つの調査モードのどちらかが 250 地点ずつに振り分けられているので，調査法という変数を作成しています (1 が留置法，0 が面接法)．モデル上は近隣レベルの説明変数としましたが，内訳を示す意味で度数と％を表 10.1 に示しています．

10.3　マルチレベルモデルを適用する意義

　個人が各近隣に居住するのは，そこで生まれ育ったにしても仕事などの都合で転居してきたにしても何らかの理由があると考えられます．たとえば，都市部でも駅近くの一戸建住居を構えるにはそれ相応の経済力が必要ですから，仮に同じ住宅地であっても，駅近くの地域と駅から遠く離れた地域とでは収入の平均的な水準が違う可能性が高いといえます．また，自身が高い学歴を持ち教育熱心な親は文教地域に居を構える傾向にあるでしょう．このように比較的小さな地理的範囲であっても，人々の社会経済的背景やライフスタイルは近隣内で類似し，ある程度の凝集性を持ちます．比較的均一な社会経済的背景を持つ個人の集合は近隣文化の基盤であり，人々はその規範の中で行動することを後押しされると考えられます．これは本章が検討する調査回答行動にもあてはまると想定できるので，個人と近隣の 2 レベルを考慮したマルチレベルモデルを用いることが有効となるでしょう．

　具体的な分析モデルを指定する際には，先行研究で得られている様々な知見に応じた仮説を設定しモデルに組み込む必要があります．そのような先行研究の知見に基づく仮説検討のプロセスを以下に簡単に例示しておきます．

　調査への協力を見知らぬ他者 (訪問調査員) から依頼されたときの反応は，個人特性だけではなく近隣特性とも関連していると考えられます．たとえば，都市度が高いと，対象者本人による調査拒否となる傾向があるでしょう．そうした地

　[*8)]　公開の公的データでは犯罪率の小地域レベルの数値がないので，市町村単位の数値を用いています．

域に住む人たちは，見知らぬ他者への警戒心が強くなりがちと考えられるからです．先行研究をヒントにすれば，近隣レベルの犯罪率と個人特性にクロスレベル交互作用を想定することもできそうです．たとえば，犯罪被害に対してより敏感だと考えられる女性が，犯罪率の高い近隣 (自治体) に居住していると，他者の訪問調査を拒否する傾向がより強くなると予想できます．

次節で説明するモデルでは，こうした考察に基づきある程度目星を付けた上で，探索的な事前分析を経てモデル指定を行っています．

10.4 分析モデル

10.4.1 モデル設定の方針

目的変数は4カテゴリで，数値の順番に意味はない名義変数なのでマルチレベル多項ロジットモデルによって分析を行います．参照カテゴリである (3にコードされた)「有効回答」に対して，どのような対象者の個人特性と近隣特性が「接触不能」(0)，「本人拒否」(1)，それに「他者拒否」(2) と関連しているのか明らかにすることが目的です．

先行研究が提示する説明変数と目的変数の関連について探索的な事前分析を行う際に各個人水準変数にランダム傾きがあるのか確認して，下記の最終モデルを決定しました[*9)]．これは「女性」の傾きのみをランダムにした切片・傾きに関する回帰モデルです．つまり性別 (女性であること) と回収や非回収という結果との関連の強弱が近隣間で異なることを意味しています．さらに，「本人拒否」については近隣レベルの説明変数を追加し，先行研究に基づき，近隣レベルの「犯罪率」が，女性の「本人拒否」と関連しているとの仮説を反映させたモデルになっています．

以下個人レベルと近隣レベルに分けてモデルを解説しましょう．

10.4.2 個人水準 (レベル 1) モデル

下記のマルチレベル多項ロジットモデルでは，目的変数の有効回答 (3) を参照カテゴリとし，近隣 j に居住する個人 i が，各近隣 j の回帰係数が与えられたもとで第 k カテゴリに該当する確率を ϕ_{kij} ($k=0,1,2,3$) と表記しています．多項ロジットモデルは，参照カテゴリ以外のカテゴリの確率と参照カテゴリの確率の

[*9)] 分かりやすくするため，Matsuoka & Maeda (2015) のモデルを簡略化しました．

10.4 分析モデル

比の対数を説明変数により説明するモデルです．

具体的には，目的変数のカテゴリに対する反応確率は下記のように表記されます．

$\phi_{0ij} = \text{Probability}[\text{目的変数} = 0|\boldsymbol{\beta}_j]$：「接触不能」の確率

$\phi_{1ij} = \text{Probability}[\text{目的変数} = 1|\boldsymbol{\beta}_j]$：「本人拒否」の確率

$\phi_{2ij} = \text{Probability}[\text{目的変数} = 2|\boldsymbol{\beta}_j]$：「他者拒否」の確率

$\phi_{3ij} = \text{Probability}[\text{目的変数} = 3|\boldsymbol{\beta}_j] = 1 - \phi_{0ij} - \phi_{1ij} - \phi_{2ij}$：

「有効回答」の確率 (参照カテゴリ)

(10.1)

ここで $\boldsymbol{\beta}_j$ は近隣ごとに異なる (ランダム) と仮定された回帰係数ベクトル (下記の $\beta_{0j(k)}$ から $\beta_{12j(k)}$ まで) をすべてまとめて表記したものです．

その上で，ϕ_{kij} の ϕ_{3ij} に対する比の対数が，次のような回帰モデルで表現されるというのが個人水準の多項ロジットモデルの骨子です：

$$\begin{aligned}\log[\phi_{kij}/\phi_{3ij}] = & \beta_{0j(k)} + \beta_{1j(k)}(\text{女性}_{ij}) + \beta_{2j(k)}(30\text{代}_{ij}) + \beta_{3j(k)}(40\text{代}_{ij}) \\ & + \beta_{4j(k)}(50\text{代}_{ij}) + \beta_{5j(k)}(60\text{代}_{ij}) + \beta_{6j(k)}(70\text{代}_{ij}) \\ & + \beta_{7j(k)}(\text{一戸建}_{ij}) + \beta_{8j(k)}(\text{オートロック}_{ij}) + \beta_{9j(k)}(\text{駐車場}_{ij}) \\ & + \beta_{10j(k)}(\text{新しい}_{ij}) + \beta_{11j(k)}(\text{広い}_{ij}) + \beta_{12j(k)}(\text{表札}_{ij})\end{aligned}$$

(10.2)

ここで，k は 0, 1, 2 のいずれかです．したがって，(10.2) 式は参照カテゴリ以外の 3 つのカテゴリに対して共通の形をしています．

$\beta_{0j(k)}$ は第 k カテゴリに対する回帰式の切片項，$\beta_{tj(k)}$ は第 k カテゴリに対する回帰式における t 番目の説明変数の傾きです．最初の添え字が 1〜12 の間にあることが示しているように，説明変数のカテゴリ数は全部で 12 個です．表 10.1 の中では，この説明変数のカテゴリ番号の通し番号を [1][2]...[12] と記入してあります．

10.4.3 近隣レベル (レベル 2) モデル

近隣レベルのモデルでは，切片である $\beta_{0j(k)}$ はどのカテゴリに対する回帰式でもランダムと指定し，他方 10.4.1 項に書いた理由により，性別 (女性ダミー) についてはその傾きをランダムとしましたが，その他の説明変数については固定効

果としました.つまり,モデルには「ランダム切片」,「傾きの固定効果」,「ランダム傾き」があり,目的変数のカテゴリによってもその指定には次のように少し違いをもたせています:

ランダム切片:3 カテゴリに共通で以下のモデルです.

$$\begin{aligned}\beta_{0j(k)} =\ & \gamma_{00(k)} + \gamma_{01(k)}(\text{人口密度}_j) + \gamma_{02(k)}(\text{大卒者割合}_j) \\ & + \gamma_{03(k)}(\text{第一次産業従事者割合}_j) + \gamma_{04(k)}(\text{犯罪率}_j) \\ & + \gamma_{05(k)}(\text{調査モード}_j) + u_{j(k)},\end{aligned} \quad (10.3)$$

傾きの固定効果:3 カテゴリに共通で以下のモデルです.

$$\beta_{tj(k)} = \gamma_{t(k)}, (t\text{ は 1 から 12 のうちの 1 以外,つまり女性ダミー以外の 11 個の}\\\text{説明変数に関する傾きは固定効果}); \quad (10.4)$$

ランダム傾き:カテゴリ 0 (接触不能) と 2 (他者拒否) $(k=0,2)$ に対しては以下のとおり,女性ダミーの傾きをランダムと指定し,説明変数は設けない.

$$\beta_{1j(k)} = \gamma_{10(k)} + u_{1j(k)}, \quad (10.5)$$

ランダム傾き (説明変数付き):カテゴリ 1 (本人拒否) $(k=1)$ に対してはランダム傾きに説明変数が追加される.

$$\begin{aligned}\beta_{1j(1)} =\ & \gamma_{10(1)} + \gamma_{11(1)}(\text{人口密度}_j) + \gamma_{12(1)}(\text{大卒者割合}_j) \\ & + \gamma_{13(1)}(\text{第一次産業従事者割合}_j) + \gamma_{14(1)}(\text{犯罪率}_j) \\ & + \gamma_{15(1)}(\text{調査モード}_j) + u_{1j(1)},\end{aligned} \quad (10.6)$$

(10.6) 式では,近隣レベルの説明変数が,各ランダム切片と「本人拒否」$(k=1)$ に対する女性のランダム傾き $\beta_{1j(1)}$ の変動を説明することを表現しています.

10.4.4 Mplus のスクリプト

DATA でファイル名を特定し,2 行目の VARIABLE の NAMES でファイルに含まれる変数を順番に名づけ,USEVARIABLES ですべての変数をモデル内で使用することを指定します.目的変数 (dependent variable の略で DV) は名義変数なので「NOMINAL = DV」とし,近隣水準である BETWEEN には,各近隣の特性を示す PopDensity (人口密度),PerCollege (大卒者割合),PerPrimary (第一次産業従事者割合),CrimeRate (犯罪率),それに Mode (調査モード) を入れます.なお,

10.4 分析モデル

目的変数はデフォルトで最大の数が振られたカテゴリが参照カテゴリとなっています．また，近隣レベルの変数はデータセット作成時に標準化してあるので，スクリプトではDEFINEコマンドによる近隣レベルでの中心化を行っていません．

```
DATA: FILE IS "DK2012.csv";
VARIABLE: NAMES ARE DV TownNo PopDensity PerCollege PerPrimary CrimeRate
Mode Female Age30 Age40 Age50 Age60 Age70 Detach Autolock Parking New
Big Name;
USEVARIABLES ARE DV TownNo PopDensity PerCollege PerPrimary CrimeRate
Mode Female Age30 Age40 Age50 Age60 Age70 Detach Autolock Parking New
Big Name;
NOMINAL = DV;
BETWEEN = PopDensity PerCollege PerPrimary CrimeRate Mode;
WITHIN = Female Age30 Age40 Age50 Age60 Age70 Detach Autolock Parking
New Big Name;
CLUSTER IS TownNo;
ANALYSIS: TYPE = TWOLEVEL RANDOM;
MODEL:
%WITHIN%
DV#0 DV#1 DV#2 on Age30 Age40 Age50 Age60 Age70 Detach Autolock Parking
New Big Name;
S0 | DV#0 on Female;
S1 | DV#1 on Female;
S2 | DV#2 on Female;
%BETWEEN%
DV#0 DV#1 DV#2 S1 on PopDensity PerCollege PerPrimary CrimeRate Mode;
```

個人水準の変数は，WITHINにおいて下記を指定します．まず，Femaleは女性，Ageではじまる5変数は20代を参照カテゴリとする10歳ごとの年齢層ダミーです．SESの代理指標もすべてダミー変数で，Detachは一戸建，Parkingは駐車場有り，Newは住居の様子が新しい，Bigは住居の様子が大きい・広い，Nameは表札有りを意味します．

マルチレベルモデルなのでCLUSTERに近隣IDのTownNoを指定し，モデルは切片・傾きに関する回帰モデルなのでTWOLEVEL RANDOMです．目的変数がNOMINALでTWOLEVEL RANDOMなので推定にはMplusのデフォルトであるMLRが用いられます．

MODELにおいては，DV#0 (接触不能)・DV#1 (本人拒否)・DV#2 (他者拒否) に対して女性を除く個人レベルの説明変数が指定されています．ランダム傾きは，た

とえば，DV#1 (本人拒否) に対する女性の場合「S1 | DV#1 on Female;」と表記します．最後に，DV#0 (接触不能)，DV#1 (本人拒否)，DV#2 (他者拒否)，それに S1 (本人拒否に対する女性のランダム傾き) を説明するために，近隣水準のモデル指定部 (%BETWEEN%) の on の後ろに 4 つの近隣特性変数と調査モードを説明変数として指定します．

10.5 結 果 と 解 釈

10.5.1 記述統計量と級内相関の検討

表 10.1 にまとめたように，接触不能による非回収は 16.5%，本人拒否は 15.4%，他者拒否は 9.3% です．

また，表 10.2 にあるように近隣特性である人口密度，大卒者割合，第一次産業従事者割合，犯罪率は日本全国でかなり幅があるといえます．たとえば，各近隣における住民の大卒者割合は最小値が 1% で最大値が 43.0%，それに第一次産業従事者割合も最小値が 0% と最大値が 95.0% です．住民の社会経済的背景は地域によって様々ですから，こうした特性の構成によって近隣ごとに異なる行動規範が存在することが想像されます．なお，近隣特性変数間にはそれほど大きな値ではありませんが一定の相関関係が確認できます (-0.39 から 0.34 の範囲，$p < 0.001$)．人口密度，大卒者割合，犯罪率はそれぞれ正の相関で，これらは第一次産業従事者割合と負の相関関係があるということは，人口密度が高い大都市部は大卒者割合が高く，そのような地域は犯罪率も高いといえます．一方，農林水産業従事者割合が高い地方では人口密度が低く，大卒者は少なく，犯罪率が低いことを示しています．

なお，説明変数を含まないモデルによって級内相関係数 (ICC) を推定した結果[*10)]，目的変数のカテゴリのバラつきは近隣間にもありますが，大半は個人間

[*10)] 3 つ以上のカテゴリを持つ名義尺度の変数についてまとめて級内相関を評価することは簡単ではありません．ここでは個々のカテゴリについて 1 つの 2 値変数とみなしたときの級内相関をそれぞれに計算し，マルチレベル分析がその効果を十分発揮するかどうかについて，ある程度見当をつけておくことにしました．2 値変数の級内相関の推計については，たとえば Snijders & Bosker (2012) が詳述しており，第 1 章の (1.20) 式で求めることができます．量的な変数の場合の級内相関と異なり級間分散の全分散に対する割合といった分かりやすい解釈を与える推計式ではありません．ここでは便宜的に割合の意味をもつ数値として記述しておきます．なお，これらの値は基になっている論文 (Matsuoka & Maeda, 2015) のもので，計算には HLM というソフトウェアを用いました．

表 10.2 近隣水準の特性を示す連続変数の記述統計量 (標準化前)

	度数	最小値	最大値	平均値	標準偏差	歪度	尖度
人口密度	500	1.990	163311.410	7963.898	9928.150	8.065	119.553
大卒者割合	500	0.010	0.430	0.163	0.083	0.702	0.191
第一次産業従事者割合	500	0.000	0.950	0.036	0.092	5.700	41.781
犯罪率	500	0.002	0.038	0	0	0.852	1.916

の違いであることが示されました.具体的な級内相関係数は,それぞれ「接触不能」0.13,「本人拒否」0.071,「他者拒否」0.122です.近隣間の分散が全体の分散に占める割合は高くはないですが,近隣特性によってこれらの分散が説明できるのか検証するため,分析を進めてみましょう[*11].

10.5.2 「接触不能」の結果

```
出力 1
MODEL RESULTS

                                             Two-Tailed
                 Estimate     S.E.   Est./S.E.   P-Value
Within Level
 DV#0    ON
    AGE30        -0.601     0.125    -4.800     0.000
    AGE40        -0.814     0.130    -6.249     0.000
    AGE50        -1.071     0.143    -7.466     0.000
    AGE60        -1.553     0.159    -9.739     0.000
    AGE70        -1.720     0.173    -9.939     0.000
    DETACH       -0.325     0.115    -2.834     0.005
    AUTOLOCK      0.388     0.152     2.544     0.011
    PARKING      -0.270     0.101    -2.685     0.007
    NEW          -0.408     0.100    -4.097     0.000
    BIG          -0.047     0.114    -0.411     0.681
    NAME         -0.828     0.097    -8.536     0.000
```

分析結果は個人レベル (Within Level) と近隣レベル (Between Level) に分けて出力されます.まず,DV#0 (接触不能) の個人レベルの推定値 (出力 1) とオッズ比 (出力 2) をみましょう.「大きい (BIG)」以外のすべての個人の特性を示す変数は「接触不能」と関連しています (すべて $p < 0.05$ 以下).たとえば,住居

[*11] 本章で示したモデル (カテゴリカル変数のマルチレベルモデル) と推定法 (最尤推定法) の組み合わせでは,モデル全体の適合度を示す χ^2 統計量やその関連指標を得ることができません.

が「一戸建 (DETACH)」(オッズ比 = 0.722),「新しい (NEW)」(オッズ比 = 0.665),「表札 (NAME)」(オッズ比 = 0.437) は,「接触不能」となりにくいことの説明要因になります.一方,「オートロック (AUTOLOCK)」(オッズ比 = 1.473) に住んでいる個人は「接触不能」になりやすく,また,参照カテゴリである 20 代は他の年齢層と比べて「接触不能」となる傾向にあります.

```
出力 2
LOGISTIC REGRESSION ODDS RATIO RESULTS
Within Level
DV#0    ON
    AGE30           0.548
    AGE40           0.443
    AGE50           0.343
    AGE60           0.212
    AGE70           0.179
    DETACH          0.722
    AUTOLOCK        1.473
    PARKING         0.763
    NEW             0.665
    BIG             0.954
    NAME            0.437
```

ランダム傾きを指定した性別 (女性ダミーに対する係数) については出力 3 に結果を示しました.Means の S0 の結果 (出力 3) によれば,女性のランダム傾きは「平均的には」負の係数 (本人拒否に対して −0.556, 他者拒否に対して −0.560) であるので,男性と比べて「接触不能」とならない傾向があると解釈できます.

```
出力 3
Means
    S0          -0.556      0.094      -5.898      0.000
    S2          -0.560      0.112      -5.003      0.000
Intercepts
    DV#0         1.026      0.153       6.685      0.000
    DV#1        -1.434      0.190      -7.561      0.000
    DV#2        -0.993      0.191      -5.194      0.000
    S1          -0.014      0.112      -0.123      0.902
Variances
    S0           0.396      0.144       2.745      0.006
```

```
    S2              0.281     0.169     1.664     0.096
Residual Variances
    S1              0.318     0.107     2.968     0.003
```

本章の主要な関心である近隣レベルでは3つの近隣特性変数が有意となりました (出力 4). 先行研究に基づいて予測されたように,「人口密度 (POPDENSITY)」 ($p < 0.01$) と「犯罪率 (CRIMERATE)」($p < 0.001$) は (「有効回答」と対比した場合の)「接触不能」の起こりやすさの説明要因といえます. 一方, 都市度の低さを意味する「第一次産業従事者割合 (PERPRIMARY)」の係数が負 ($p < 0.05$) であることは,「接触不能」の起こりやすさは, 第一次産業従事者割合が高い地方ほど減じていくことを意味します. なお, 他の変数を統制すると「大卒者割合 (PERCOLLEGE)」は有力な説明要因とはなりませんでした.

```
出力 4
Between Level
DV#0  ON
    POPDENSITY      0.105     0.040     2.611     0.009
    PERCOLLEGE      0.053     0.058     0.905     0.365
    PERPRIMARY     -0.130     0.061    -2.113     0.035
    CRIMERATE       0.186     0.049     3.787     0.000
    MODE           -0.660     0.093    -7.080     0.000
```

以上の結果をまとめると, 調査員は, 人口密度・犯罪率が高く, 農林水産業従事者割合が低い地点に居住している個人とは接触できない傾向にあります. 人口密度が高い近隣では見知らぬ他者に対する信頼 (ソーシャルキャピタル) [12] が低く, それが訪問調査員を回避する行動 (たとえば居留守など) につながっているのかもしれません. また, 犯罪率が高い近隣においても, 見知らぬ者の訪問は警戒対象になるということでしょう. 一方, 農林水産業従事者割合が高い近隣では, お互いに顔見知りで人助けが規範となっている, つまり, 一般的信頼 (コミュニティレベルのソーシャルキャピタル) が高いと考えられます. このような環境の地域では, 都市部ではよく起こる居留守などによる接触不能などは少ないと想

---

[12] 見知らぬ他者に対する信頼とは, 社会学などで議論されるソーシャルキャピタル (社会関係資本) に含まれる近隣特性です.

像されます．調査対象者が家にいなくても，職場である畑などが家の傍にあることが「接触不能」の軽減につながっている可能性もあります．

10.5.3 「本人拒否」の結果

ここでは，「本人拒否」に対するランダム切片と，「女性」のランダム傾きに対する近隣レベルの変数の効果に着目します (出力 5) [*13]．まず，切片に対してPERPRIMARY (第一次産業従事者割合) は負の係数を示しています ($p < 0.01$)．これは「第一次産業従事者割合」が平均より高い近隣では，見知らぬ調査員の訪問に対して本人による拒否が生じにくい傾向を意味します．

```
出力 5
Between Level
DV#1  ON
    POPDENSITY     0.046    0.058    0.786    0.432
    PERCOLLEGE     0.051    0.055    0.922    0.357
    PERPRIMARY    -0.349    0.105   -3.307    0.001
    CRIMERATE     -0.001    0.056   -0.023    0.981
    MODE          -0.311    0.111   -2.806    0.005
```

次に，「女性」を除く個人レベルの結果は省略し，「女性」のランダム傾き (S1) に対する4つの近隣特性変数の結果を確認しましょう．出力6の結果が示しているのは，女性が「本人拒否」につながりやすい程度が犯罪率の高さという近隣特性によって異なることです ($p < 0.01$)．言い換えると，人口密度・大卒者割合・第一次産業従事者割合を統制しても，「犯罪率」が平均より高い近隣に住む女性は調査への協力依頼を断る傾向が強いということです．おそらく，個人特性によって犯罪リスク知覚が異なり，特に女性は (男性に比べて)，犯罪率が高い近隣に住んでいるとき見知らぬ他者である調査員をよりいっそう警戒するためであるといえるでしょう．

なお，出力3のInterceptsのS1の結果にあるように，ランダム傾きの「女性」の説明変数がすべて平均のときの女性の傾きは有意ではありませんでした．また，誤差分散 (Residual Variances) が有意 ($p < 0.01$) であることから，近

[*13] 「本人拒否」と「他者拒否」の個人レベルの結果は紙面の都合上省略しています．なお，これらは「接触不能」の個人レベルの結果で示したのと同様，参照カテゴリである「有効回答」に対する比較で解釈しなければなりません．

隣の犯罪率だけで女性と本人拒否の関連度合いの近隣間差異をすべて説明できているわけではない点にも留意することが必要です．本章が用いた4つの近隣特性以外の何かが女性の本人拒否の確率の高低と関連していると考えられ，今後のさらなる検証が求められるということになります．

```
出力 6
S1     ON
    POPDENSITY   -0.012    0.121   -0.103    0.918
    PERCOLLEGE    0.016    0.088    0.182    0.856
    PERPRIMARY    0.208    0.132    1.584    0.113
    CRIMERATE     0.197    0.073    2.695    0.007
    MODE         -0.053    0.148   -0.355    0.723
```

10.5.4 「他者拒否」の結果

個人レベルの結果は省略し，近隣レベル変数とランダム切片の関係についての結果に着目しましょう (出力 7)．人口密度 ($p < 0.1$) と犯罪率 ($p < 0.05$) が本人以外の者による調査拒否の近隣間差異を部分的に説明しています．平均よりも高い人口密度と犯罪率の近隣に調査対象者が住んでいるとき，「他者拒否」となる傾向にあることを意味しています．

```
出力 7
DV#2   ON
    POPDENSITY    0.119    0.068    1.753    0.080
    PERCOLLEGE    0.089    0.065    1.365    0.172
    PERPRIMARY   -0.089    0.069   -1.296    0.195
    CRIMERATE     0.117    0.054    2.151    0.031
    MODE         -0.416    0.111   -3.761    0.000
```

10.5.5 結果の総括

分析結果によると，一戸建や駐車場の有無など SES の代理指標である個人特性変数，それにいずれも都市度と関係する4つの側面の近隣特性変数が，対象者の調査回答状況と関連していることが示されたといえます．また，犯罪率が高い近隣に住んでいる女性は，調査を (本人が) 拒否する傾向にありました．犯罪率と

いう近隣特性に対する反応が個人特性によって異なることを意味しています．このようにランダム傾きを説明するレベル2の説明変数が見出せると（クロスレベル交互作用が有意であると），現象についての理解がより精緻化されます．

冒頭に述べたように個人特性と近隣特性によって調査回収状況が異なるということは，回収された標本のみに基づく分析には調査不能バイアスが伴う懸念が残ることを示唆しています[*14]．よって，分析の際には非回収の問題を調整するための標本ウエイトを利用するなど，何らかの対処を検討することも必要になるでしょう．他方，調査実施面での対策として，近隣特性によって回収率が低いことが予測される都市部においては調査員[*15]を複数派遣したり，犯罪率が高く一般的信頼が低いと予測できる近隣で女性を訪問する前に町内会などに仲介を依頼したりするなど，地点抽出後の実査前に対応策を取ることが考えられるでしょう．本章の分析結果は，非回収を複数の内容に分類し，さらにデータの階層性を反映したモデルを用いたことにより，社会調査の現場に，従来よりもきめ細かな対策を提案する内容といえます．

文　　　献

1) 埴淵知哉・中谷友樹・村中亮夫・花岡和聖 (2012). 社会調査における回収率の地域差とその規定要因—個人および地域特性を考慮したマルチレベル分析. 地理学評論. [Series A], **85**(5), pp.447–467.
2) 松岡亮二・前田忠彦 (2015).「日本人の国民性第 13 次全国調査」の欠票分析—個人・地点・調査員の特性と調査回収状況の関連. 統計数理, **63**(2), pp.229–242.
3) Raudenbush, S. W., Bryk, A. S., Cheong, Y. F., Congdon, R. T., & du Toit, Mathilda. (2011). HLM 7: Hierarchical linear and nonlinear modeling. Scientific Software International. Lincolnwood, IL.
4) 坂元慶行 (2001).「日本人の国民性調査」—社会調査研究のある最前線（〈特集〉実証の姿—その思惟と展開）. 理論と方法, **16**(1), pp.75–88.
5) Snijders, T. A. B. & Bosker, R. J. (2012). Multilevel Analysis: An Introduction to Basic and Advanced Multilevel Modeling (2nd ed.). SAGE Publications. London.
6) Synodinos, N. E. & Yamada, S. (2013). Japanese public opinion surveys: 20-year trends. *Behaviormetrika*, **40**(2), pp.101–127.
7) 崔田知久 (2008). 面接調査の現状と課題（〈特集〉世論調査方法の再検証—「総合調査学」へ向けて）. 行動計量学, **35**(1), pp.5–16.

[*14] 本章の目的はマルチレベル多項ロジットモデルの例示であるので，知見についての詳しい議論，示唆，研究の限界などは論文 (Matsuoka & Maeda, 2015) を参照してください．
[*15] 調査員特性による回収状況の差異については松岡・前田 (2015) が基礎的な検討を行っています．

11
恋愛関係における期待と幸福感の関連

11.1 研究の背景[*1]

　恋人や夫婦，友人といった親密な他者との良好な関係は，私たちに高い幸福感をもたらします．しかし一方で，からかい，ケンカ，暴力，浮気，失恋・離婚など，親密な関係はむしろ私たちの幸福感を脅かす危険性も孕んでいます．それでは，私たちが高い幸福感を享受するためには，どのような親密な関係を形成・維持すればよいのでしょうか．

　この問いに答えるため，本章では，恋人との間で共有された関係効力性 (shared relationship efficacy of dyad；浅野・五十嵐，2015) の高さが，幸福感の指標の一つである人生満足度を高めるかどうかを検討します．共有された関係効力性とは，良い関係を築くために必要な行動を互いに協力して計画ならびに実行できるという期待を2人がもっていることを意味しており，共有された関係効力性の高いペアは2人とも「私たちならうまくやっていける」と考えています．その一方で，知覚された関係効力性 (idiosyncratic relationship efficacy of dyad) は，良い関係を築くための行動を協力して計画および実行できるという期待を個々人がもっていることを表し，知覚された関係効力性の高い個人は「私たちならうまくやっていける」と考えています．知覚された関係効力性が個人レベルの概念であるのに対して，共有された関係効力性はペアレベルの概念として区別されます．こうしたペアレベルの概念に注目することは，対人関係研究をさらに発展させ，親密な関係にまつわる諸現象のより深い解明につながるでしょう (Finkel et al., 2017).

[*1] Asano, R., Ito, K., & Yoshida, T. (2016). Shared relationship efficacy of dyad can increase life satisfaction in close relationships: Multilevel study. *PLoS ONE*, **11**, e0159822.

共有された関係効力性と人生満足度の関連を実証するためには，知覚された関係効力性尺度と人生満足度尺度を測定したペアデータに対して，マルチレベルモデルを行うことが有効です．このとき，レベル1の分析結果は知覚された関係効力性が人生満足度に与える個人レベルの影響として解釈できる一方で，レベル2の分析結果は共有された関係効力性が人生満足度に与えるペアレベルの影響として解釈できます．Asano et al. (2016) は，異性恋愛カップルや同性友人ペアを対象とした調査を行い，構造方程式モデリングによる集団・個人レベル効果推定モデルの分析を行いました．その結果，レベル1において，知覚された関係効力性はペアの個々人の人生満足度を上昇させることだけでなく，レベル2において，共有された関係効力性がペアの平均的な人生満足度を上昇させることも示されました．しかし今後は，人生満足度に対する共有された関係効力性の影響が，知覚された関係効力性の影響よりも強いという文脈効果にまで踏み込んだ検討が必要です．文脈効果を確かめることは，ペアレベルのプロセスに注目することで親密な関係をより深く理解できるという主張へのより強力な証拠となるからです．

11.1.1　本章の概要

本章の目的は，共有された関係効力性が人生満足度に与える文脈効果を検証することです．構造方程式モデリングによる集団・個人レベル効果推定モデルを用いて，共有された関係効力性がペアの平均的な人生満足度を高める程度 (レベル2) は，知覚された関係効力性がペアの個々人の人生満足度を高める程度 (レベル1) よりも強いという文脈効果を検証します．集団・個人効果推定モデルについては『入門編』第4章，構造方程式モデリングによるマルチレベルモデルについては本書第4章，文脈効果については『入門編』第6章および本書第5章を参照してください．マルチレベルモデルの分析には Mplus version 8 を使用します (本書第5章)．なお，本章は Asano et al. (2016) の追試という位置づけで議論を進めますが，実際に用いるのは人工データであることに留意してください．

11.2　扱うデータについて

11.2.1　参　加　者

参加者は，異性恋愛カップル520組 (女性：520名，平均 19.6 ± 1.19 歳；男性：520名，平均 20.0 ± 1.95 歳；交際期間：平均13.6カ月，range = 1〜62) でした．

11.2.2 測定内容

以下の2つの心理尺度を測定しました．1つめは，知覚された関係効力性尺度 (浅野，2009) であり，モデルの中でレベル1の説明変数を構成します．女性と男性それぞれが，「私たちはお互いに協力して，2人の間で起こる問題を解決できる」，「私たちは，2人が求めることのズレをうまく解決できる」といった9項目に対して，5件法 (1：全くあてはまらない—5：非常にあてはまる) で回答しました．得点が高いほど知覚された関係効力性が高いことを意味しています．もう1つの説明変数である共有された関係効力性は，レベル2でこれら9項目を使って構成されます．

2つめは，人生満足度尺度 (大石，2009) であり，モデルの中で目的変数を構成します．女性と男性それぞれが，「ほとんどの面で，私の人生は理想に近い」，「私は自分の人生に満足している」といった5項目に対して，7件法 (1：全くあてはまらない—7：非常にあてはまる) で回答しました．得点が高いほど人生満足度が高いことを意味しています．

11.2.3 得られたデータ

表 11.1 に，本章で用いるペアデータの冒頭3組と末尾3組を示します．変数「ペア ID」(pid) はペア単位の ID を表しているので，2名おきに同じ値が連続しています．変数「性別」(sex) は各参加者の性別を女性 = 0，男性 = 1 で表すカテゴリカル変数であり，変数「年齢」(age) は各参加者の満年齢です．変数「交際期間」(dur) は恋人どうしになってからの月数を表しており，同じ値が2つ連続しています．変数「知覚された関係効力性」に関する9項目 (a1〜a9)，ならびに変数「人生満足度」に関する5項目 (b1〜b5) はそれぞれ，参加者の知覚された関係効力性尺度と人生満足度尺度の得点です．このように，ペアデータはペア単位と個人単位の入れ子構造になっており，これを「個人がペアにネストされている」といいます．

本格的な分析に入る前に，事前分析として，分析に使用する変数の級内相関係数 (『入門編』第3章) と変数間のマルチレベル相関係数を確かめておきましょう．マルチレベル相関係数は変数間の単相関をレベルごとに推定した値であり，通常の多変量解析と同様に，あらかじめ各レベルの単相関を検討しておくことは大切です．推定法は，Mplus でマルチレベルモデルを行う際のデフォルトである MLR (ロバスト最尤推定法) です．まず，以下のコードにより，知覚された関係効力性尺度と人生満足度尺度の級内相関係数を算出します．性別の級内相関係数は必ず

表 11.1 本章データの一部

ペア ID	性別	年齢	交際期間	知覚された関係効力性				人生満足度			
pid	sex	age	dur	a1	a2	⋯	a9	b1	b2	⋯	b5
1	0	20	25	3	3	⋯	3	5	4	⋯	3
1	1	25	25	4	4	⋯	3	4	3	⋯	4
2	0	20	10	4	3	⋯	4	6	7	⋯	5
2	1	21	10	4	4	⋯	4	7	6	⋯	6
3	0	21	6	3	5	⋯	3	4	5	⋯	3
3	1	27	6	4	4	⋯	4	6	3	⋯	4
⋮	⋮	⋮	⋮	⋮	⋮		⋮	⋮	⋮		⋮
518	0	19	26	3	2	⋯	1	2	2	⋯	3
518	1	19	26	3	3	⋯	4	3	3	⋯	1
519	0	26	28	5	5	⋯	4	4	4	⋯	2
519	1	19	28	4	3	⋯	4	3	6	⋯	6
520	0	18	1	4	4	⋯	3	2	5	⋯	5
520	1	21	1	4	4	⋯	2	3	5	⋯	3

$0^{*2)}$，交際期間の級内相関係数は必ず 1 になるため，ここでは推定しません．

```
TITLE: ICC for RelatEfficacy_LifeSatis
DATA: FILE = RelatEfficacy_LifeSatis.csv; !データの読み込み
VARIABLE: NAMES = pid sex age dur a1-a9 b1-b5; !変数の指定
          USEVARIABLES = a1-a9 b1-b5; !使用変数の指定
          CLUSTER = pid; !ペア ID の指定
ANALYSIS: TYPE = TWOLEVEL; !マルチレベルモデルの指定
MODEL:
%WITHIN% !レベル 1
a1(vwa1); (中略) !a1 から a9 の分散
b1(vwb1); (中略) !b1 から b5 の分散
%BETWEEN% !レベル 2
a1(vba1); (中略) !a1 から a9 の分散
b1(vbb1); (中略) !b1 から b5 の分散
MODEL CONSTRAINT:
NEW(icca1); (中略) !新しいパラメータ
NEW(iccb1); (中略) !新しいパラメータ
icca1 = vba1/(vwa1 + vba1); (中略) !a1 から a9 の級内相関
iccb1 = vbb1/(vwb1 + vbb1); (中略) !b1 から b5 の級内相関
OUTPUT: STAND CINTERVAL; !標準化解・信頼区間の出力
```

[*2)] 本章のデータはすべて異性恋愛カップルに基づいており，同一ペア ID 内に 0 (女性) と 1 (男性) が必ず 1 つずつ含まれているからです．

VARIABLE コマンドの CLUSTER オプションで，ペア ID を指定し，ANALYSIS コマンドの TYPE オプションで，マルチレベルモデルを意味する TWOLEVEL を指定します．MODEL コマンドは，レベル 1 を意味する%WITHIN%と，レベル 2 を意味する%BETWEEN%という 2 つのパートに分かれています．それぞれに知覚された関係効力性尺度の項目群と人生満足度の項目群を入力すると，レベル 1 とレベル 2 の分散が推定されます．ここで，%WITHIN%の知覚された関係効力性尺度の項目 1 には vwa1，%BETWEEN%の知覚された関係効力性尺度の項目 1 には vba1 と新しいラベルを指定しておきます．MODEL CONSTRAINT コマンドの NEW オプションで，icca1 という新たなパラメータを宣言した後，その計算式を先ほど指定した vwa1 と vba1 を使って定義することで，icca1 は知覚された関係効力性尺度の項目 1 の級内相関係数として推定されます．他の項目についても，同様の手順により級内相関係数を推定します．本章では，OUTPUT コマンドに STAND と CINTERVAL という 2 つのオプションを加えることで，標準化推定値と信頼区間も出力させます．以下の出力をご覧ください．

```
SUMMARY OF DATA

   Number of clusters                      520

   Average cluster size         2.000

   Estimated Intraclass Correlations for the Y Variables

               Intraclass              Intraclass              Intraclass
   Variable    Correlation   Variable  Correlation   Variable  Correlation

   A1          0.576         A2        0.612         A3        0.511
   A4          0.502         A5        0.550         A6        0.557
   A7          0.455         A8        0.478         A9        0.526
   B1          0.470         B2        0.383         B3        0.428
   B4          0.380         B5        0.340
```

Mplus がデフォルトで出力する SUMMARY OF DATA より，以降の推定結果は 520 組のデータに基づいており，集団サイズは 2 であることが確認できます．知覚された関係効力性尺度と人生満足度尺度の級内相関係数も，それぞれ 0.455〜0.612，0.340〜0.470 であることが分かります．そして，以下が MODEL CONSTRAINT コマ

ンドに関する出力です.

```
MODEL RESULTS
                                         Two-Tailed
                  Estimate    S.E.   Est./S.E.  P-Value

Within Level
  Variances
    A1            0.368      0.029    12.817    0.000
   (中略)
    B1            1.012      0.063    16.088    0.000
   (中略)

Between Level
  Variances
    A1            0.497      0.051     9.661    0.000
   (中略)
    B1            0.895      0.091     9.866    0.000
   (中略)

New/Additional Parameters
    ICCA1         0.574      0.035    16.525    0.000
    ICCA2         0.611      0.033    18.655    0.000
    ICCA3         0.508      0.036    13.936    0.000
    ICCA4         0.496      0.040    12.471    0.000
    ICCA5         0.550      0.034    16.378    0.000
    ICCA6         0.557      0.034    16.227    0.000
    ICCA7         0.420      0.042     9.916    0.000
    ICCA8         0.478      0.038    12.669    0.000
    ICCA9         0.525      0.035    14.931    0.000
    ICCB1         0.469      0.036    13.213    0.000
    ICCB2         0.380      0.039     9.843    0.000
    ICCB3         0.426      0.040    10.788    0.000
    ICCB4         0.378      0.042     8.975    0.000
    ICCB5         0.341      0.039     8.645    0.000
```

MODEL RESULTS は Within Level と Between Level の2パートに分かれており,それぞれの Variances をみると,分散の点推定値や p 値を知ることができます.級内相関係数の点推定値や p 値は New/Additional Parameters にあり,点推定値が SUMMARY OF DATA の出力とほぼ一致しています.また,級内相関係数の95%信頼区間の下限と上限は,CONFIDENCE INTERVALS OF MODEL RESULTS

の Lower 2.5%と Upper 2.5%をみると分かります．このように，級内相関係数はデフォルトで出力されますが，MODEL CONSTRAINT で推定することにより，級内相関係数の p 値や信頼区間も知ることができます．

```
CONFIDENCE INTERVALS OF MODEL RESULTS

                    Lower .5%   Lower 2.5%   Lower 5%   Estimate   …

(中略)

New/Additional Parameters
    ICCA1           0.485       0.506        0.517      0.574      …
(中略)
    ICCB1           0.378       0.400        0.411      0.469      …
(中略)
```

以上の MODEL RESULTS をまとめると，知覚された関係効力性尺度については ICCs = 0.420〜0.611 ($ps < 0.001$)，人生満足度尺度については ICCs = 0.341〜0.469 ($ps < 0.001$) となり，いずれも効果量の大きな級内相関係数がみられました．これらの結果は，知覚された関係効力性尺度と人生満足度尺度の全分散のうちおよそ半分 (それぞれ 42.0〜61.1%，34.1〜46.9%) が，ペアの違いで説明できることを意味しています．以上より，本章のペアデータを扱う際には，その階層性を考慮して分析すべきと判断できます．

次に，マルチレベル相関分析を行うためには，以下のコードを入力します．

```
TITLE: Correlations for RelatEfficacy_LifeSatis
DATA: FILE = RelatEfficacy_LifeSatis.csv; !データの読み込み
VARIABLE: NAMES = pid sex age dur a1-a9 b1-b5; !変数の指定
         USEVARIABLES = sex dur a1-a9 b1-b5
         a1m a2m a3m a4m a5m a6m a7m a8m a9m b1m b2m b3m b4m b5m; !使用変数の指定
         CLUSTER = pid; !ペア ID の指定
         WITHIN = sex a1-a9 b1-b5; !Within 変数の指定
         BETWEEN = dur a1m-a9m b1m-b5m; !Between 変数の指定
DEFINE: CENTER a1-a9(GROUPMEAN); !a1-a9 集団平均中心化
        CENTER b1-b5(GROUPMEAN); !b1-b5 集団平均中心化
        a1m = CLUSTER_MEAN (a1); a2m = CLUSTER_MEAN (a2); a3m = CLUSTER_MEAN (a3);
(中略) ; !a1-a9 集団平均化
```

```
        b1m = CLUSTER_MEAN (b1); b2m = CLUSTER_MEAN (b2); b3m = CLUSTER_MEAN (b3);
(中略) ; !b1-b5 集団平均化
ANALYSIS: TYPE = TWOLEVEL; !マルチレベルモデルの指定
MODEL:
%WITHIN% !レベル 1
a1 WITH a2 a3 a4（中略）; !a1 と他の変数との相関
  (中略)
[a1-a9@0]; !a1-a9 の切片 0
[b1-b5@0]; !b1-b5 の切片 0
%BETWEEN% !レベル 2
a1m WITH a2m a3m a4m（中略）; !a1 と他の変数との相関
  (中略)
OUTPUT: STAND CINTERVAL; !標準化解・信頼区間の出力
```

級内相関係数のコードに加えて，VARIABLE コマンドの WITHIN オプションと BETWEEN オプションに，それぞれレベル 1 の変数とレベル 2 の変数を指定します．DEFINE コマンドの CENTER オプションは，レベル 1 の知覚された関係効力性尺度および人生満足度尺度の項目群に対する集団平均中心化 (CWC) を表し，CLUSTER_MEAN オプションは，レベル 2 の各項目を集団平均とすることを意味しています．MODEL コマンドの%WITHIN%と%BETWEEN%において，相関係数を算出したい変数どうしを WITH でつなぎます．たとえば，%WITHIN%の a1 WITH a2 a3 a4… は，レベル 1 における知覚された関係効力性尺度の項目 1 と他の項目の相関です．また，%WITHIN%において [a1-a9@0] や [b1-b5@0] と宣言することで，レベル 1 の知覚された関係効力性尺度と人生満足度尺度の切片をすべて 0 と仮定します．マルチレベル相関係数の点推定値や p 値は，STANDARDIZED MODEL RESULTS の STDYX Standardization に出力されます [*3)]．

```
STANDARDIZED MODEL RESULTS

STDYX Standardization
                                               Two-Tailed
                  Estimate      S.E.  Est./S.E.  P-Value
Within Level
 A1       WITH
    A2             0.430      0.041    10.612    0.000
```

[*3)] 不適解を示すエラーメッセージが出力されますが，これは変数「性別」(sex) が 2 値であることに伴うものであり，無視して構いません (Muthén, 私信, 2017 年 8 月 31 日)．

```
    A3              0.500    0.042    11.935    0.000
    A4              0.506    0.038    13.390    0.000
(中略)


Between Level
 A1M     WITH
    A2M             0.768    0.025    31.285    0.000
    A3M             0.811    0.017    46.848    0.000
    A4M             0.788    0.020    38.553    0.000
(中略)
```

マルチレベル相関係数の信頼区間については，CONFIDENCE INTERVALS OF STANDARDIZED MODEL RESULTS の STDYX Standardization をみてください．

```
CONFIDENCE INTERVALS OF STANDARDIZED MODEL RESULTS

STDYX Standardization
                Lower .5%  Lower 2.5%  Lower 5%    Estimate   ...
Within Level
 A1     WITH
    A2              0.326    0.351    0.363    0.430    ...
    A3              0.392    0.418    0.431    0.500    ...
    A4              0.408    0.432    0.443    0.506    ...
(中略)


Between Level
 A1M     WITH
    A2M             0.705    0.720    0.728    0.768    ...
    A3M             0.766    0.777    0.782    0.811    ...
    A4M             0.736    0.748    0.755    0.788    ...
(中略)
```

以上から，知覚された関係効力性尺度の項目1と項目2の相関係数は，レベル1で $r = 0.430$, 95% CI $[0.351, 0.509]$, $p < 0.001$，レベル2で $r = 0.768$, 95% CI $[0.720, 0.816]$, $p < 0.001$ であることが読み取れます．

マルチレベル相関分析の結果，レベル1において，知覚された関係効力性尺度の項目1は，人生満足度尺度の項目群と非常に弱い正の相関をもっていました（$rs = 0.079$〜$0.136, ps = 0.002$〜0.126）．知覚された関係効力性尺度の他の項目

についても，同様の傾向がみられました．性別は，知覚された関係効力性尺度の項目群 ($rs = -0.011 \sim 0.065, ps = 0.136 \sim 0.851$)，ならびに人生満足度尺度の項目群 ($rs = -0.034 \sim 0.060, ps = 0.174 \sim 0.632$) のいずれとも相関していませんでした．また，レベル 2 において，知覚された関係効力性尺度の項目 1 は，人生満足度尺度の項目群と中程度の正の相関をもっていました ($rs = 0.324 \sim 0.548, ps < 0.001$)．知覚された関係効力性尺度の他の項目についても，同様の結果となっていました．交際期間は，知覚された関係効力性尺度 ($rs = -0.019 \sim 0.024, ps = 0.591 \sim 0.966$)，ならびに人生満足度尺度 ($rs = -0.050 \sim 0.040, ps = 0.294 \sim 0.824$) のいずれとも相関していませんでした．これらの結果は，共有された関係効力性が，知覚された関係効力性よりも人生満足度と強く関連していることをうかがわせます．

11.3　マルチレベルモデルを使用する意義

　心理学的観点と統計学的観点の両方から，本章のペアデータに対してマルチレベルモデルを適用する意義を主張できます (浅野，2017；浅野・五十嵐，2015)．まず，心理学的にみると，ペアレベルの要因として位置づけられる共有された関係効力性を実証的に扱う上で，マルチレベルモデルが有効であることは明らかです．共有された関係効力性の概念的定義と操作的定義を一貫させるためには，一般的によく用いられる重回帰分析ではなく，マルチレベルモデルによって集団レベル効果を個人レベル効果から切り離して推定する必要があります．

　次に，統計学的にみると，ペアデータは個人–夫婦という階層性のあるデータです (『入門編』第 1 章)．また前節で検討したように，知覚された関係効力性尺度と人生満足度尺度には，いずれも有意で効果量の大きな級内相関係数がみられました．マルチレベル相関係数からも，知覚された関係効力性尺度はレベル 1 よりもレベル 2 において人生満足度尺度と強く関連しており，レベル 1 とレベル 2 を切り分ける必要性は高いといえます．したがって，マルチレベルモデルは本章の目的を達成するための適切な分析手法と考えられます．

11.4　使用したモデル

　構造方程式モデリングによる集団・個人レベル効果推定モデルの分析を行います．説明変数として知覚された関係効力性尺度 9 項目からなる潜在変数，目的変数として人生満足度尺度 5 項目からなる潜在変数，統制変数として性別 (レベル

11.4 使用したモデル

1) と交際期間 (レベル 2) を投入しました．推定方法は本章のこれまでの分析と同じ MLR です．マルチレベル相関分析と同様に，レベル 1 の観測変数すべてに集団平均中心化 (CWC) を施し，レベル 2 の観測変数すべてを集団平均としました．また，文脈効果にバイアスが生じることを避けるため，測定誤差に対処するためのモデル (本書第 5 章) を使用し，潜在変数から観測変数へのパス (因子負荷量) にレベル 1 とレベル 2 の間で等値制約を課すことで潜在変数間の関連をレベル間で比較可能にしました (Lüdtke et al., 2011；本書第 5 章)．以下が Mplus のコードです．

```
TITLE: MSEM for RelatEfficacy_LifeSatis
DATA: FILE = RelatEfficacy_LifeSatis.csv; !データの読み込み
VARIABLE: NAMES = pid sex age dur a1-a9 b1-b5; !変数の指定
        USEVARIABLES = sex dur a1-a9 b1-b5
        a1m a2m a3m a4m a5m a6m a7m a8m a9m b1m b2m b3m b4m b5m; !使用変数の指定
        CLUSTER = pid; !ペア ID の指定
        WITHIN = sex a1-a9 b1-b5; !Within 変数の指定
        BETWEEN = dur a1m-a9m b1m-b5m; !Between 変数の指定
DEFINE:CENTER a1-a9(GROUPMEAN); !a1-a9 集団平均中心化
        CENTER b1-b5(GROUPMEAN); !b1-b5 集団平均中心化
        a1m = CLUSTER_MEAN (a1); a2m = CLUSTER_MEAN (a2); a3m = CLUSTER_MEAN (a3);
(中略) ; !a1-a9 集団平均化
        b1m = CLUSTER_MEAN (b1); b2m = CLUSTER_MEAN (b2); b3m = CLUSTER_MEAN (b3);
(中略) ; !b1-b5 集団平均化
ANALYSIS:
TYPE = TWOLEVEL; !マルチレベルモデルの指定
MODEL:
%WITHIN% !レベル 1
relaef_w BY a1@1 a2(fla2) a3(fla3) (中略) ; !関係効力性の潜在変数：レベル間等値制約
lifsat_w BY b1@1 b2(flb2) b3(flb3) (中略) ; !人生満足度の潜在変数：レベル間等値制約
lifsat_w ON relaef_w(pw1); !人生満足度←知覚された関係効力性
lifsat_w ON sex; !人生満足度←性別
[a1-a9@0]; !a1-a9 の切片 0
[b1-b5@0]; !b1-b5 の切片 0
%BETWEEN% !レベル 2
relaef_b BY a1m@1 a2m(fla2) a3m(fla3) (中略) ; !関係効力性の潜在変数：レベル間等値制約
lifsat_b BY b1m@1 b2m(flb2) b3m(flb3) (中略) ; !人生満足度の潜在変数：レベル間等値制約
lifsat_b ON relaef_b(pb1); !人生満足度←共有された関係効力性
lifsat_b ON dur; !人生満足度←交際期間
MODEL CONSTRAINT:
NEW(context1); !新しいパラメータの作成
context1 = pb1 - pw1; !人生満足度←共有された関係効力性の文脈効果
```

```
OUTPUT: STAND CINTERVAL;  !標準化解・信頼区間の出力
```

11.5 結果と解釈

　それでは，共有された関係効力性が人生満足度を高める程度は，知覚された関係効力性が人生満足度を高める程度よりも強いという文脈効果を検討しましょう．マルチレベル相関分析との違いは以下の2つです．1つめは，MODEL コマンドにおいて，潜在変数名を新たに指定した上でそれらを構成する観測変数を BY でつないでいることです．たとえば，%WITHIN% の relaef_w BY a1@1 a2(fla2) a3(fla3)…，ならびに %BETWEEN% の relaef_b BY a1m@1 a2m(fla2) a3m(fla3)…は，それぞれレベル1とレベル2の知覚された関係効力性尺度に基づく潜在変数を意味しており，項目1の因子負荷量は1，項目2以降の因子負荷量はレベル間で等しいと仮定しています．

　2つめの違いは，影響関係を検討したい2つの潜在変数を ON でつないでいることです．%WITHIN% の lifsat_w ON relaef_w は，人生満足度に対する知覚された関係効力性の影響を意味するレベル1のパス係数であり，%BETWEEN% の lifsat_b ON relaef_b は，人生満足度に対する共有された関係効力性の影響を表すレベル2のパス係数です．人生満足度に対する性別と交際期間の影響を統制するため，%WITHIN% には lifsat_w ON sex，%BETWEEN% には lifsat_b ON dur も加えます．マルチレベル相関分析で述べたとおり，%WITHIN% に [a1-a9@0] と [b1-b5@0] を入力することで，レベル1の知覚された関係効力性尺度と人生満足度尺度の切片をすべて0と仮定します．そして，文脈効果を推定するため，%WITHIN% の lifsat_w ON relief_w と %BETWEEN% の lifsat_b ON relief_b の後にそれぞれ，pw1 と pb1 という新しいラベルを指定しています．MODEL CONSTRAINT コマンドの NEW オプションで，context1 という新たなパラメータ名を宣言した後，その計算式を pw1 と pb1 を使って定義します．

　分析結果を確認します．MODEL FIT INFORMATION から，$\chi^2(204) = 277.919$，RMSEA = 0.019，CFI = 0.989，SRMRw = 0.036，SRMRb = 0.022 であり，モデル適合度は良好でした．非標準化パス係数の点推定値や p 値は MODEL RESULTS に出力されます．等値制約を課したため，それぞれの観測変数の因子負荷量がレベル1とレベル2の間で等しくなっています．レベル1では，知覚された関係効

11.5 結果と解釈

力性から人生満足度に対する有意な正のパスがみられ，レベル 2 では，共有された関係効力性から人生満足度に対する有意な正のパスがみられました．また，文脈効果も有意な値でした．

```
MODEL RESULTS
                                              Two-Tailed
                   Estimate     S.E.   Est./S.E.   P-Value
Within Level
  RELAEF_W BY
    A1              1.000      0.000    999.000    999.000
    A2              1.073      0.041     26.390      0.000
    A3              1.167      0.042     27.889      0.000
  (中略)

  LIFSAT_W BY
    B1              1.000      0.000    999.000    999.000
    B2              1.117      0.048     23.422      0.000
    B3              1.205      0.051     23.427      0.000
  (中略)

  LIFSAT_W   ON
    RELAEF_W        0.498      0.104      4.792      0.000

  LIFSAT_W   ON
    SEX             0.006      0.023      0.251      0.802

  (中略)

Between Level
  RELAEF_B BY
    A1M             1.000      0.000    999.000    999.000
    A2M             1.073      0.041     26.390      0.000
    A3M             1.167      0.042     27.889      0.000
  (中略)

  LIFSAT_B BY
    B1M             1.000      0.000    999.000    999.000
    B2M             1.117      0.048     23.422      0.000
    B3M             1.205      0.051     23.427      0.000
  (中略)

  LIFSAT_B   ON
    RELAEF_B        0.867      0.066     13.209      0.000
```

```
LIFSAT_B     ON
  DUR              -0.002      0.003     -0.732      0.464

(中略)

New/Additional Parameters
  CONTEXT1          0.369      0.117      3.148      0.002
```

標準化パス係数の点推定値は STANDARDIZED MODEL RESULTS の STDYX Standardization に出力されています．ただし，文脈効果の標準化推定値については，出力されません．

```
STANDARDIZED MODEL RESULTS

STDYX Standardization
                                              Two-Tailed
                 Estimate    S.E.  Est./S.E.    P-Value
Within Level
 RELAEF_W BY
   A1              0.669     0.024    27.471     0.000
   A2              0.690     0.022    31.300     0.000
   A3              0.758     0.022    34.342     0.000
(中略)

 LIFSAT_W BY
   B1              0.682     0.024    28.002     0.000
   B2              0.718     0.026    27.192     0.000
   B3              0.747     0.023    32.581     0.000
(中略)

 LIFSAT_W    ON
   RELAEF_W        0.302     0.061     4.999     0.000

 LIFSAT_W    ON
   SEX             0.006     0.024     0.251     0.801

(中略)

Between Level
 RELAEF_B BY
```

```
          A1M           0.848      0.018      47.499     0.000
          A2M           0.863      0.018      47.273     0.000
          A3M           0.924      0.008     110.882     0.000
     (中略)

     LIFSAT_B BY
          B1M           0.777      0.024      32.330     0.000
          B2M           0.866      0.016      53.518     0.000
          B3M           0.895      0.013      70.585     0.000
     (中略)

     LIFSAT_B   ON
          RELAEF_B      0.647      0.031      21.155     0.000

     LIFSAT_B   ON
          DUR          -0.031      0.042      -0.734     0.463
```

最後に，非標準化パス係数の信頼区間は，CONFIDENCE INTERVALS OF MODEL RESULTS を参照してください．

```
     CONFIDENCE INTERVALS OF MODEL RESULTS
                    Lower .5%  Lower 2.5%   Lower 5%    Estimate    …
     Within Level
     RELAEF_W BY
          A1           1.000       1.000      1.000       1.000     …
          A2           0.969       0.994      1.006       1.073     …
          A3           1.059       1.085      1.098       1.167     …
     (中略)


     LIFSAT_W BY
          B1           1.000       1.000      1.000       1.000     …
          B2           0.994       1.023      1.038       1.117     …
          B3           1.072       1.104      1.120       1.205     …
     (中略)

     LIFSAT_W ON
          RELAEF_W     0.230       0.294      0.327       0.498     …

     LIFSAT_W ON
          SEX         -0.054      -0.040     -0.033       0.006     …

     (中略)
```

```
Between Level
  RELAEF_B BY
    A1M              1.000       1.000       1.000       1.000     ...
    A2M              0.969       0.994       1.006       1.073     ...
    A3M              1.059       1.085       1.098       1.167     ...
  (中略)

  LIFSAT_B BY
    B1M              1.000       1.000       1.000       1.000     ...
    B2M              0.994       1.023       1.038       1.117     ...
    B3M              1.072       1.104       1.120       1.205     ...
  (中略)

  LIFSAT_B ON
    RELAEF_B         0.698       0.738       0.759       0.867     ...

  LIFSAT_B ON
    DUR             -0.010      -0.008      -0.007      -0.002     ...

  (中略)

New/Additional Parameters
    CONTEXT1         0.067       0.139       0.176       0.369     ...
```

　以上の結果をまとめましょう．レベル1において，知覚された関係効力性は人生満足度に対して弱い正の影響を与えていました (非標準化推定値 $= 0.498$, 95%CI $[0.294, 0.702]$, $p < 0.001$, 標準化推定値 $= 0.302$)．一方で，レベル2では，共有された関係効力性は人生満足度に対して中程度の正の影響を与えていました (非標準化推定値 $= 0.867$, 95%CI $[0.738, 0.996]$, $p < 0.001$, 標準化推定値 $= 0.647$)．統制変数については，レベル1に投入した性別 (非標準化推定値 $= 0.006$, 95%CI $[-0.040, 0.052]$, $p = 0.802$, 標準化推定値 $= 0.006$)，レベル2に投入した交際期間 (非標準化推定値 $= -0.002$, 95%CI $[-0.008, 0.004]$, $p = 0.464$, 標準化推定値 $= -0.031$) のいずれも有意な影響がみられませんでした．さらに，人生満足度に対する共有された関係効力性の文脈効果を検討したところ，有意な正の影響が認められました (非標準化推定値 $= 0.369$, 95%CI $[0.139, 0.599]$, $p = 0.002$)．

　人工データを用いた本章の分析結果は，個人レベル効果として解釈できるレベル1については，知覚された関係効力性が高い個人ほどパートナーよりも人生満

足度が高く，集団レベル効果として解釈できるレベル2については，共有された関係効力性が高いペアほど他のペアよりも人生満足度が高いことを意味しています．さらに，文脈効果の値から，共有された関係効力性は知覚された関係効力性よりも人生満足度に強く影響していました．これらの効果は性別や交際期間とは独立にみられました．したがって，この結果が仮に実データに基づいてれば，Asano et al. (2016) の知見が再現されると同時に拡張されたこととなり，恋愛関係が幸福感に与える影響を十分に理解するためには，共有された関係効力性に焦点を当てる必要があるといえるでしょう．

文　　献

1) 浅野良輔 (2009). 親密な対人関係に関する楽観性・効力感尺度の邦訳と信頼性・妥当性の検討. 対人社会心理学研究, **9**, pp.121–129.
2) 浅野良輔 (2017).「二人一緒ならうまくいく？―マルチレベル構造方程式モデリング」. 荘島宏二郎 (編) 計量パーソナリティ心理学, ナカニシヤ出版, pp.153–167.
3) 浅野良輔・五十嵐祐 (2015). 精神的健康・幸福度をめぐる新たな二者関係理論とその実証方法. 心理学研究, **86**, pp.481–497.
4) Finkel, E. J., Simpson, J. A., & Eastwick, P. W. (2017). The psychology of close relationships: Fourteen core principles. *Annual Review of Psychology*, **68**, pp.383–411.
5) Lüdtke, O., Marsh, H. W., Robitzsch, A., & Trautwein, U. (2011). A 2 × 2 taxonomy of multilevel latent contextual models: Accuracy-bias trade-offs in full and partial error correction models. *Psychological Methods*, **16**, pp.444–467.
6) 大石繁宏 (2009). 幸せを科学する―心理学からわかったこと. 新曜社.

索引

欧文

AIC　56, 62, 69, 76, 122
`ANALYSIS`　108

Bernoulli distribution　4
`Between Level`　108
BIC　56, 62, 69, 76, 122

CDSS (complete data sufficient statistics)　156
CFI　69, 122
CGM (centering at the grand mean)　12, 101, 118
CWC (centering within cluster)　12, 35, 101, 118

`DATA`　107
`DATA LONGTOWIDE`　116
`DEFINE`　118
definition variable　90

EAP 推定値　175
EB 推定量 (empirical Bayes estimator)　153
EM アルゴリズム　156
exposure　5

Full Information Maximum Likelihood Estimation　79

General Social Survey　201

GLM (generalized linear model)　2
`glm()`　8, 16
`glmer()`　12, 18

HMC 法 (Hamiltonian Monte Carlo method)　167

`lavaan()`　75
lavaan パッケージ　69, 106
lme4 パッケージ　12
`lmer()`　33, 72
`lmerTest` パッケージ　69
logit　6

MAR (Missing At Random)　64
MCAR (Missing Completely At Random)　64
MCMC 法 (Markov Chain Monte Carlo method)　145, 167
MLR　109
ML 法 (maximum likelihood method)　61, 79, 103, 176
MNAR (Missing Not At Random)　64
Mplus　69, 90, 106, 186, 208, 222, 233
multi-level generalized linear model　2

odds　7
odds-ratio　8
offset　15
OpenMx パッケージ　90

Poisson distribution　4

索　引

RANCOVA モデル　113
rate　5
ratio-rate　16
REML 法 (rEstricted maximum likelihood method)　176
RMSEA　69, 122

SAVEDATA　112
SEM　68, 106
SRMR　69, 122
SRMRb　123
SRMRw　122

TITLE　107

VARIABLE　108

Wald 検定統計量　149
Within Level　108

ア　行

アンバランスデータ　77, 86, 91, 109

一般化線形モデル　2
因子　70, 75, 81, 195
　——の級内相関係数　126
　——の分散　75
因子間共分散行列　104
因子間相関行列　123
因子得点　88, 112
因子パターン行列　123
因子負荷量　70, 75, 81, 82, 86, 99, 117, 126, 139, 241
因子分析　119, 139
因子分析モデル　68, 86
因子平均　75, 82
因子平均ベクトル　104

横断データ　28, 192
オッズ　7
オッズ比　8, 225
オフセット　15

カ　行

回帰法　113
外生的因子　70
外挿　36
カウントデータ　68, 142
確信区間　175
確認的因子分析　70, 75, 121, 195
確認的因子分析モデル　68
確率比例抽出　182
確率分布　167
傾き因子　82, 86, 117
　——の平均　86
傾きの即時変化を含むモデル　50
カーネル確率密度関数　174
完全情報最尤推定法　65, 79, 91, 110, 177
完全データ十分統計量　156
観測変数　75

希薄化　141
ギブスサンプリング　167
帰無モデル　12
級内相関係数　11, 18, 34, 121, 134, 224, 233

クロス分類データ　143
クロスレベル交互作用　215, 220
クロスレベル交互作用推定モデル　39

計画行列　102
経験ベイズ残差　154
経験ベイズ推定量　153
欠測　77, 109
欠測値　156
欠測データ　31, 64
検定統計量　145, 148

効果量　237
交互作用　184
構造方程式モデリング　30, 68, 193, 232
交絡変数　28
国勢調査　205

国民性に関する意識動向調査　216
誤差間共分散　58, 96, 114
誤差間相関　60
誤差共分散行列　148
誤差項　84
誤差自己相関　60
誤差分散　75, 117
個人間変動　34
個人–時点データ　30, 100, 116, 193
個人内変化　193
個人内変動　35
個人レベル効果　136
個人レベルデータ　30, 98, 100, 116
固定因子　132
固定効果　11, 47, 49, 52, 82, 145, 149, 158
固定母数　70, 82, 99, 195

サ 行

最小二乗推定量　147
最尤推定法　61, 79, 103, 145, 176
参照カテゴリ　217

自己相関　33, 59
自己相関係数　174
自己相関構造　59
事後分布　167, 173
事後平均　175
指数変換　8
時不変の説明変数　39
　　──を含むモデル　38, 196
時不変の変数　29
斜交ジオミン回転　123
重回帰分析　28, 147
収束　172
収束判定　159
収束判定基準　173
集団・個人レベル効果推定モデル　232
集団ごとの尤度　90, 104
縦断データ　23, 28, 97, 192
集団平均中心化　12, 18, 35, 101, 118, 241
集団レベル効果　136
集落抽出法　185

縮退　154
順序カテゴリカル変数　68, 142
情報量規準　56, 62
処遇　180
信頼区間　14, 21, 38, 145, 148, 152, 160, 235

正規分布　2
制限付き最尤推定法　61, 176
切片　7
　　──の即時変化を含むモデル　47
切片因子　82, 86, 117
切片因子の平均　86
切片・傾きに関する回帰モデル　91, 114, 182, 184, 220
切片・傾きの分散推定モデル　35
切片と傾きの即時変化を含むモデル　53
説明変数の中心化　118
潜在曲線モデル　99, 116, 193
潜在構造分析　142
潜在混合モデル　68
潜在成長曲線モデル　30
全体平均中心化　12, 18, 101, 118, 208
選択モデル　65

層化二段無作為抽出　215
層化二段無作為抽出法　204
測定誤差　136, 241

タ 行

第一種の誤謬　206
対数オッズ　9
対数線形モデル　2
対数変換　15
対数尤度　76, 90
多項ロジスティックモデル　142
多重共線性　39
多重代入法　65
多値カテゴリカル変数　2
多値ロジスティック回帰モデル　2
多変量信頼性行列　153
多変量正規分布　90, 103, 146

索　引　251

多母集団分析　68, 132
単回帰分析　28
探索的因子分析　121
単純構造　123

中心化　101
調査不能バイアス　214
調査モード　216

適合度指標　69, 122, 134
適性　180
適性処遇交互作用　180

等値制約　75, 241

　　　　　ナ　行

2次曲線　32
二乗の項　45
2段抽出　2
2値カテゴリカル変数　2, 142
2値ロジスティック回帰モデル　2
2変量潜在曲線モデル　197
日本版 General Social Survey 2003　203

ネスト　56, 204, 215, 233

　　　　　ハ　行

曝露量　5
パス解析モデル　128
パス係数　70
パターン混合モデル　65
発育曲線　193
パネルデータ　28
ハミルトニアンモンテカルロ法　167

非線形モデル　44
標準化推定値　125, 235
標準誤差　145, 148, 152, 160
標本加重　185, 187
標本誤差　136

複合対称的構造　63
プロビット回帰モデル　142
分散説明率 PVE_1　38
分散不均一性　11
文脈効果　136

ベイズ確信区間　160
ベイズ推定法　167
ベルヌーイ分布　4
偏共分散　42
偏相関係数　42
変量因子　132

ポアソン回帰分析　142
ポアソン回帰モデル　2, 15
ポアソン分布　4, 5
母比率　4, 10
母平均　32

　　　　　マ　行

マルコフ連鎖　172
マルコフ連鎖モンテカルロ法　145, 167
マルチレベル SEM　128
マルチレベル一般化線形モデル　2
マルチレベル因子分析　121
マルチレベル確認的因子分析　124
マルチレベル相関係数　233
マルチレベル相関分析　237
マルチレベル多項ロジットモデル　220
マルチレベル多母集団分析　132
マルチレベル探索的因子分析　121
マルチレベルポアソン回帰モデル　17
マルチレベルロジスティック回帰モデル
　　　10, 142
無条件成長モデル　35, 97, 117, 194, 195
無条件平均モデル　32
無情報事前分布　171

名義変数　68, 142, 217
面接法　216

モデルの識別　125
モデル比較　56

ヤ 行

尤度比検定　56, 176

ラ 行

ランダム傾き　70, 82, 111, 130, 195, 220
ランダム傾きモデル　11, 130
ランダム効果　9, 11, 47, 49, 52, 84, 87, 112, 145, 153, 156
　──の分散分析モデル　32, 69, 77, 107
　──を伴う共分散分析モデル　113, 207
ランダム切片　11, 70, 82, 111, 129, 195
ランダム切片・傾きモデル　80, 98, 102, 110, 149, 168

ランダム切片モデル　11, 207
ランダムパラメータ　13, 145, 176
離散変数　2
リストワイズ削除　77
率　5
率比　16
留置法　216
ロジスティック回帰モデル　6
ロジスティック関数　6
ロジット　6
ロングフォーマット　116

ワ 行

ワイドフォーマット　116

編著者略歴

尾崎幸謙（おざき・こうけん）
1977年　愛知県に生まれる
2006年　早稲田大学大学院文学研究科
　　　　博士後期課程修了
現　在　筑波大学ビジネスサイエンス
　　　　系准教授
　　　　博士（文学）

川端一光（かわはし・いっこう）
1977年　岐阜県に生まれる
2008年　早稲田大学大学院文学研究科
　　　　博士後期課程単位取得退学
現　在　明治学院大学心理学部准教授
　　　　博士（文学）

山田剛史（やまだ・つよし）
1970年　東京都に生まれる
2001年　東京大学大学院教育学研究科
　　　　博士後期課程単位取得退学
現　在　岡山大学大学院教育学研究科
　　　　教授
　　　　修士（教育学）

Rで学ぶマルチレベルモデル［実践編］
―Mplusによる発展的分析―　　　　定価はカバーに表示

2019年4月1日　初版第1刷
2024年3月25日　第3刷

編著者　尾　崎　幸　謙
　　　　川　端　一　光
　　　　山　田　剛　史
発行者　朝　倉　誠　造
発行所　株式会社　朝　倉　書　店
　　　　東京都新宿区新小川町6-29
　　　　郵便番号　162-8707
　　　　電　話　03（3260）0141
　　　　FAX　03（3260）0180
　　　　https://www.asakura.co.jp

〈検印省略〉

© 2019〈無断複写・転載を禁ず〉　印刷・製本　デジタルパブリッシングサービス

ISBN 978-4-254-12237-4　C 3041　　Printed in Japan

JCOPY　〈出版者著作権管理機構　委託出版物〉

本書の無断複写は著作権法上での例外を除き禁じられています．複写される場合は，そのつど事前に，出版者著作権管理機構（電話 03-5244-5088, FAX 03-5244-5089, e-mail: info@jcopy.or.jp）の許諾を得てください．

好評の事典・辞典・ハンドブック

数学オリンピック事典	野口 廣 監修 B5判 864頁
コンピュータ代数ハンドブック	山本 慎ほか 訳 A5判 1040頁
和算の事典	山司勝則ほか 編 A5判 544頁
朝倉 数学ハンドブック［基礎編］	飯高 茂ほか 編 A5判 816頁
数学定数事典	一松 信 監訳 A5判 608頁
素数全書	和田秀男 監訳 A5判 640頁
数論＜未解決問題＞の事典	金光 滋 訳 A5判 448頁
数理統計学ハンドブック	豊田秀樹 監訳 A5判 784頁
統計データ科学事典	杉山高一ほか 編 B5判 788頁
統計分布ハンドブック（増補版）	蓑谷千凰彦 著 A5判 864頁
複雑系の事典	複雑系の事典編集委員会 編 A5判 448頁
医学統計学ハンドブック	宮原英夫ほか 編 A5判 720頁
応用数理計画ハンドブック	久保幹雄ほか 編 A5判 1376頁
医学統計学の事典	丹後俊郎ほか 編 A5判 472頁
現代物理数学ハンドブック	新井朝雄 著 A5判 736頁
図説ウェーブレット変換ハンドブック	新 誠一ほか 監訳 A5判 408頁
生産管理の事典	圓川隆夫ほか 編 B5判 752頁
サプライ・チェイン最適化ハンドブック	久保幹雄 著 B5判 520頁
計量経済学ハンドブック	蓑谷千凰彦ほか 編 A5判 1048頁
金融工学事典	木島正明ほか 編 A5判 1028頁
応用計量経済学ハンドブック	蓑谷千凰彦ほか 編 A5判 672頁

価格・概要等は小社ホームページをご覧ください．